Life, Liberty and the Defense of Dignity: The Challenge for Bioethics

生命操作は人を幸せにするのか

蝕まれる人間の未来

Leon R. Kass, M.D.
レオン・R・カス［著］
堤 理華［訳］

日本教文社

わが旅路を照らしてくれた三人の偉大な知性に

ハーヴィー・フローメンハフト

追悼　ハンス・ヨナス　（一九〇三－一九九三）

追悼　ポール・ラムジー（一九一三－一九八八）

生命操作は人を幸せにするのか……目次

生命操作は人を幸せにするのか——蝕まれる人間の未来

はじめに

幹細胞。クローニング。ヒトゲノム解読計画。二〇〇一年をなんらかの指標とするなら、生命倫理学の問題こそ、新世紀に——あえていえば新千年紀に——考えねばならない優先事項といえるだろう。九月一一日の出来事があらゆることを片隅に押しやってしまう前、この年の大部分を費やして、アメリカ合衆国は、ヒト胚性幹細胞〔訳註・受精後五—九日目の胚盤胞の内部細胞塊の細胞。さまざまな組織や器官に分化する能力をもつので万能細胞とも呼ばれる〕の研究を助成すべきかどうかという難しい倫理学的論争を戦わせていた。賛成派は、この多様な能力をもつ細胞は生命を救い病気を治す希望であると考え、将来、脊髄損傷や若年性糖尿病やパーキンソン病などで傷んだ組織のかわりとして使えるようになるだろう、と主張した。反対派は、幹細胞を得るためにヒト胚を使用して破壊することに異議を唱えた。

二〇〇一年八月、国民に向けて初の重要なテレビ演説をしたとき、ブッシュ大統領は自らの方針を明らかにした。研究のために初期の生命を破壊してはならないという道徳的原則をはっきり再確認する一方、これらの細胞が秘めている治療上の有益性も追求すべきだとして、既存の胚性幹細胞株を用いる研究にかぎって国が助成金を支払うこととした。同時に、幹細胞研究を監視するため、また、生命医学革新のあらゆる医学的・倫理的側面を検討するため、大統領生命倫理委員会を創設すると発表した。その委員長に指名されたのが私である。大統領は、「生命医学、行動科学、テクノロジー分野の進歩が、どういった人間的・倫理的重要性をもつのか、根本的に明らかにすること」を委員会に求めた。つまり、幹細胞の問題そのものも重要だが、この件が、おそらく近い将来に私たちが直面する無数の同じような問題の先例であるという認識を、すべての人々にもってもらいたかったのだ。

胚の研究が取りざたされるのは、今にはじまったことではない。二〇〇〇年、大いに論議された生命倫理学のもう一つのテーマ、クローン人間にしても同様である。この二つの問題は、一九六〇年代後半と一九七〇年代にも表面化した。すなわち、オタマジャクシのクローニングに成功したとき（一九六二年）と、初めて人間の「試験管ベビー」が誕生したとき（一九七八年）である。私自身、こうした問題と無関係ではない。一九七〇年代にも、研究室内で行われる生殖、クローニング、ヒト胚の操作について、いくつかの小論を書いた(1)。その最終論文は、まさにヒト胚研究の国家助成という問題に関して、私が一九七八年に国立衛生研究所倫理諮問委員会で述べた内容に基づいている。

今日、私たちが直面している問題は、二五年前と同じではない。たとえば、当時、幹細胞や再生医療のことは話題にもならなかった。しかし科学技術が変化したとはいえ、根本の倫理的・政治的問題は少しも変わらずに残っている。すなわち、初期の人間の生命を単なる自然界の資源と同列にみなし、活用しうる原材料としてあつかうことには、どんな意味が隠されているのか？　生殖と製造の境界が曖昧になることの意味は？　現代の私たちがうやむやのまま決定をくだしてしまったら、技術の将来性や道徳的な問題はどうなると予想されるか？　国と私的な企業、いずれの研究費で働いていようと、研究者が守らなければならない道徳的な一線とは何か？　人間の性質を支配する企てのゴールとは、また、当然あってしかるべき限界とは何か？　人間性を失わずに利益を享受できるよう、私たちはこの企ての行き着く先をコントロールできるのだろうか？　もしそうだとしたら、どうやって？

生命医学テクノロジーを議論するときのたいていの例に漏れず、最近の政策協議も、こういった大きな問題を回避しようとしている。実際、最新のバイオテクノロジーの可能性に対して、全体的な意味を探ろうとせず、脈絡もなく、個別に対処している。人間の肉体と精神を変化させコントロールする力がどんどん強くなっていくのに、それが求めてくる負担をほとんど考えずにすまそうとしている。もっと恐ろしいのは、自分たちが保ちたい、守りたいと願う人間の善なる資質について、私たちがじゅうぶんに理解していないことだ。単に生命を救うとか、死や苦痛を避けるとかの問題以上のことが、生物学革命には存在するのだと認識しなければならない。人間の尊厳や、人間であり続けるための概念や行動をも、私たちは守り伝えていかなければならない。本書は、そうした人間的かつ倫理的な懸案事項を思いおこす手引きである。人間として必ず守っていかなければならない価値とは何なのか、それは心にひっかかる疑問自体が明らかにしてくれるだろう。

この倫理的探求を一つの流れのなかでとらえるため、最初に、二〇〇一年が私たちの世界を根底からくつがえしたうえ、アメリカという国全体の雰囲気や関心を一変させたことを思い出してほしい。はっきりした形となって現れない場合が多かったにせよ、九月一一日以来、凶悪な攻撃にさらされた価値観や制度を守ろうという機運は、予想を超えて広がっている。私たちは、生命への敬意、自由、法律、進歩の追求を支持して、立ち直ってきた。しかし同時に、人間には終わりがあって脆《もろ》い存在であること、だからこそ、結びつきの絆がかけがえのないものであり、かぎられた寿命を善いことに使うのが大事なのだと、認識を深めてきたように思う。良識ある倫理的判断の新たな風が、軽率で安直な相対主義の霧を晴らし、邪悪なものを見極める力を与えてくれただけでなく、もっと大切なものを

──悲劇に見舞われたあとの英雄的行為の気高さ、市民奉仕の高潔さ、連帯感と自発的な善行を尊ぶ気持ちを呼び覚ましてくれた。重大な倫理的問題をまじめに考える雰囲気が国民に生まれたあのときから、こういった傾向はずっと続いている。

だが、生命倫理学の分野で直面している倫理的課題は、九月一一日を契機にわが国と世界が立ち向かっているものとは、大きく異なっている。テロリズムの場合、奴隷制や独裁制と同じく、悪を悪と断定するのはたやすい。このときの課題は、それと闘ういちばんよい方法は何かを見つけ出すことだ。しかし生命倫理学の分野では、悪は、私たちが必死に追い求める善──すなわち、病気を治すこと、苦しみを減らすこと、命を保つことなどに紛れこんでいる。したがって、もつれあった善と悪の区別はしばしば非常に難しくなる。

現代のリベラルな民主主義（原註1）の擁護者として、私たちは大きな困難に敢然と立ち向かう。生物学革命にかかわる最大の危険は、私たちの生き方と相容れない主義主張からくるのではなく、それぞれの自己認識や幸福に対する考え方の核心から生まれてくる。たとえば、生命を尊重し、それを守ろうとする熱意。興味の対象を追求したり、発明に取り組んだり、投資したりする自由。慈悲深い人道主義者への信頼。あるいは、規制をはずして発展させたテクノロジーを駆使し、自然を支配下におさめながら進歩していくことがよいとする信念。

だが、人間の肉体と精神に介入するテクノロジーの急成長は、たしかに人間の福祉に役立つ面がある一方、使い方しだいで、C・S・ルイス（訳註・イギリスの英文学者、キリスト教作家（一八九八─一九六三））が述べた、そして彼自身の優れた小著の題名にも用いた言葉どおり、「人間の廃止」（一六六─一六七ページ参照）にいたる非人間的な道へ滑り落ちていくことになりかねない。だから、非現代的な狂信や、人間の生命に対する冷酷な無関心と闘わなければならないのとまったく同じように、科学主義の暴走や、自分の思いどおりに人間を作り変えようとするユートピア計画を避けなければならない。人類の未来を守れるかどうかは、一方の極にいる非人間のオサマ・ビン・ラディンたち、他方の極にいる「人間後《ポスト・ヒューマン》」〔訳註・バイオテクノロジーによって、人間本来の性質を失った人間のこと〕の「すばらしい新世界」の人々を回避しながら、真ん中の道を賢く進んでいけるかどうかにかかっている。不幸にも、私たちはまだ、自分を取り巻く状況の重大さに気づいていない。

人間後《ポスト・ヒューマン》の未来に向き合うこと

右翼や左翼の全体主義との戦いに勝利をおさめてきたとはいえ、二〇世紀の激しい政治闘争によって生まれた危機感のせいで、多くの人々は、現代がより深刻で非常に邪悪な問題をかかえているという事実が、見えなくなってしまったのだと思う。西洋ばかりでなく東洋も含め、ほとんどすべての現代社会は勢いよく同じユートピアをめざしている。現代テクノロジーの計画と一体化していない分野はないも同然だ。全員が進歩のドラムを熱狂的に叩き、現代科学の旗を意気揚々と振りながら行進していく。そろってベーコン主義の聖歌を大声で歌う。「自然を征服せよ、人間の財産である自然の富を解放せよ」勝ち誇った行列を率いているのは現代医学である。日を追うごとに、病気、老化、死と戦う力を着実につけていき、それもこれも生命医学とテクノロジーのめざましい功績のおかげだと人々は感謝する——もろもろの功績に私たちは感謝するのが当然なのだ。

しかし、遺伝子や生殖テクノロジー、神経科学や精神薬理学、人工器官や脳内埋め込み型コンピュータ・チップの発達、老化防止の研究など、さまざまな計画が着々と進められている現況を考えれば、疾患の治癒や苦痛の除去といった伝統的な医学の目標以上のことにバイオテクノロジーの力を使える時代がきたのは、明らかだろう。人間が手術台の上に横たわる。改造してもらうために、優生学的かつ神経精神的に「増強」してもらうために、大幅に作り直してもらうために。学問的にも産業的にも最先端の研究所で、新たな造物主たちが自信をもって力をたくわえ、黙々と技術を磨く一方、外界では、彼らの伝道者たちが熱心に人間後《ポスト・ヒューマン》の未来を説いている。誰であれ人間性を保ちたいと願うのであれば、もはやぼんやりしてはいられない。

人間の形質を転換させる力のいくつかは、すでに現実のものとなっている。経口避妊薬。体外受精。培養胚。代理子宮。クローニング。遺伝子スクリーニング〔訳註・胚・胎児・幼児・成人の遺伝子を検査して遺伝性疾患の有無を調べること〕。遺伝子操作。臓器摘出。機械的な臓器移植。キメラ胚〔訳註・異なった遺伝子型を有する胚細胞や細胞を結合させた胚〕。脳へのコンピュータチップの埋め込み。子供たちにリタリン〔訳註・中枢神経刺激薬。注意欠陥多動性障害（ＡＤＨＤ）の子供などに使用される〕、大人たちにバイアグラ、すべての人に抗うつ薬のプロザック。そして、この憂き世から逃れるため、ＢＧＭを聴きながらちょいと余分にモルヒネを。

オルダス・ハクスリーは、こうした世界が来ることを二世代前に見抜いていた。おもしろいけれども不安をかきたてる小説『すばらしい新世界』（出版されたのは一九三二年で、読み返すたびにいっそう強い感銘を受ける）のなかで、彼はその意味をありありと読者の面前に描き出してみせた。前世紀の、たとえばすでに設定された年代が過ぎ去ってしまったオーウェルの『１９８４年』などの未来小説とは異なり、ハクスリーは暗黒郷《ディストピア》を人間の性質に反するものとしてではなく、人間の性質にのっとって出現するものとして描いている。実際、そこに息づいているのは、もっとも人間的で進歩的な願望だ。その願望が完全に成就した姿をとおして、見かけはさほどでもないがより致命的な悪というものが、中途半端な善の勝利と深くかかわっていることを、ハクスリーは教えてくれる。

ハクスリーが舞台にしたのは、今から七〇〇年後の人間社会である。遺伝子操作、精神賦活薬、睡眠時教育、ハイテクノロジーの娯楽によって生み出された、申し分のない博愛主義に穏やかに支配された暮らしだ。ついに人類は、病気、攻撃性、戦争、不安、苦悩、罪悪感、嫉妬、悲嘆を取り除くことに成功したのだ。しかしこの勝利は、均質化、凡庸、意味のない仕事、薄っぺらな愛着、品のない嗜好、偽の満足、愛や憧れをもたない魂という高い代償を支払うことになる。

「すばらしい新世界」は繁栄、共同体、安定、ほぼ万人に共通の満足を現実のものとしたが、その結果、形だけが人間で人間性をもたない生き物しか存在しなくなってしまった。彼らは消費し、性交し、心を落ち着かせる薬「ソーマ」を飲み、塔からボールが転がり出てくる「遠心式バンブルパピー」のゲームを楽しみ、何でもかんでも機械を動かしてすませてしまう。読むことも、書くことも、考えることも、愛することも、自分自身を律することもない。芸術や科学、徳や宗教、家族や友情、すべては過去のものだ。いちばん大事なのは肉体の健康と刹那の満足である――「今日得られる楽しみを明日まで我慢するべからず」。誰も高い志はいっさいもたない。すばらしく新しい人間は、あまりにも非人間化されてしまったので、自分が何を失ったのかさえ気づかない。

もちろん、『すばらしい新世界』は空想科学小説だ。抗うつ薬のプロザックは、ハクスリーの「ソーマ」ではない。核移植や胚分割によるクローニングは、「ボカノフスキー法」〔訳註・『すばらしい新世界』に出てくるクローン大量生産法〕と同一の技術ではない。MTV（ミュージック・テレビジョン）

や仮想現実パーラーは、「触感映画《フィーリ》」と同じものではない。また、気軽に責任のないセックスをする風潮にしろ、小説にあるような空虚で愛のない行為とはかぎらない。だが、ハクスリーの想像世界と現在の世界の類似点は不安を呼び覚ます。何よりも、今の生体工学や精神工学がまだ初期の段階とはいえ、それが本当の成熟に達したときにどうなるかを、あざやかに見せているからだ。すでにテクノロジーによって生じた文化の変化は、ハクスリーの予想をはるかに超えた心配の種となるに違いない。

ハクスリーの小説では、たとえ善意からにせよ、世界を支配する独裁者の指示にしたがってあらゆることが進んでいく。だが、彼の描いた非人間化には、専制政治や外的コントロールが絶対必要というわけではない。それどころか、未来の社会はまちがいなく人間の望みどおりのもの——健康、安全、快適、豊かさ、楽しみ、心の平和、長生きなど——を提供するだろうから、人間の自由意思のみで、同じように人間性を喪失した状態になってしまう可能性がある。世界を制御する装置など必要ない。テクノロジーの法則を、リベラルな民主社会を、情け深い博愛主義を、倫理の多元性を、市場の開放を提供してくれるだけでいい。そうすれば、すべて自分たちの力で「すばらしい新世界」を作り上げてみせる——行き先を決めるのにむだな時間をかけたりするものか。念のため断っておくが、列車はすでに駅を出発してスピードを上げている。ただ、人間が操縦しているのではないらしい。

こうした状況を喜んでいる人々もいる。一部の科学者やバイオテクノロジスト、彼らを後援している企業家、サイエンス・フィクション信者や未来学者や自由意思論者を激励する応援団などだ。なぜなら、実現すべき夢、ふるうべき権力、勝利の栄光、そして約束された金——巨額の金——があるからだ。しかし、独善的な主張をする革命支持者ではない多くの人々は、心配している。なぜなら、科学の専門知識がなかったり、未知のものへのおそれを抱いていたりするからだ。それでも私たちには、列車がどこへ向かっているのかはっきりとわかる。また、そこが行きたい場所ではないことも。目的を遂行する賢明さと、滅亡にいたる知識の区別はつけられる。その違いを説明できないような輩《やから》に、人類の未来を託したくはない。人間後《ポスト・ヒューマン》の未来を歓迎する者は人間性の友ではない。

だが、心配をよそに、これまで私たちは何ひとつ防ごうとはしなかった。医学が与え続けてくれる恩恵がうれしくて、現実を直視してこなかった。いや、人間工学は必然の結果で止められやしないと理屈をつけて、自分たちの怠慢を正当化しているのかもしれない。いずれにせよ、私たちは自らの瓦解の準備に手を貸しているのであり、ある意味では、まちがった方向へ導いているとはいえ、言葉と実行が一致しているバイオ狂信者よりも責めは重い。

否認と絶望は、いかなる場合も褒められる態度ではないが、人間の繁栄を守るために世界の安全を保つ勇気が求められている場合は、倫理にもとることになるだろう。時代の試練に応じたわが国の先達たちは、危機に際して立ち上がって、冷酷非道なナチやソビエトの圧制から人間の未来を救った。善意にしろ傲慢な「改造主義」というソフトな非人間化から未来を守るすべを見つけること――そして生命医学を衰退させたり、人間の福祉に本当に役立つ部分をはねつけたりせずに、それをやり遂げることは、より難しい仕事といえるだろう。

簡単にいかないのはわかっている。現代生活のさまざまな特徴がからみあって、生命医学という分野を人間の手でコントロールするための努力を阻むに違いないからだ。第一に、私たちアメリカ人は、テクノロジーの自動性を信じている。すべての革新が進歩だと信じこむほど愚かでないにせよ、変更は不可能だと宿命論的に信じてしまう（「可能だとしたら、好むと好まざるとにかかわらず、そうなるだろう」）。第二に、私たちは自由を信じている。科学者が探求する自由、技術者が開発していく自由、企業家が投資したり利益を得たりする自由、対象が何であれ一般市民が個人の望みを満足させるために既存のテクノロジーを使う自由。第三に、生命医学分野のプロジェクトは、憐れみ深い博愛主義という高度な倫理的背景をもっている。しかも、掲げているのは現代生活の至上の価値――病気を治すこと、寿命を延ばすこと、苦しみを取り去ること――であり、そのほかの倫理的善が争ってもたちうちできる可能性は低い。（「世間の望みは病気にならないことだ」とノーベル賞受賞者ジェイムズ・ワトソン〔訳註・DNAの二重らせん構造を発見した科学者〕は述べた。「病気にならないよう助けてあげれば、世間は味方になるだろう」）

まだほかにも障害はある。私たちの文化的多様性と安直な相対主義が、何に賛成するべきか、何に反対するべきか、意見を一致させるのを難しくしている。そして、あれこれの生命医学の現実に対して真剣に倫理的な異議を唱えても、宗教や党派の問題としてあっさり片づけられてしまう。善悪、正邪の判断を口にしたがらない人が多い。重要な問題、自分たちにかかわる問題にしてもそうなのだから、他人や社会全体のことを気にするわけがない。また、現在の生命医学が商業と深くかかわっていることも壁になっている。全速力で行くのを選ぶからこそ、すばらしい経済的利益が次々に生み出されるのであり、のんびり行くのを選べば利益は上がらない。さらに、民主主義社会では、その政治制度上、未来への展望を一致させるのは困難である。また、新しい生命医学テクノロジーの発達をおさえる、もしくは進行を遅くさせるような政治経験がほとんどないことも関係している。

最後に、おそらくこれがもっとも厄介な点だが、人間性についての考え方は、世界や生命に対する科学テクノロジーのアプローチの仕方によって左右されてきたため、人間らしさという観点からみて私たちが何を失うはめになるのか、忘れてしまう危険がある。

本書では、この最後の問題をとりあげた。何が賭けの対象になっているのかをきちんと理解していなかったら、また、「人間の善さ」のどの部分が危機に瀕しているのか、どの価値を守るべきかを認識していなかったら、暴走するバイオテクノロジーの危険からわが身を守るチャンスはほとんどなくなってしまう。まず、考え方を正して、深めていくことからはじめなければならない。

生命倫理学を深めていく必要性

公平に見れば、ハクスリーの『すばらしい新世界』に対する私の生徒たちの反応から判断して、私たちはまだ、彼の描いた社会を不快に感じられないほど堕落していないし、皮肉屋にもなっていない。だが、生徒たちの反対理由を知るのは役に立つ。

敏感な平等主義者である彼らは、まず、階層化社会の強固なヒエラルキーに反感を抱いた。その社会はアルファ、ベータ、ガンマ、デルタ、イプシロンに分かれており、それぞれの階層に特有の職業と娯楽が用意されている。しかし生徒たちは、次のことを見逃した。子供のときからきちんとしこまれてきたせいで、各階層の人々はそれぞれ自分たちの居場所に満足しきっており、階層間の嫉妬や敵対心は存在していない。しかも最終的に、アルファであろうとデルタであろうと、楽しまされている存在（そういっていいなら）であることに何の変わりもないのだ。全員の必要性や願望は完璧に充足されている。全員が等しく健康だ。階級の上下にかかわらず、それぞれの仕事はまったく決まりきっている。娯楽も平凡である。人間関係は不毛で、人生最大の楽しみは薬から得る。実際、次のように言い換えてもいいだろう。この厳密な階層区分が、レベルの異なる技術活動や経済活動の必要性を満たすために設けられたものにしろ、「すばらしい新世界」は私たちの社会や、（あえていえば）世界のどこかに存在するほかの社会や、どこかにありそうな社会よりも、ずっと博愛精神に満ちている、と。階級別に割りあてられた制服の色の違いほどにも、実際の不平等は存在しないのだ、と。

彼らが示した第二の不満は自由の欠如だ。なぜなら、私たちは博愛主義者であるばかりでなく、自由主義者でもあるから。小説のなかではすべての人間の資質は遺伝子操作であらかじめ決定され、あらゆる信条は調整され、類似が強制される。世界の管理者たちは、強力な心理学的、化学的テクニックを用いて行動を制御しながら、平和や社会の安定を乱すものがないように取り計らう。自分の頭で考える「異常者」や「不適合者」は島に隔離し、その種の連中だけで暮らさせる。ハクスリー自身、自由の欠如を彼の暗黒郷《ディストピア》の問題の核心とみなしていたのは明らかだ。彼がこの小説の題辞に選んだのは、やがて世界の知識人はユートピアへの行進に背を向け、かわりに「より不完全で、より自由な」社会を追い求めるだろう、と述べた哲学者ニコライ・ベルジャーエフの一節であった。

だが自由の欠如は、重大であるにせよ、欠陥の核心ではない。自由を手にした人々は、すべてにわたって自分の意思を押しとおす。「すばらしい新世界」の住民たちと同じく人間関係が希薄となり、つまらない欲求を追いかける。証拠がほしいなら、周囲を見まわせばいい。たしかに自由はどうしても手に入れたいものだが、したい放題したあげくの自滅を防ぐ砦にはならない。つまるところ、選択の余地があるだけではだめで、すべては「何を選んだか」によることになろう。

「すばらしい新世界」でもっとも厭《いと》わしいことは、不平等でも自由の欠如でもなく、非人間化と堕落である――そして何よりも悪いのは、そういった「人間後《ポスト・ヒューマン》」の状態を、誰も悔やんだり気づいたりしておらず、したがって人間的にもっと豊かになりたい、もっと成長したいという願いもないことだ。

読者である私たちもハクスリーの描く非人間化に気づかないのだとすれば、すでに道の半ばを過ぎてしまったに違いない。

そういった非人間化の徴候や症状が見えないため、不幸にも、ハクスリーが小説をとおして行った文学的批判は私たちの仕事に反映されることがない。また、「すばらしい新生物学」にかかわる大きな危険にも気づかない。とりわけ恐ろしいのは、週を追うごと日を追うごとに完成に近づきつつあるバイオテクノロジーの意味を国民に伝える専門家たるべきアメリカの生命倫理学者のあいだにさえ、この鈍感さが蔓延していることだ。おおかたの学者は来たるべきものにほとんど心を乱されず、続々とバイオテクノロジー会社に雇われてゆき、最新の革新に倫理の祝福を授けている――それが愛のためではなく金のためであることは明らかだ。未来に横たわっているものが、「専門家たち」に見えない、あるいは気にもされないのであったら、残りの人々にどういう望みがあろう？

生命倫理学の主原則は、この職業の本質にしたがい、次のように分けられる。（一）善行（もしくは、少なくとも「非有害」であること――簡単にいえば「害をなすな」）、（二）個人の尊重、（三）公正。個々のケースにあてはめていくうちに、おもにこれらの原則は、「身体を害する行為を避け、身体のためになる行為をすること」、「個人の自律性を尊重し、インフォームド・コンセントを徹底すること」、「平等にヘルスケアが得られ、平等に生物災害《バイオハザード》〔訳註・有害な病原微生物が研究室等から漏れ出して、人間や環境に危険をおよぼす状況などをさす〕から保護されること」に収斂《しゅうれん》していった。誰も傷つかず、誰の意思も侵害されず、誰も除外されたり差別されたりしないかぎり、心配する必要はほとんどない。自発的に非人間化していく可能性など、目にも入らないし、心にも浮かばない。

最近の生命倫理学の議論をいくつか見てみよう。最初に、胚性幹細胞研究。この問題は必ずといっていいほど、生命と健康の役に立つという視点で論議される。賛成派は、最終的に幹細胞を用いた再生医療は無数の生命を救い、この世に治せないものはなくなるだろう、と主張した。一方、反対派は、その日が来るまでのあいだ、実現をめざす過程で生命を犠牲にしなければならない、と主張した。その生命とは、体外受精用に現在冷凍貯蔵されているヒト胚のことである。今の世代の生命を救う道具として次世代の種子を使うことの意味を気にする人は、数えるほどもいなかった。（これについて、たとえ話で考えてみよう。この世に最後の夫婦がいたと仮定する。夫はアルツハイマー病に冒されていて、妻には、夫のための幹細胞作製にも、人類を復活させるスタートにも、そのどちらにも使える二つの胚が残されているとしたら？）また、胚についてではなく、胚を利用する社会、つまり初期の人間の生命を、採取・活用・商品化しうる天然素材とみなす社会の影響について心配する人は、もっと少なかった。小さな胚は単に破壊されるだけだが、私たちは——利用者側は——堕落の危険にさらされている。こうした行為を自然で、普通で、まったく問題がないとみなしはじめたら、感受性は荒廃して、人間は堕落し変質していくだろう。初期の人間の命を冷酷に、畏《おそ》れをもたずにあつかえる人々の魂は、どこかが死んでしまっているのだ。

また、ヒト・クローニングを認めるかどうか。クリントン大統領時代の国家生命倫理諮問委員会が一九九七年にまとめた報告書『ヒトのクローニングについて（*Cloning Human Beings*）』には、現時点ではヒト・クローニングを非倫理的とする意見にのみ賛成しうる、とある。その理由は、現時点では、安全ではないから——たしかに重要な反対理由だ、しかし、クローニング自体に反対しているのではないことによく注意してほしい。この諮問委員たちは自由意思論者の立場にのっとっており、クローニングなどの新しい子作り法について判断するときは、すべて単に個人の生殖法の選択の問題として考えるべきだ、と主張する。もしくは、自由国家なのだからどのような手段であれ人々は望みどおりの方法で生殖する権利があるとして、反対意見を顧みない。概していずれの主張も、この見とおしに社会の広範囲の人々が示した反感を不合理だと鼻であしらい、より深遠な知恵（不適切な表現かもしれないが）かもしれないことよりも、彼ら流の理由と合理主義を選ぼうと決めた。えてしてこの種の生命倫理学者は、自由意思論者であれ、平等主義者であれ、人道主義者であれ、ヒトの生殖をヒトにまかせておくことや、生殖と操作、つまり「子供をもうけること（procreation）」と「製造すること（manufacture）」を区別することの意義を気にかけない。子供が二人の人間の結合からではなく、どちらか一人の複製として生まれた場合、世代間の絆にどのように影響するのか、じっくり考えようとしない。子供を自分たちの跡を継ぐ者、これから大事に育てていくべき未知の来訪者なのだとは考えず、自分の意思の産物、デザインどおりに完璧になるはずのもの、望みを満足させてくれるものとみなす風潮が強まっていったら、それは社会にとってどのような意味をもつのか、少しも気にしていないように思える。

また、移植用臓器の商業利用を許可するかどうか。この問題は、法的に禁止されてから約二〇年の歳月を経て、ふたたびアメリカに戻ってきた。これもまた、生命の庇護者と正義の擁護者との戦いである。一方では、経済的動機からの臓器供給が増え、そのおかげで死ぬ人間はより少なくなっていくだろう。だがその裏で、経済的動機は極貧層の搾取に走り、ただでさえ不平等な彼らの立場を、ますます平等から遠ざけてしまうだろう。人間の肉体を譲渡可能な資産とみなすことの意味合いや、人間の完全性、同一性、個人の尊厳に照らした場合、こうした肉体をいったいどう考えるべきかについては、ほとんど無視されているといえよう。

また、増え続けるヒトゲノムの知識のほか、直接かつ故意に未来の世代に影響をおよぼす、いわゆる生殖細胞の遺伝子改変を含めた、遺伝子スクリーニングや遺伝子操作の一般化の問題をどうするか。この件に関するアメリカの倫理学的議論は、保険や雇用の遺伝的差別など、「遺伝情報のプライバシー」の問題が主体となっている。自分の遺伝情報を「知りすぎること」が人間的な生活におよぼす危険については、誰もあまり話そうとしない。健康という名の聖霊を汚すもとになったのはどの遺伝子の罪なのかを、神さながらに決定する力を得ることの意味を、誰もあまり話そうとしない。優生学の危険について、誰もあまり話そうとしない。次世代を「改変」する技術を使えるほど今の私たちが賢いと、あるいは賢くなれると信じるような傲慢さについて、誰もいっさい話そうとしない。

最後に、人間の能力を増強する薬物の使用をどう考えるか――たとえばスポーツや学校、あるいは今は露骨なものに変わってしまったが、昔は求愛期間と呼ばれていた状況において。運動選手の能力（ステロイド使用や「血液ドーピング」などの不正行為）、女性の魅力（合成麻薬「エクスタシー」の乱用）に不当な差が出るおそれがある。また、関係機関が子供たちの問題を強制的に解決するおそれがある（学校におけるＡＤＨＤ〔注意欠陥多動性障害〕治療薬リタリンの誤用）。努力と結果の因果関係を断ってしまったり、基盤となるべき行為から喜びを得られなくなったりしたら、人間の行動の根本的構造が変化してしまうのではないかという疑問の声は、ほとんど上がらない。たしかに、強力な薬物の乱用、それによって生じる健康被害、法で規制されている薬物関連の犯罪は問題になっている。しかしまた、薬物や脳内へのコンピュータ・チップ埋め込みを介して、自分自身や周囲の世界との向き合い方、楽しみ方、振る舞い方など、基本的な部分に修飾がほどこされ、人間性が変わってしまうことを認識しなくてはならない。

ひとことでいえば、それは生命への危険、自由への脅威、貧しい人々に対する差別や搾取、喜びの追求への干渉であることが、たちどころにわかるだろう。それなのに、この世界において、人間の尊厳や、人生を豊かにし、深め、満たしてくれるような行動の仕方、感じ方、生き方が脅かされていることへの認識は、まだあまりにも甘い。

自由主義《リベラル》の原理の強みと限界

私たちが自分自身のことを考えてみれば、これは代々受け継がれてきた見解であり、驚くにあたらない。私たちアメリカ人は自由主義者かつ民主主義者（いずれも字義どおりの意味で）なのだから。私たちは、母国からの独立宣言のなかで自分たち（そして私たち）を自明の真理をもつ人間、すなわち、すべての人間は平等に造られており、同じように生命、自由、幸福の追求という侵すべからざる権利を与えられた人間であると定義した、あの偉大な建国者たちの栄えある末裔なのだ。宣言ではさらに続けて、君主、聖職者、彼らの徒党、あるいはこうした権利を否定しようともくろむ者の侵害から権利を守るために（のみ）、人々は政府を樹立する、とある。

これら自由民主主義の原理の政治的勝利に、私たちアメリカ人と世界がどれほど大きな恩恵をこうむっているか、とても言葉ではいいつくせない。自由民主主義と、その豊かな果実である現代科学とテクノロジーのおかげで、今日の一般人はより健康に、長く、自由に、安全に、そして近代以前の王侯貴族よりも豊かな生活を送れるようになった。それでもなお――こんなことを述べたら、とりわけ現代自由社会が宗教の狂信者による破壊的な攻撃を受けてからまもない時期であることを考えれば、不愉快に感じられるかもしれないが——こうした科学技術中心の自由主義の原理では、最先端の生物学の驚異に対処しきれないと認識しなければならない。それは一つには、すぐにくわしく検討するが、人間が人間を滅ぼさずにすむような、ほかの優れた考えを軽んじるからだ。また、もう一つには、「すばらしい新世界」が魅力的で、その到来が好ましいことであるかのように見せかける勢力に、簡単にだまされ、加担してしまうからだ。

当初、自由主義の原理は、政治的にはかぎられた意味だった。独立宣言の諸権利は、専制政治からの訣別をうたったものであり、社会問題や個人生活のすべてにわたる唯一無二の道徳基準を提供するものではない。道徳やそれ以上のことは、人間生活のいっさいについてもっと豊かに包括的に教えてくれる源泉、すなわち聖書の信条のほうが役立つのではないだろうか。中央政府は宗教の制度や教義と政治を分離してきたが、建国者たちは宗教と無宗教のあいだで中立の立場を保っていたわけではなく、教会を建設してきた州政府もいくつかある。しかし、国家が多元化かつ世俗化していくうちに、また、かつては単に政治的な意味合いだった「権利」という言葉が曲解され、あらゆる道徳論に応用されていくうちに、自由主義の原理は拡大解釈と誇張によって変形して——また、私の考えでは、腐食して——いった。それは次に述べるようにしてである。

政府には外敵や国内の殺人者たちから生命を守る義務ばかりでなく、病気から生命を守り、好ましいヘルスケアを提供する義務があると、現在の私たちは考えている。いつ終わるとも知れない南北戦争のとき、暴力による死への恐怖は、封建的で宗教色の強い政治を拒む自由主義誕生の原動力となったが、それはいつしかあらゆる死への恐怖に変わり、まぬがれない死と闘うため、死が病気の一種であるかのように科学や医学を求めはじめた。たとえばホルモン療法。幹細胞を用いた再生医療。「夜の一二時」になれば寿命が尽きるようにセットしてある遺伝子時計を巻き戻す試み。良心の自由、また、専制政治に苦しめられないという消極的権利《ネガティブ・ライト》として出発した「自由《リバティ》」は、自己表現、自己主張、そして望むままの自己改変という積極的権利《ポジティブ・ライト》として理解されるようになった。「権利」の肥大化によって骨抜きにされた倫理学の分野では、「自由」と「認可《ライセンス》」は同義語となり、やがて完全な無法状態になるだろう。自己主張の自由にいたっては、自殺幇助《ほうじょ》の権利、つまり選ばれた創造物であることを放棄したいという、自己矛盾した自由まで求められている。自分の財産を侵されない権利は、今や、「財産としての自分の肉体を侵していい」権利に変わりつつある。遺伝子操作を施した生きているヒト胚が作られたら、特許取得の対象となりうる。また、徐々にではあるけれども、人体を部品として売買しようとする動きも出てきた。自分の肉体と労働で得た、ほかの誰のものでもない「自分だけのもの」に根ざした権利、すなわち財産は、肉体そのものが商品であるという考えを生み出した。

人間の尊厳に対する自由主義以前からの考え方、あるいは非自由主義的な考え方は、昔なら権利の政治的原理に反対する社会勢力だったが、今や大きく後退させられている——それは自然の支配を目的とする現代テクノロジーの企てのほか、自由主義陣営の成功によるものでもあろう。幸福の追求——言い換えれば「幸福の実践」、自分にあった生き方をすること——の権利は、結果として、まったくの身勝手、無思慮な娯楽、ハイテクの遊戯と薬物の法悦による人工的な満足と一体化した。みんな「すばらしい新世界」に行きたいかい？　もちろんさ。

さまざまな善からなる人間性の自由の殿堂、とりわけそのポストモダン版から、いったい何が消えたのだろう？　私たちは生命、自由、幸福の追求のほか、どのような善を守っていけばいいのか？

私たちが堕落、下品、非人間化に気づいたとき、何が失われてしまっているのだろう？　すでに何度も指摘してきたが、その筆頭は「人間の尊厳」である――ときにはこの言葉と「人間の自由」がペアで使われる。ただし（私たちがおぼろげに感じとっているように）、人間の自由は守るに値する唯一の善とはかぎらない。実際、「人間の尊厳」というのは便利な概念だし、正しいものでもある。私にしろ、しょっちゅう使っている。だが、この言葉が空虚なスローガン以上のものならば、私たちはその意味を明らかにしなければならない。そして、わが同胞たちの心に届き、説得しうる方法を見つけなければならない。それは簡単なことではない。

人間の尊厳の探求

「尊厳」で第一に問題になるのは、それが抽象的で、しかも主観的ということだ。「危害」も抽象的だが、典型例がないわけではない。骨を折られること、家を焼かれること、財布を盗まれること、などである。それに比べて「尊厳」はとらえどころがなく、あまりにも漠然としているため、生命倫理学の分野では無視され、単なる「シンボル」としてあつかわれることが多い――つまり実体がない、とみなされているのである。少し努力すれば、こうした困難は克服できるはずなのだが、実は本当のトラブルはここからはじまる。なぜなら、尊厳の本質や背景について意見の一致が得られないからだ。

まず、「尊厳（dignity）」は非民主的な概念だ。語源的にみて中心となる意味は、英語でも、もとのラテン語（dignitas）でも、「価値」「高尚」「名誉」「高潔」「気高さ」などで――平たくいえば、卓越性や美徳である。あらゆる意味において、これは区別を含みにもつ言葉である。尊厳は、たとえば鼻やへそのように、生身の人間であれば誰にでもあるようなものではない。原則として、尊厳とは高貴なものだといえる（三三〇ページ参照）。

この言葉そのものはなかったにせよ、古代ギリシャが、卓越性や美徳と結びついたものを尊厳として考えていたことはまちがいない。詩人たちの描く英雄的な世界で、本物の偉大な人間、名と誉れに輝く不滅の人物は、高貴で栄えある行動におのれの価値を示した。勇敢さこそ至上の価値であった。戦場においては、勇気のみを頼りに自ら進んで死地におもむき、現代人のように敵を打ち負かすだけでなく、いわば死に対しても勝利を得ようとする、やはりあっぱれな敵陣の勇者と渡り合いに行った。

この英雄的な——たとえばアキレスやヘクトールなどの——尊厳は、ブルジョア的な死への恐怖、医学への愛とは対極にあるが、皮肉にも、人間の身体を称え、何ものにもまさる美として歴史のなかに位置づけることとなった。その後、続くソクラテスの時代を境に、英雄の美徳は、知を重んじるギリシャ哲学に場所を譲った。新たなヒーローは、栄えある戦士ではなく知に献身する人間、戦場ではなく永遠の知識を一心に探求するゆえに死と隣り合わせに生きる人間にかわった。

実際、かの雄々しい戦士と勇敢な知の探究者は、いずれも人間の尊厳の頂点といえるだろう。今日でさえ、アキレスやソクラテスの物語は賞賛の念を抱かせる。とはいえ、民主主義の時代に古代ギリシャの例はあまり実際の役に立たない。さらにいうと、「すばらしい新世界」の問題は、栄えある戦士や傑出した哲学者（また芸術家、科学者、政治家など）の不在がいちばんの原因ではない——もっとも、そういった世界で彼らは歓迎されないのだけれども。根本的な問題は、より普遍的で万人に共通するような「人間の尊厳」の欠如である。

西洋の哲学的伝統では、普遍的な人間の尊厳についての教義を広めようとした最高峰は、「人間」

の尊さを説いたカントである。カントによれば、人間――あらゆる人間もしくは理性ある存在――は尊敬に値する。それは、何かの偉業を達成したからではなく、普遍的な道徳にかかわっているからであり、その道徳律にしたがって生きる能力をもつからである。しかしながら、私たちは今にしてようやく、カントの仕事の崇高さに気づいたのではなかろうか。人間のみがもつ理性的な意思を無視し、人間さえも単なる自然の一部と考える機械的なニュートン的世界観に、彼は全身全霊で立ち向かい、人間の自由と尊厳を見いだして守ろうとした。また、その内容において、カントの哲学には峻厳さがある。理性と合理性、義務と嗜好、権利や善と幸福（快楽）との混同を認めない。現代生命倫理学の非功利的な倫理の主張はすべて、この理にかなった、道徳的な視点から生まれている。事実、人間の実験に適用される倫理規定集に認められる人間への深い敬意は、人間の自律性というカントの原理に基づくものだ。

しかし、大多数の人々はそんなことを気にしない。人間の自律性は、もはや自らの理性によって打ち立てた普遍的法則ではなく、「とにかく自分の得になるものを選べ」、さらには「徹底的に自己主張しろ、理性なんかくそくらえ」という意味になってしまった。そのうえ、この卑しい「自律的人間」の考え方は、暗に、たとえば爆発せずにおられない衝動、掻《か》き壊さずにおられない掻痒《そうよう》感といった範囲にとどまらない欲望をもつ存在として、人間を位置づけている。真の道徳の代行者となるべき「個性」は、遺伝子構造を作り変えようとする勢力や、精神活性薬や脳内埋め込み型コンピュータ・チップを使って人間の欲求をもてあそぼうとする勢力によって、現実に危険にさらされている。それを守ろうとする私たちはまちがっていない。

しかし結局、「人間の尊厳」についてのカントの考え方はうまく機能しないだろう。それは先に述べたように非民主的だからではなく、重大な点において「非人間的」だからだ。示されているのが自然や肉体と対立する「個性」という二元的な概念だからこそ、肉体をもつ私たちの人生――決意し、考えるだけでなく、子供をもうけ、何かに所属する人生――の具体的な現実を的確に処理できない。真に普遍的な理性に基づくものだからこそ、誰もが別々の人生を歩んでいて、それぞれが別々の場所で、別々の肉体で、子宮内の受精卵の時代から棺のなかの遺体になるまで、ほかに二つとない軌跡を描いているのだという重要な点を否定してしまう。具体的で、根をはり、つながりをもち、望みを抱く存在である私たちの人生と、カントの言う「個性」がかけ離れているからこそ、理性的な選択をなす尊厳は、自分の愛情や欲求から生まれる私たちの尊厳を大切にすることができない――肉体と魂が結びついて形成されていくのが人生なのだという核心部分を。人間の尊厳は、理性や自由のうちにのみ存在しているわけではないのだ。

　生命倫理学の領域で、「個人の尊厳」の概念が限定的にしか使えない理由は、すぐにわかるだろう。よくいわれるように、個人単位の生命倫理学は、人間の尊厳の一定部分、すなわち「人間の意思の侵害から自律性を守る」という点を擁護するときにとても役に立つ。たとえば、専門家や医師がインフォームド・コンセントをきちんと取らなかったときや、過剰に保護者的な行動をしたときなどだ。事実、人体実験に適用される有名な倫理規定（訳註・一九六四年に採択されたヘルシンキ宣言。科学の発展とともに、五回の改訂を重ねている）は、人間の自律性についてのカントの原理や、強者から弱者を守る必要性がもとになっている。

　しかし、この倫理要項は、「すばらしい新世界」の非人間化の危険と戦う際にはほとんど役立たない。実際のところ、ヒト胚の培養、代理母、クローニング、臓器売買、あるいは体外発生でさえも、この世界にとっては歓迎できる事柄だ。なぜなら、こういった特異的な方法で身体を治療したり、身体の一部を使用したりすることは、道徳観念のない世界のどこかで幸せに暮らす「人間もどき」には、害悪ではないからだ。カントには失礼だが、何か緊急な問題のために高潔さを犠牲にすることや、肉体のために魂を犠牲にすることが原因となって人間の尊厳が脅かされるとき、肉体と精神を切り離したり、緊急の問題を無視したり、現実の具体的な人生への尊厳を否定したりするような教義では、解決は得られない。人間的に優れたものを守るためには、同じように人間的に卑しいと思われるものも守らなければならないのだ。

私たちが求めている「人間の尊厳」の価値を、いわゆる「個人の尊厳」を超えたところに求めるべきだ。実際の人生で大切にしているさまざまな事柄や、それらにともなう自然な欲求や情熱、血のつながりや愛着、感傷や嫌悪、愛や憧れなどをおろそかにしないために。必要なのは、トルストイの言う「実人生」、すなわち普通の、具体的な毎日の生活の尊厳を守ることなのだ。つねに必然に対して従ったり抗《あらが》ったりしながら、それとどうにかうまくやっていこうと、捨て去らずにやっていこうとがんばる人生だ。下方へ向かう引力がなければダンサーが踊れないように、肉体の必然や宿命のせいで地に縛りつけられるからこそ、人間らしい気高い旅路をたどることができる。それは自分たちのもつ欠乏、限界、死の運命を自覚しつつ、責任をもって、豊かで、美しく、価値と意味のある存在となるすべを身につけていく人生だ――形ある存在にもかかわらず、ではなく、形ある存在だからこそ。人間の望みは、すべからく私たちが欲求と有限の生き物、すなわち熱望と愛着の生き物であるところからきている。

洗練された現代の自由人たちは、こうした指摘に面食らって、おそらく次のような疑問をもつに違いない。なんで私たちの肉体がそれほど大事なんだ？　人間の生殖の何が本質的に尊いんだ？　なんで精子と卵子が結合したものから人間ができるという事実がそんなに大事なんだ？　暗い子宮のなかで胚から胎児に育ち、産道を通ってこの世に出てくる――正直にいって、かなりぞっとする話じゃないか――清潔な研究所で完璧にデザインされた作品を創ってもらうことに比べたら。合理的なデザインより偶然の産物のほうが、人工的な技巧よりも自然のセックスのほうがどうしてそんなに大切なんだ？　クローニングなどのセックス抜きの方法で子供を作ったたって、どこが悪い？

それに、生まれたあとの人生にしてみたところで、病に冒され衰えていくだけの肉体を、なぜそれほど大事にしていかなければならないのか？　もともと限りあるものだとすれば、「肉体は神のましますところ」のようなふりをせず、役に立つ道具と考えたっていいだろう？　古びた機械の部品を換えるように、だめになった部分を交換しても悪くないだろう？　それに、なぜ全力をつくして肉体の崩壊を食い止めてはいけないんだ？　とくに、最終的な死の運命を？　この世の肉体のわずらわしさをありがたがり、生きた痕跡すら残さずに死なねばならぬという事実を、なぜそこまで尊ぶ必要があるる？

こうした難問に納得のいく答えを出すことは、人間の人生を人間のものにとどめておこうとする真の生命倫理学にとって、最大のチャレンジといえるだろう。その答えは科学でも、いや倫理学でもなく、正しい人間学からしか得られないに違いない。すなわち、肉体的、精神的、社会的、文化的、政治的、宗教的な観点からみて、人間という動物はいかなるものか、深く理解しなければならないのだ。人間存在の具体性、生殖、有限性のありようや意味を突き止めようともせずに、こうした事柄のもつ尊厳について議論をはじめることはできないだろう。私は正面から解決していく方法はとらず、これからはじまる章で、さまざまな人間学的な問題について述べ、最終的に正しい道に進めるような洞察や提案を示していこうと思う。とはいえ、さしあたり、以下のことにまず触れておきたい。

オルダス・ハクスリーが読者を「すばらしい新世界」にいざなったとき、最初に「中央ロンドン人工孵化センター」の受精室を紹介したのは、ただの思いつきではなかった。そこでは新しい人間の生命が体外で生産され、クローニングが日常的に行われている。この新世界で「誕生」や「母親」が汚らわしい概念とされていたことも、ただの思いつきではなかった。なぜなら、こうした肉体的なはじまりや結合からの逸脱と、ハクスリーが社会全体の特徴として描いた精神の卑しい平板化には、深いつながりがあるからだ。なぜか？　それは、赤ん坊の大量生産に「イエス」と言うことは、あらゆる自然な人間的つながりに「ノー」と言うことであり、また、人間の性的な結合、つまり人間の官能的な熱情の基盤となる意義に「ノー」と言うことだからだ。

人間の「エロス」は、一つの生体内にある二つの異なる熱情が、不可思議にからまりあったり、せめぎあったりして生まれてくる。その二つとは、自己保存の衝動と、再生の衝動である。前者は、自己の永続性や満足という自分自身にかかわる願望である。後者は、有限の自己を超える何か、自分の命をそのために費やしたり与えたりできるものに対する無私の熱情である。もちろん、ほかの動物にしろ、こうした二つの相反する衝動をもっている。しかし人間だけが、自分の存在を意識する。そして、この二つの衝動の緊張関係に基づいて、あるいは「この世で自分の体をもって生きる意味」をはっきりつかもうとして人生を作り上げていこうとする。結果として、人間だけが明らかな意識をもって、より高尚なもの、より完全なもの、より永遠なものを求める。もし私たちが、意識的な自覚によって向上もすれば優れたものにもなる、この肉体的な「二重の衝動」が結びついた存在でなかったなら、こうした願いをもたなかっただろう。

人間の熱情の源泉、つまり胚細胞をないがしろにする社会からは、偉大さはもちろん、人間的なすばらしさは跡形もなく消え失せるだろう。胚細胞の意味は、異なる性の二人が互いを補い合って、単一性と完全性を求め、自分たちの子孫の幸福に喜んで自分自身を捧げることだといえる。現在の世代だけの生存と安寧のために、ほかのあらゆる善を喜んで犠牲にする社会からは、偉大さはもちろん、人間的なすばらしさは跡形もなく消え失せるだろう。そして自分自身の肉体の不死だけを願うようになるだろう。

こうした洞察にいたる道を見つけるのは、たしかに、現代のアメリカではますます難しくなっている。現存する生命を延長させる手段をたえまなく提供する文化は、生殖に献身したり関心を向けたりする文化にはなりがたい。生殖をする場合、子供を贈り物ではなく計画とみなす社会であれば、生殖の意味や尊厳についての疑問を快く思わないだろう。また、生命を生物学の視点でとらえ、生物体は臓器の集合体と考えればよいとか、さらには、遺伝子の不滅化を達成する手段にすぎない――「ニワトリは、遺伝子がもっと多くの遺伝子を作るための存在である」――と教える文化は、はなっから意味をめぐる疑問を却下するだろう。なぜなら、すでに答えは決まっているからだ。

ここで、ついに私たちのトラブルの根底が見えてきたことになる。「すばらしい新生物学」がもたらした根本的な課題は、生みの親であるバイオテクノロジーから来たのではなく、その根底にある科学的な思考法から来ているのだ。人間生活の必要性にうまく対応できるようにするため、現代生物学は、生物の身体の性質を定義しなおした。生気にあふれ、目的をもち、努力するものとしてではなく、「単に動いているだけのもの」として描き出したのである。この還元主義的な科学は私たちに強大な力を与えたが、使用法の指針を示してくれなかった。そのうえ、尊厳ある生き物という私たちの自己認識に疑問を投げかけ、勝利者たる生物学が定義した「人間性」を危険に思う能力さえも封じてしまった。

私たちが早急に必要としているのは、もっと豊かで自然な生物学と人間学である。魂と肉体の特殊な統合体である人間の意味を、きちんと解き明かしてくれる学問が必要なのだ。そもそも肉体と魂は、取るにたりないものが、神聖なものへの希求と結ばれ、具体的な形となったものなのだから。

こうした理論を探していくとき、私たちは現代以前の資料、哲学と聖書から助けを得られるだろう。たとえば、アリストテレスからは、魂は機械のなかの幽霊《ゴースト》ではなく、ありのままの生物体にそなわっている優れた力であるという説を学べる。創世記をひもとけば、さまざまなことが学べる。地上でもっとも神に似た生き物が、なぜ土の塵とかぐわしい息で造られたのか。なぜ人が一人でいてはいけないのか。人の孤独を癒す手段が、なぜ異性であって、知的な話し相手ではないのか（なぜイヴであって、ソクラテスではないのか）。裸であることの恥ずかしさを知ったとき、なぜ人間が初めて神聖なものへの畏れも知ったのか。神の姿に似せて造られた存在である人間を尊重することが、なぜ彼の「すべて」を――単に彼の自由や理性だけでなく、彼の血までをも尊重することにつながるのか。

これらの可能性を探究するのは、別の書物にゆずろう。今は、新しい生命倫理学と新しい生物学の必要性を認められるかどうか、という点だけでじゅうぶんだろう。もっと豊かな「生命《ビオス》の理《ロゴス》」と結びついた、もっと豊かな「生命《ビオス》の倫理」。肉体のみならず、精神的に、社会的に、宗教的に生きる存在として人間を考える生物学をもとに、人間の繁栄を論ずる倫理。こうした考察をぬきにして、「すばらしい新生物学」の非人間的な挑戦を迎え撃つことはできないだろう。

暗い予想ばかり並べてしまったが、現在の状況はそれほど悪いものではない。おそらく人間の尊厳には未来があり、人々がまだ生まれながらに知っていることを声に出して言う勇気が少し必要なだけなのだと思う。九月一一日の出来事は、勇気、不屈の精神、寛容、正しい行為などの美徳が、単に少数の人間だけがもっているものではないことを思い出させた。完全ではないにしろ、大勢がそのために努力してきた。自分よりも気高く立派な行為を知り、賛嘆の念を覚えたとき、やはりほとんどの人間は彼らを誇りに思う。正しい手本、正しい姿勢、正しい勇気があれば、私たちの多くはより高潔な精神を発揮して行動できるに違いない。

本当に、その気になって見てみれば、周囲にはいくらでも人間の尊厳のしるしが残されている。ごく普通の人々が、暮らしを支えよう、逆境や失望を克服しよう、子供たちの世話をしよう、親の面倒を見よう、隣人を助けよう、国に奉仕しようと、さまざまな努力を重ねている。人生には無数の困難があり、我慢やあきらめ、寛容や親切、勇気や自制が求められる。逆境はときに人間のもっとも偉大な資質を呼び覚まし、しばしば最高の姿を見せてくれる。自分自身の死に――あるいは愛する人々の死に――直面することは、偉人であれ名もない人々であれ、同じように人間性に対する試練のときなのだ。私たちは真剣に願い、祈らなければならない――人間のいっさいが脆《もろ》いことを思い知らせた最近のショッキングな出来事が、そして普通の人々が示した英雄的な尊厳が、甘い誘惑に満ちた人間後《ポスト・ヒューマン》の未来を毅然として退ける勇気をふたたび奮いおこしてくれることを。

各章の内容について

最後に本書の構成を紹介し、これから検討していく内容や、その真意について簡単に述べておきたい。中心となるテーマはすでに述べた。新しいバイオテクノロジーはさほど自由や平等を脅かさないが、私たちが「人間の尊厳」と位置づけているものは別だ、ということである。これまでテクノロジーは、健康や長生き、自由の防衛、富の蓄積（「生命、自由、幸福の追求」）のために大きな役割を果たしてきたし、これからもそうであろう。しかし「人間としての繁栄」は確実に危機にさらされている。それは私たちが死の恐怖、さまざまな自由や権利、利益や快楽の飽くなき追求について、精神を矮小化するような方法ばかりで取り組み、それ以外の努力をおろそかにしてきたからではないだろうか。したがって、今日ではほとんど顧みられなくなった非テクノロジー的な考え方や実践方法を取り戻さないかぎり、テクノロジーへの信奉は悲劇を引きおこすだろう。

本書の第一部「テクノロジーと倫理学」では、本書の二つの主題、テクノロジーと倫理学について総合的に検討していく。第一章の「テクノロジーの本質と目的」では、テクノロジーの問題点とリベラル民主主義」は総論にあたり、テクノロジーそのものが「悲劇につながる問題」ではないという点を説明する。第二章の「倫理学の実践――どのように行動すればよいか」では、倫理学と生命倫理学の最近の動向を分析し、なぜそれらが現在の新たな困難に際して、行動の面でも思想の面でも、真に人間的な対応をする助けとはならないのかを解き明かす。

本書の大部分を費やしているのは第二部の「バイオテクノロジーからの倫理学的挑戦」で、ここから生命医学とテクノロジーの各論に移っていく。テーマは体外受精、遺伝子テクノロジー、臓器移植から、「不死の研究」まで多岐にわたる。その目的は、これらの進歩が突きつけた、生命や血統、アイデンティティや個人の特性、肉体の単一性や完全性、肉体の尊厳、死に対する配慮、死ぬ運命を享受するからこそ得られる美徳に対する挑戦の仔細を明らかにすることである。第二部は大きく三つに分かれ、第三章から第五章までの「生命と血統――遺伝学と生命のはじまり」、第六章の「肉体と魂――人間の生における『部分』と『全体』について」、第七章から第九章までの「死と不死――最期まで人間として生きること」からなっている。

第三章「研究室における生命の意味」は、まず、生命のはじまりである胚細胞と、胚細胞操作の現状について、子供の製造と生命医学研究の両方からみていく。胚細胞の生命を人間が完全に支配することの意味と、それを人間のために活用したり商業利用したりできる原材料だと割り切りたい誘惑を中心に述べる。

第四章「遺伝子テクノロジー時代の到来」は、ヒトゲノム解読計画の側面と、治療以外の目的で行われる遺伝子スクリーニングや遺伝子工学の今後について考え、「神を演じること」に社会が感じている不安が正しいものだと証明していく。なんらかの強制がなされるのではないか、とりわけ非人間化されるのではないか――行動も心も――というおそれは、遺伝的な「増強」の可能性と、遺伝子で人間の一生を定義しようとするアプローチからくるものである。

第五章「クローニングと人間後《ポスト・ヒューマン》の未来」は、議論の的となっているヒト・クローニングについて検討する。この技術は優生学的思考や行動の第一段階だといえる。それによって生殖は製造に変わり、子供たちは宝とすべき不思議な贈り物ではなく、完璧で（そして今まで以上に）計画的な製品だとみなされるようになるだろう。ヒト・クローニング全面禁止法案制定の勧告は、人間の尊厳を守るため、科学者たちの行動と「子作り」の方法の両方に関して、自由を制限する必要性を自覚的に論じている。

第六章「臓器売買は許されるのか――その是非、所有権、進歩の代償」は、移植用臓器の市場設立を求める動きを見ていく。死を否定する経済社会が、人間の身体各部位をすべて商品化しようとする要望を高めていくなかで、私たちのアイデンティティや完全性に対する感覚がどう変わっていくのか。愛と人道主義から臓器提供をしていた精神が、他人の弱みにつけこんで――しかも人間の肉体を用い――利益を得ようとする精神におきかえられてしまうのだ。これは、自由主義の中心となる概念である「所有の権利と契約の自由」が、人間の尊厳を守るのには適さないことを示している。

第七章「死ぬ権利はあるか」では、ふたたび自由な権利を批判していく。今回は、生命を救うという名目で臓器を所有する権利ではなく、誰かが生きるのをやめたいと望んだ場合、(他人の致死的な助けを借りて)死なせてもらえるという、新種の疑わしい権利をとりあげる。ここで、あらゆる倫理的な問題を「権利」で解決しようとする手法の乱用が、誰の目にも明らかになるだろう。「死ぬ権利」という疑わしい代物は人々に恩恵をもたらすようなふりをして、死に瀕した患者の権利や幸福さえ脅かしている。

第八章「尊厳死と生命の神聖性」は、「尊厳」の概念を中心に論じた唯一の章である。人生の最後にさしかかった人々のケアについて、「死ぬ権利」よりもよい考え方を紹介する。その主眼は、生命の尊厳と神聖性をどのように結びつければよいかということである。そのために、善行の視点と敬意の視点、この二つを融合させるための根拠を示していく。

第九章「栄えある生命とその限界――生命に終わりがある理由」は、正面からバイオテクノロジーと向き合う。死そのものを征服しようという提案に対し、永遠の生への飽くなき欲求に反対する議論を行う。中心となるのは、尊厳ある人生を作り上げるすべての要素――献身、真剣さ、美への愛、道徳的美徳の実践、人知を超えたものへの憧憬、叡智への愛、子供という贈り物、高みからの聖なる呼び声に帰依した人生に約束された永遠など――を結びつけていくことである。

第三部の「生物学の本質と目的」は、バイオテクノロジーから離れ、根本にある科学的な探究に目を向ける。第一〇章「生物学の永遠の限界」は、人間の尊厳に対する最大の脅威は、バイオテクノロジーの技法からではなく、基盤となる科学そのもの、生命を正当にあつかえない「客観的な処理」からくるのだという考えをおしすすめていく。この章の目的は、今では思い上がった認識にとって代わられてしまった謙虚さを呼び覚まし、世界に対する畏れや神秘の感覚、また、人間の尊厳に直結する敬虔で静謐《せいひつ》な態度をふたたび作り出すことである。なぜなら、生命、魂、人間の認識について、豊かですばらしいさまざまな事実に賛嘆し、畏れの念を抱ける生き物は、この世に人間しかいないからだ。科学的な抽象化によるおそるべき歪曲から人間の尊厳を守ろうとするならば、生命の神秘を前にしたときの、感謝に満ちた驚きと敬意にあふれた畏れの念をよみがえらせることがぜひとも必要だ。

最後に、本書の精神についてひとこと述べておきたい。読者が本書をラダイト運動〔訳註・産業革命時代に起きた改革反対運動〕の冊子だと考えたり、私を科学とテクノロジーの敵対者、生来のペシミスト、未来におびえるただの臆病者だと考えたりしても、私にはどうすることもできない。「未来におびえる臆病者」という点にだけは私は非を——ある部分に関してのみ——認めよう。だが、臆病なのは自分の気質や精神的欠陥ゆえではない。未来を深く憂えるのも、私たちが進もうとしている方向について倫理学的に深く考えるべき証拠がそろっているように思えるからだ。そのほかの非難はいっさい気にしない。

私は、現代科学は人間の知性の偉大な結晶の一つであり、また、現在だけでなく将来にわたってすばらしい発見をもたらすことにかけては、現代生物学に勝るものはないと考えている。人間の幸福に貢献する現代医学を深く尊敬している。たとえ道徳的な懸念を——たとえば臓器移植や体外受精に――表明したとしても。また、個人的にも人道的にも、現代アメリカの民主主義に心から感謝している。生命、自由、平等の機会と繁栄を守り、そして何よりも、自ら学ぶ機会や、貴重な人生を何かしら人間的に優れたものにする機会に富んだ現代生活を支えてくれているのだから。私が反科学的だと責める人々がいたら、それはあなたがたのほうだと丁重にお答えしよう。

「自分を正当化するのが仕事だ」という考えがしみついている科学者や医師は、「あなたがたのすることは無条件に善ではないかもしれない」という私の指摘に噛みつくだろう。生粋の物質主義者は、自分たちが完全だとする世界観に異を唱えられたら、その背後に神権政治が隠れているのではと勘ぐるだろう。空理空論の自由主義者は、自由が「より高きところ」ならざる場所へと私たちを連れて行くかもしれないとは考えもしないだろう。成功した俗人たちは、自分たちが満足しきっている考えに重大な欠陥があるとは思いもよらないだろう――「人生はうまくいっているのに、何を心配する必要があるんだ?」

しかし、まさにそれが問題なのだ。人間の栄光と没落は表裏一体だということ、手中にした勝利には必ず堕落の芽が潜んでいるということこそ、「悲劇にいたる」主因なのだ。そして、すべてを自分たちでコントロールできるという傲慢な信念とともに、「悲劇に見舞われる可能性」は増していく。もし私の書き方があまりにも挑発的だとしたなら、それは、自分たちのしていることをきちんとわかっているのかどうか、手遅れになる前に考えたいと心から願っているからなのだ。人間の健康の未来におとらず人間の尊厳の未来を気にかけている人ならば、この問題について自分をだまそうとしてはいけない。そうした読者たちが深く考えていくのを励ますために、私は本書を書いたのである。

＊原註1（五ページ）――本書では、社会体制、社会、社会的慣習、原理、ならびに人間の自由を認める世界観に関して、「リベラル（自由主義の）」という言葉を古典的な意味合いで用いている。このときの反対語は「保守的」ではなく、「反自由的」「自由のない」「全体主義の」「神権政治の」「専制的」である。同じく、「民主主義の」という言葉も、社会体制、社会、社会的慣習、原理、ならびに人間の自由を認める世界観に関連している。その反対語は「共和主義の」ではなく、「貴族政治の」「階層制の」「君主制の」である。こうした使い方をした場合、ほとんどすべてのアメリカ人は、自由派であろうと保守派であろうと、共和党であろうと民主党であろうと、「自由主義者《リベラリスト》」かつ「民主主義者」であるといえる。

■第一部——テクノロジーと倫理学の本質と目的

Nature and Purposes of Technology and Ethics

第一章　テクノロジーの問題点とリベラル民主主義

「バイオテクノロジー」は新時代のための新語である。そこには新しくて見事な、という要素が入っていなければならない。そう、産業規模で展開して製品を作り出し、生命現象を変化させたりコントロールしようとしたりするような――植物で、動物で、さらには、人間でも。とはいえ、この言葉自体は新しいかもしれないが、バイオテクノロジーの概念は古い。したがって、背後に潜む動機もまたしかりである。一七世紀に初めて表面に現れた、近代の人間主義的視点の中心をなしてきたのは、知識の追求と、病気を征服し、苦悩を除去し、寿命を延長させたいという人間の願望とを固く結びつけることだった。

すでに述べたように、今日のバイオテクノロジーの繁栄をもたらしたのは、リベラル民主主義である。それは、このテクノロジーの発展が自由に貢献してくれるから。製品が大勢の要求を満たすから。しかし、これから本書の最後まで検討していくが、私たちが頼りとしているバイオテクノロジーと科学は、実際面でも思考面でも、必ずリベラル民主主義の大きな問題となるだろう。それがなぜかを理解するには、バイオテクノロジーを大局的に眺め、テクノロジーの問題全体を総合的に考えることが役に立つ。

テクノロジーの問題の全体像を見きわめるのは難しい。一つには、テーマが巨大すぎる。テクノロジーはどこにでも存在するからだ。その外観も実に多種多様である。水洗トイレからフード・プロセッサー、自動車から人工臓器、携帯電話からスマート爆弾。第二に、こうした無限の異質性を考えると、テクノロジーの問題を決定することなど愚かな行為に思える――まして、それ自体が手ごわい相手の、リベラル民主主義との関連を突き止めることなどは。第三に、自らのあからさまな偽善に忸怩《じくじ》たる思いが湧く。飛行機や自動車であちこちに移動し、コンピュータとレーザープリンタから出てきた講義を行い、読むために眼鏡を、声が届くようにマイクを用い、最新の印刷・製本技術でテキストを読みやすく仕上げているような人間が、なぜ厚かましくもテクノロジーが問題だと説いたりできる？　最後に、私自身の能力の限界があげられる。生命医学テクノロジーについては三〇年以上も頭を悩ませてきたが、そのほかの領域のテクノロジーのことはほとんど気に留めなかったし、正直にいって、テクノロジー全般の問題についてしょっちゅう考えているわけではないのだ。

それでも、やってみるべきだろう。大事なものが賭けられている。また、テクノロジーは非常に多様性に富んでいるとはいえ、ある意味では「全体」の部分が残され、それが人間の生活に甚大な影響をおよぼしていると思うからだ。この数十年間で、私たちはテクノロジーに無邪気な心で接することはできなくなったが、だからこそいっそう理解しようと努めなければならない。

おそらく、「テクノロジーの問題点」としてもっとも一般的な見方は、次のようなものだろう――テクノロジーとは、人間が用いる道具と方法の総体であり、人間が効率よく環境をコントロールできるようにするため考案されたものである。元来が「手段」である以上、テクノロジー自体は倫理的には中立であり、善いことにも悪いことにも使われうる。もちろん、テクノロジーの乱用や悪用の危険は存在するが、それはテクノロジーではなく使用する人間側の問題と考えられ、一般に使用者の道徳観念によるといえよう。また、乱用や悪用のほか、テクノロジー自体のもつ問題がある。つまり、正しい使い方をしていても、予期しない結果や、望まない結果が生じるおそれがあることだ。したがって、テクノロジーの問題は次のような方法で対処可能であろう。テクノロジーを評価して注意深く規制する（副作用や悪用に対応するため）一方で、善意、同情心、人類愛に基づいて取りあつかうようにする（乱用を防ぐため）。この組み合わせによって、テクノロジーのすばらしい果実を無駄にすることなく、テクノロジーの生み出す問題を解決していけるだろう。

だが私の意見では、この見解は単純すぎる。テクノロジーの本質に対する理解が足らなすぎるうえ、テクノロジーがもたらす危険に対する認識も甘く、私たちの対応能力についても楽天的に考えすぎている――そしてこの考え方自体がテクノロジーの問題に侵されているから、なおさらである。少なくとも、これからそのことを明らかにしていきたい。

テクノロジーとは何か

まず、「テクノロジー」とは何かを理解するところからはじめる必要があるだろう。この言葉自体は、まったく手がかりにならない。オックスフォード英語辞典によれば、一七世紀の初頭に使われていたもともとの意味は、「技術や特殊な技能にかかわる談話や物語［すなわち、言葉としてのロゴス］」、もしくは似たような感じで、「実用、産業用技術の科学的な論考［ロゴス］」。次の項では、テクノロジーを「専門的な用語体系」と定義している――すなわち、特定の技術に関する専門用語や言説――ロゴスである。実用的な技術そのものをさす意味に変わるのは、ようやく一九世紀になってからで、集合的にあつかわれている。たとえば、「彼のテクノロジーは、編むこと、丸木舟を作ること、粗末な武器をこしらえることからなる」（一八六四年）。

この用語はギリシャ語に由来する。一つは、「techne（テクネー）」。その意味は「技術」で、もっぱら芸術よりも実際的な技巧の領域に使われた。つまり、詩とかダンスではなく、大工仕事や靴作りである。もう一つは、「logos（ロゴス）」。明確に表現する言葉や、論証的な理性をさす。だが、ギリシャ語には「technelogos」という複合語はない。私が知るかぎり、これにもっとも近い概念は、技術に重点を置いた「a logos of techne＝技術の言葉」ではなく、「an art of speaking＝話す技術」であった。弁論術《レトリック》、すなわち説得力のある話し方をする技術は、実際のところ、「a techne of logos＝言葉の技術」であろうし、ソフィスト（訳註・古代ギリシャの知識人たちのこと。弁論術を中心にさまざまな専門的知識を教授した）たちの考えでは、武力を必要としない合理的な政治的生活を意味していた（1）。（思うに、古代ギリシャの都市国家ポリスと現代アメリカの「テクノロジー」の相違点、すなわち「レトリックとしてのテクノロジー」と「合理化された技術や産業としてのテクノロジー」の違いを、最初にきちんと理解しておけば、大いに役に立つだろう。）

現在もやはり、技術と言説は密接にかかわっている。それらはどちらも人間の合理性を、また、人間がロゴスをもつ動物、つまり理性をもち論理を組み立てる動物だという事実を表している。動物の生産的活動とは異なる人間の技巧は、自然発生的なもの、本能的なものではない。意図、計算、整理、思考、計画をともなっており――いずれも「ロゴス」の表れである。このつながりをアリストテレスが簡潔に表現している。彼によれば、「テクネー」は、真の理論（ロゴス）をそなえた「制作、もの作り」（単なる行為と対立する概念をさす）を行う性向もしくは習慣、となる(2)。

たしかに、巧みな「もの作り」には必ず技巧の要素がある。しかし、真に技術的に優れたものにするためには、精神、知識、専門性が欠かせないだろう。こうした精神的、理論的要素が、さまざまな技術を伝達可能なものにした——さまざまな「ハウツー」の指針とマニュアルをとおして。（何かを作る「性向」、つまり人間がなぜ何かを作りたいと思うのかについては、あとで述べることにしよう。）こうした手がかりをもとに、テクノロジーが技巧や産業の製品全体をさすこと、さらに、ノウハウ、技能、製品を作ったり使用したりするための工夫なども含めた概念であることについて考えていこう。

しかしこれは、せいぜい部分的な見方でしかない。テクノロジー、とくに現代テクノロジーは、機械、道具、器具だけで占められているのではない。その中心にあるのは、熱、水力発電、ソーラー、原子力など、パワーとエネルギーを生み出す設備である。たとえば原油の採掘、河でのダム建設、原子の分裂など、技術の対象としてではなく、戦争目的であれ平和目的であれ、あらゆる種類の人間活動に使える均質で便利な資源を得るためのものだ。ハイデッガーによれば、こうした現代テクノロジーの側面は、必須であり決定的である。現代テクノロジーは、対象の力を引き出すことよりも、使用することと、未来に挑戦すること、自然に命令することに重点を置いている。自然が秘めている物質やエネルギーは、いつでも多種多様な目的に応じて使用・変換できる備蓄として放出されたり、秩序づけられたりする(3)。現代テクノロジーの象徴は織機や鋤《すき》ではなく、原油の貯蔵タンクや鉄製の製粉機や発電機なのである。

とはいえ、これもまた、じゅうぶんとはいえない。なぜなら今日、テクノロジーやテクニックは外的なもの、物質的なものに限らないからだ。現在のテクノロジーは、技術者をはじめ、人間そのものに直接作用する。たとえば、目下急成長中の生命医学テクノロジー。これまでも疾患を治すための技術がかなり動員されているが、将来は遺伝子工学関連の技術も使えるようになるだろう。また、心理学テクノロジー。さまざまな心理療法のテクニックから精神薬理学まで、範囲は広い。そのほか、教育、コミュニケーション、エンターテインメントに関する豊富なテクニック。社会組織や社会工学のテクニック（たとえば、警察や軍隊）。マネージメントのテクニック（工場や会議室）。検査や規制のテクニック。物の売買、学習や養育、デートやセックス、誕生や死亡、そのうえ――神よ助けたまえ――上手な悲しみ方。

現代社会では、なるほどジャック・エリュール〔訳註・フランスの社会学者、哲学者。一九一二―一九九四〕が述べているように、技術は、機械やエネルギーよりも広く深く、いたるところに存在している。彼によれば（ハイデッガーと同じく）、テクノロジーはこの世界のすべてを規定しており、単に物質をあつかう範囲を超え、社会現象になっている。その特徴となっているのは、理性的な分析を介した努力であり、結果として、整然とした技法や相補的な組織が生まれる。その目的は、世界のあらゆる物事を、効率よく簡単にコントロールすること――すなわち、コストとトラブルを最小限に抑え、最良の効率で、完璧なコントロールを達成することにある(4)。

テクノロジーは、機械類や燃料だけでなく、組織やスケジューリングを含むし、物理的な過程だけでなく、概念や方法にまでおよぶ。簡単にいえば、考え方、信じ方、感じ方、この世界での立場、世界への対し方を決める。完全な意味でのテクノロジーとは、可能なものすべてを理性的に整理し、予想し、コントロールしようとする性向である。それは運命や自発性、暴力や野生を支配下におさめ、いっさい偶然にまかせることなく、人間の利益のみを追求するためだ。よって、テクノロジーは次のように理解される——すなわち、「理性的な支配をする性向」。それがはらむ問題を、私たちは見つけたいのである。

こうした支配への性向はどこからきたのだろう? 人間のもつテクノロジー的な態度の源は何なのだろう? この疑問を解明するのも容易ではない。根源的なところで、どうやらそれは人間の弱さと関係しているらしい、と指摘する人もいる。必要は発明の母、というわけだ。

釣り針や鋤の裏には必要性が潜む。棍棒やバリケードの裏には獣や人間へのおそれが、医学の裏には死へのおそれがある。トマス・ホッブズ〔訳註・イギリスの哲学者、政治思想家(一五八八—一六七九)〕によれば、非業の死への恐怖は、人間の理性や、支配への欲求を呼び覚ます。もちろん、恐怖が強すぎれば気力が奪われてしまうけれども。アイスキュロスが描いたプロメテウスによれば、人間は自分たちの運命が見えなくなったからこそ、プロメテウスの与えた助けを頼りにしながら、絶望的な無や貧困、恐怖などから立ち上がることができた(5)。〔訳註・プロメテウスは人間の目から運命を覆い隠し、希望と火を与えたことで、ゼウスの怒りをかい、岩山に鎖でつながれ永遠の苦痛を与えられた〕

こういった見方をした場合、人間のもつ必要性や欲求に対するこの世の冷ややかさ——温かさではない——が、テクノロジーを用いて自らを助けようという性質を人間のなかに生み出したことになる。

また、テクノロジー的な態度の根本的な原因は弱さではなく強さだとする説もある。貧困の恐怖よりもプライドによって、テクノロジー的態度が喚起されるというのだ。たとえば、創世記を見てみよう。最初の道具は針であり、最初の人工品はつづり合わせたイチジクの葉であった。恥——それは傷ついたプライド以外の何ものでもない——が原初の人間を突き動かし、苦しい自意識を感じた瞬間、自分たちの裸を覆わせたのである(6)。バベルの町と塔のテクノロジー的計画の背後にもプライドがあった。人類は人工的な自己主張をとおしておのれの名を知らしめたいと望んだのだ(7)。近代の初め、名誉と栄光を求めたフランシス・ベーコンは、自然を征服して人間の財産を解放しようと呼びかけ、それを人間が挑戦しうる最高にして最大の計画と位置づけた(8)。富、権力、名誉への欲求といった大望は、大勢の「科学と産業の人」を刺激する。そして最終的に、支配者は、ただ寒さを防ぐため以上の支配力を求めるようになる。

もちろん、恐怖、必要性、プライド以外の原因も考えられる。たとえば、怠惰――もっと楽に芝刈りをしたいという欲求の裏に潜むもの。退屈――新たな楽しみへの欲求の裏に潜むもの。貪欲――単純にもっと多くのものを欲しくなる欲求の裏に潜むもの。虚栄心や煩悩――新しい装飾品や魅惑への欲求の裏に潜むもの。嫉妬や憎悪――自分に劣等感を抱かせる対象を打ち負かしたい、という欲求の裏に潜むもの。また、何かをしたい、何かを作りたい、「ただそれがなされるのを見たいがために」人に命じたいなど、いわくいいがたい欲求がある。好奇心、意地、豪胆、あまのじゃく、権力欲、とでも呼ぼうか。人はみなその動機に気づいているのではないかと思う。たとえ心の奥底であったとしても。

ここまで人間のもつテクノロジー的な性向の源を、心理的な面からのみ分析してきた。次に、人間の心理のより基本的な特徴に踏みこんで考えていこう。だが、完全に説明はつけきれない。それは一つには、どのような人間社会も必ずなんらかの技術にかかわっているとはいえ、すべての社会をテクノロジーの観点から説明しきれるわけではないからだ。古代イスラエル人やアメリカ大陸の先住民は、テクノロジー型ではなかった。今日のイランや大半のアフリカ諸国の支配体系もテクノロジー型ではない。こうした種類の社会は、理性的な支配に重点をおくかわりに、聖職者の精神、国家の威信、正義や聖性や高潔さへの情熱、ときには自分たちの伝統への執着などで支配されている。合理主義の西洋社会にしても、テクノロジー社会はたかだか二世紀前に出現したにすぎず、次第にそのペースが速まってきたのは、この七〇年か八〇年のあいだのことである。現代のテクノロジーが、古代の「テクネー」とはスケールの点のみならず、性質まですっかり変わってしまったのは、たしかなように思われる。

本当にそうかどうかは、これからじゅうぶんに論議していくことにしよう。しかし、これだけはまちがいない。つまり現代のテクノロジーは、もし現代科学が存在しなかったら、一般的な現象——あるいは問題——にはならなかっただろう。現代科学は、今なお知識を増やし続けている大胆かつ巨大な殿堂だ。それが建設されてから、まだ三五〇年ちょっとしかたっていない。基礎を築いたのは、ガリレオ、ベーコン、デカルトである。ロバート・スミス・ウッドベリーは、ブリタニカ百科事典の「テクノロジーの歴史」にこう書いている。「数千年のあいだ（……）試行錯誤を繰り返し、経験に頼りつつ、［人間は］テクノロジーを進歩させてきた（……）一八世紀の終わりにさしかかったころ、テクノロジーはようやく応用科学の領域に達し、結果として一九世紀と二〇世紀に著しい影響をおよぼすようになった」(9)。［強調は引用者］テクノロジーの本質について論じるのなら、多少なりとも現代科学に触れておかなければならない。

「応用科学」と「純粋な科学」を区別するのが今風のやり方なのだろうが——それにも一理はある——、重要なのは現代科学に固有の実際的、社会的、技術的特徴を把握することだ。大昔の科学が求めた知識は「これは何なのか」であり、事実関係を突き止めること自体が目的で、探求者が満足すればそれでよかった。それと反対に、現代科学が求める知識は「これはどのように作用するのか」である。探求者であってもなくても、知識を「人類すべてに救済や満足をもたらす手段」にするのが目的なのだ。はじめのうちこそさほどの利益は得られなかったものの、現代科学はこうした実際的な目的を当初から中心にすえていた。その例をあげてみよう。「大いに人生の役に立つ」喜ばしい知識の獲得についてデカルトが述べた、『方法叙説』の有名な一説である。

自然科学に関する一般的な原則を得たとたん（……）大いに人生の役に立つ知識につながるかもしれない、という展望が開けてきた。しかも、大学が教える思弁的な哲学のかわりに、実践的な哲学を得られるかもしれないのだ。つまり、火、水、空気、星、天空をはじめ、我々を取り巻くすべての事象の力と作用を知ることによってである。さまざまな職人がもつ特有の技能を判別するのと同じように、それらをはっきりと見分けられれば、我々はまさに同じ方法でそれらを雇い入れ、適材適所で使いこなせばよい。そうすれば我々自身が、自然の支配者かつ所有者になりうるのである(10)。［強調は引用者］

だが現代科学は、最終段階でのみ実践的になったり技巧的になったりするのではない。現代科学の概念と方法自体が、知識と力は相互に関係するという考えを如実に示しているのだ。自然自体がエネルギーをもったもの、機械的なものとみなされ、変化は（たいていの場合）作用因や動因の点から説明される。すなわち、現代科学において、「反応を起こす」ということは、「効果を生み出す」ということなのだ。

また、知識の入手方法も生産志向である。自然に働きかけて、隠された真実を手に入れる。実験を行い、腕をねじ上げて秘密を吐かせるというわけだ。自然についてのいわゆる経験科学は、実際にこれまでなされてきたように、器具、測定装置、部分的なデータや数値などによって、非常に人為的に作られたものである。ごく普通の自然の流れをまともにとらえたことは事実上一度もない、といってもいい。調査は、理知的に「構成された」測定順序や測定計画にしたがって、「整然と」行われる。定理よりも「法則」にのっとった知識は、わざわざ目的にかなうよう考案された新しい数式に基づいて、だんだん「体系化」されていく。この数学的計算は、知性によって「客観化」され続けてきた「不自然な」世界を整える。そして理解しやすいよう完全に均質化された広がりとして、知をもちいる主体の前に再現もしくは映し出される――科学が提供する新たなテクニックによって理解されていくしかない世界として。

現在では、「概念《コンセプト》」という言葉さえも「共通の理解」という意味で使われる。そこには、知るという行為において、精神が「介入する手」のように機能する、という意味が含まれている――これに対応する古代の言葉「イデア」とは対照的だ。「イデア」はもともと「見られたもの」というのが原義であり、そこには精神が「ものを映し出す眼」のように機能する、という意味が含まれていた。

現代科学は、メソッドにあてはめても答えの出ない質問は、意味のないもの、役に立たないものとして、切り捨ててしまう。こうして次第に科学は事実の説明や実証から離れ、「技術」になった。すなわち、ある事実(いやむしろ、技術で見つけ出しやすい部分的な事実といったほうがいいだろう)を見つけ出す技術である。最終的に、現代科学が発見した事実は、人間自身に関するものでさえ、価値としては中立となる。とはいえ、技術を無制限に応用し、かつ、そうした応用にはうってつけの価値でもあるのだ。

ひとことでいえば、ハンス・ヨナス（訳註・ユダヤ人哲学者。ナチス時代にドイツから亡命して、アメリカで研究を続けた（一九〇三—一九九三））が述べているように、現代科学はその理論的核心に「操作可能性」を有している(11)。これはいかなるときも真実であろう。たとえ真理の追究のみに情熱を燃やし、自分自身は自然の支配に関心をもたない偉大な科学者の場合であっても。彼ら自身は興味がなくても、彼らの発見は自然の支配に貢献しており、そのために残りの人間は科学を崇《あが》め、近代国家が熱烈に支持しているのだ。

こうした理由から、私たちは現代科学と現代テクノロジーを、一つの統合された現象として考えなければならない。現代科学と現代テクノロジーが融合したからこそ、両方ともこれほどの成功を遂げ、また私たちが検討していくように、これほどの問題となったのである。

何が問題なのか

さて、「テクノロジー」の意味が一応わかったなら、「問題」について少し見ていくことにしよう。「テクノロジーの問題」を確実に検討していかなければならないのだから。ここでいう「問題」とはどういう意味だろう? 言葉遊びをしているのではない。何かを問題として考えることと、いわば疑問としてあつかうことには、大きな違いがある（ハイデッガーは「テクノロジーに関する疑問」という有名なエッセイを書いた）。

「問題（problem）」（語源はギリシャ語の problema で、「目の前に投げ出されたもの」という意味）とは、「困難な障害」のことである。陣営の前に大急ぎで作られた柵から、片づけなければならない仕事一式まで、さまざまだ。また問題とは、それを解決するよう公的に求められている仕事だといえる。要するに、除去しなさいということだ。問題が解けてしまえば、消えてなくなる。その解決はその消滅なのである。解決は、普通、何かを段階的に構築した結果として生じる。さまざまな要素を組み合わせ、問題が解体、あるいは分析されるようにしむけるのだ。私たちは問題を理解しやすくするため、それを分析し、解体するのに便利な形（shape）にモデル化する。それが問題を「解く（figure out）」ということだ。また、問題は、それぞれ固有の条件下で解決していかなければならない。解決の範囲は、もともと存在していた問題を超えて広がることはない。

こうした問題解決法は代数と似ている。未知数を含んだ等式が設定され、その関係式のなかで分析されるべき要素が示される。未知数を決定する回答法が見つかったら、問題は消滅し、等式は恒等式〔訳註・式の中の文字にどんな数値を入れてもつねに成りたつ等式〕や恒真式〔訳註・要素となる命題の真偽にかかわらず、つねに真となる論理式〕になって、それ以上の検討は不要となる。だが、このような考え方は代数にかぎったことではない。現代科学やテクノロジー的思考法の場合、こうするのがごく普通の方法なのだ。これまで見てきたように、「わからないこと」を秩序だてて解決しうる「問題」におきかえ、あつかいやすくするのである。さらにいえば、実際ほとんどの場合、誰もがこの方法を用いて物事を考えている。いつも何かをはっきりさせようと、自分たちの障害を乗り越えたり突破したりする道を探そうと、自分たちの問題を解決しようとしている。私たちは、邪魔をされたり、途方にくれたり、方策がなかったりすることを好まない。問題をかかえたままでいたくないのである。

では、テクノロジーを問題としてあつかうこと、もしくは、テクノロジーがもつ特定の問題（諸問題といってもいい）について問うとは、どのようなことなのだろう？　誰にとってテクノロジーが障害となるのか？　さらに重要な点がある。テクノロジーはどのような目標や必要性を妨害しているのか？　人間の幸福、正義、自己認識にとって、テクノロジーは障害物なのか？　テクノロジーを「支配するための性向や行動」と考えた場合、それは支配者自身の道をふさぐものに変化してしまうのか？　最終的に、テクノロジーが問題だとしたら、もしくは問題を生むと仮定するとしたら、どうすればそれを「解決」できるのだろう？　実際のところ、テクノロジーに起因する困難だけが問題なのだとしたら――そう、たとえば、予想もしなかった副作用など――解決法を見つけるのはかなり簡単といえるだろう。だが、もし、テクノロジーにともなう困難が、それなしでは当のテクノロジー自体が存在しえないものであり、なおかつ、利益と表裏一体をなすものであったとしたら？

この場合、テクノロジーは、解決されるべき問題というより、理解と忍耐を強いる悲劇になってしまうだろう。その点を明らかにすること、つまり、テクノロジーの「問題」としてテクノロジーに関する疑問を打ち立てること自体が、テクノロジー的思考法の表明なのだ――たとえ気持ちの上だけにせよ、あらゆる障害物を取り除きたいという願望なのだから。実はテクノロジーの「問題」について問うことは、実はそのいい例なのである。

テクノロジーの問題

言葉の使い方について注意を促したうえで、テクノロジーの問題について考えてみよう。いうまでもないが、私はすでに理解できているふりをするつもりはない。さらに、利害のバランスシートを作るつもりもない。たとえ、たった一つのテクニックについてであっても。そんなことは事実上不可能だし、根本的な理解を得る助けにもならないだろう。繰り返しになるが、「問題」ばかりをとりあげていくけれども――テクノロジーの「恩恵」についてはだれもがはっきりと認識していることだから――少なくとも正しい使い方をするかぎり、私は科学やテクノロジーの反対者ではないし、また、不合理性や古きよき時代への感傷を肯定しているのではない。ああいった古きよき時代には、大部分の人間は、子供のうちに死んでしまうか、きつい仕事に追われながら短い人生を終える可能性が高かったうえ、異端者として迫害されるケースも多かったに違いないのだから。

最初に検討するのは、テクノロジーについて――あるいは、少なくとも人間の技術や技能の長所や満足について――の議論は、非常に古いということだ。古代では、人間の必要性を満たすため、共同生活をするためには、一定水準のある種の技巧が不可欠だと、ほぼ全員が考えていた。技術がなければ都市もなく、都市がなければ本物の人間社会もない、というわけだ。理性的な動物、技術的な動物、政治的な動物――すべては一つのパッケージなのである。彼らの議論はこのパッケージを無条件によいものとみなし、さらに人間の善性を喚起するためには、「テクネー」と「法」（あるいは神を敬うこと）のどちらも重要だとした。

この主張をそのまま認めるとすると、次のようになるだろう。人間の幸福にとって最大の障害となりうるものは物質的要因であり、欠乏、人間に物惜しみする暴力的な自然、病気や死からくる（あるいはその内に潜む）冷酷な力によるものだ。だが技術を見よ。この観点では、技術の発明者や施行者は、人類の真の恩人であり、神のように崇《あが》められる。そのもっともよい例がプロメテウスだ（その名は文字どおり「先見の明」を意味する）。人間に火をもたらした者。暖かく、力を与えてくれる火を。その火はほかのあらゆる技術の源となった。

これとは対照的な立場もある。人間の幸福にとって最大の障害となりうるものは精神や心であり、魂の動揺に起因する。かわりに、自分ではどうしようもない自己破壊的な情熱を鎮め、やわらげてくれる「法」（あるいは神を敬うこと）に目を向けよ。この観点では、立法者、政治家、預言者が、人類の真の恩人となる――プロメテウスではなくリクルゴス〔訳註・古代ギリシャ、スパルタの立法者といわれる〕が、バベルの塔の建設者ではなくモーセがそれにあたる。技術は決して信用されない。安楽と安全を優先させるものだから。不必要な願望をかきたてるから。自己満足を求めさせようとするから。

プラトンの『国家』にある有名な洞窟の逸話〔訳註・洞窟にとじこめられた人間たちが、火の作り出す影を現実だと思いこむというたとえ〕で、ソクラテスは、人間を知らず知らずのうちに縛りつけ、暖かくて心地よいけれども、都市よりも大きな世界への眼を閉ざしてしまうのは、プロメテウスが贈った火と、技術の魔法であると説いている。自分たちの技巧的な世界だけがすべてだと勘違いして、世界における自分たちの実際の立場に気づかないまま、おのれの力のみで作り上げたわけでもなく、コントロールもしきれない力に依存しきっていることさえわからずに生きている(12)。技術と人間が政治的な規則にしたがう場合のみ、また、人間の魂と立場を大局的に洞察して政治が行われる場合のみ、技術は人間の繁栄に正しく貢献するだろう。

現代のテクノロジーという企ての到来は、この論争に新たな問題を付け加えた。最新の科学から生まれたテクノロジーが、人間に物惜しみする自然を除外するだけでなく、荒々しい自然を取り込めるとしたらどうだろう？　科学に基づいたテクノロジーが、完璧な精神物理学（および科学的政治科学）を使って、人間の精神（および社会）に影響を与えられるとしたらどうだろう？　もしそうだとしたら、結果的に、人間は純粋に理性的かつ技術的な手段を用いて、人間の幸福を守れるのではないだろうか？　法律や強制や神への恐怖などいらなくなるのでは？　デカルトは明らかにそう考えていた。そして、それを自然の支配から得られる利益と位置づけていたふしがある。「なぜなら、精神は、肉体を構成する器官の性質や関係に大きく左右されるので、人間を今まで以上に賢く利口にできる手段を見つける可能性があるものは、医学をおいてほかにないだろう」（『方法叙説』）(13)。

医学。尊く、もっとも博愛的な技術。新しい自然科学や人間科学によって適切に発展していけば、医学はいつか必ず、人間のおかれた諸条件を解決する方法を提供してくれるだろう——現代の私たちがようやくバイオテクノロジーと呼びはじめたものを介して！（のちに、啓蒙運動が起きたあと、科学的な人類学や社会学の名において同じような約束が示された。）

●「自然の支配」の実現可能性

現代テクノロジーの問題を考えたとき、最初に浮かんでくる疑問は、自然の支配は実現可能かどうかということである。私たちは本当に自然をコントロールできるのだろうか。さらにいえば、人間の作り出した物質的な環境をも？　ここでまず考えられるのは、理論的な面白味のない現実的な危機の問題、つまり機械的テクノロジーの予期しない困った副作用である。大気汚染、オゾン層の減少、土壌浸食、酸性雨、有毒廃棄物、放射性降下物など——リストはおそろしく深刻な問題ばかりだが、ほとんどは修復可能だろう。そうはいっても、監視や調節の技術をはじめ、進歩していく（退化ではない）テクノロジーに頼るしかすべはない。たとえ差し迫った環境破壊の予言が大げさにすぎるとしても、それらは緊急の課題といえよう。

実際、ハンス・ヨナスは次のように力説している。二〇世紀テクノロジーの影響が世界的に浸透したおかげで、人間の行動の規模や意味が全体的に変わってきた。したがって、全世界への責任の視点に基づいた新たな倫理を打ち立て、教えることが、早急に必要である。その新たな絶対無条件的道徳律とは、「地球上で人類が存続していくための条件に妥協は許されない」(14)というものだ。

望まれない結果は「副作用」と呼ばれるが、そのなかには影響が「副」にとどまらないものもある。もちろんそれには意識的な介入が必要であり、そういった副作用は、好むと好まざるとにかかわらず、全体の「中心」かつ絶対に無視できないものとしてとらえられなければならない。

たとえば、自動車の使用を考えてみよう。そもそもの性質から、必然的に道路や橋が必要となる。燃料がいるため、原油に依存する。製鉄所、自動車工場、ガソリンスタンド、ガレージ、自動車修理工場、駐車場、交通規則が出現する。騒音、排気ガス、スモッグ、廃車場が生まれる。自動車製造者、販売業者、メカニック、安全や高速道路の監視員、交通巡査、駐車場の係員、自動車教習所の教官、試験官や免許交付の係官、自動車保険業者やクレーム処理係、盗難車の追跡係、交通事故や被害者をケアする医療関係者などがいなくてはならない。そのほか、これもまた自動車の使用のおかげで、都市の乱開発、地域性の破壊から生じる均質化、離ればなれに住む近親者、新しい形の求愛行動、嫉妬や虚栄心の新たな対象、昔ながらの親子の対立の新たな原因が発生する。人々が自由に動けるようにしたことからくる、いわゆる不測の事態を評価し、コントロールしようとしてみてほしい！　人間がテクノロジーの結末を広範にコントロールできると考えるのは、バカげた話だ。使用者の全生活がそのせいで変わる可能性があるためだけではない。

キリスト教作家C・S・ルイスが指摘しているように、私たちは自然に対して振るう力をテクノロジーから提供され、加速度的に増大させている。それぞれの世代が子孫に優れた発明品を遺しているけれども、そういった発明品の相乗効果によって、子孫がそれらの発明を使いこなせるものと決めこんでいるし、少なくともそう努力するよう、大いに強制しているのはまちがいない(15)。

テクノロジーに対してより辛辣な分析をする人々は、現代のテクノロジーは「原則的に」人間のコントロールがおよばないものだという。ジャック・エリュールは彼の名著『技術社会』で、次のように述べている。さまざまな技術が競争を繰り広げるなか、一見したところ人間が自由に選択していると思われるものも、実際は「自動的に」そうなっているだけのことで、つねに効率のよいほうに軍配があげられる。そのような技術が侵食していないところはなく、生活の旧式で非技術的な部分が排除されたり、変更させられたりしている。テクノロジーは自己増殖し、決して後戻りすることなく、幾何学的に進行していく。そしてテクノロジーは、あたかも鉄の掟にしたがっているかのように発展し続ける。「可能だったからには、必要であったのだ」(16)というわけだ。

こういったテクノロジーとその多様な効果の自動性が、もし本当であるとするなら、支配できるなどとは恥ずかしくて口にできないだろう。ウィンストン・チャーチルは五〇年以上も前にそれを明確に言い切っていた。テクノロジーに何か問題があるかもしれないとは、彼の同時代人がまったくといっていいほど気づいていない時期に、である。

　科学は強大な新たな力を人間に授けた。それと同時に、人間の理解のおよばない、ましてやコントロールなどはおよびもつかない状況を作り出した。支配力が増すという幻想を人間がもてあそび、自分の仕掛けた新種の罠に小躍りしているあいだに、いつしか人間のほうが翻弄されはじめ、やがては形勢や時勢、渦巻や竜巻の犠牲者に成り果てるだろう。これまで忍んできた以上に手も足も出ない、どうしようもない有様となって(17)。

この点について、これだけは触れておきたい。二〇世紀、専制政治の結果、無数の人々がかつてなかった種類の絶望を強いられた。ユートピア計画、非道な手段での成功、残虐な現代テクノロジー——軍事、精神、組織、その他もろもろの面での——がその強力な後ろ盾となった。この厳粛な事実は、「自然に対する人間の支配」というものの実態は、つねに特定の人間集団がほかの人々に力を振るうことであったことを思い出させる——専制政治下にかぎらず、善意で行われていたときも。このように悪意と善意について考えていくと、第二の問題にたどり着く。それはテクノロジーの「目標」の問題である。

●目標と善意

ひとまず実現可能性の疑問や、意図しなかった歓迎できない帰結についての問題から離れて、望ましい目標に的をしぼって考えてみよう。じっくり検討してみると、自然の支配という計画の目標について、どのようなことがいえるだろう?

すでに述べたように、当初、自然の支配は、外的環境と内的環境のどちらにおいても、偶然や自然の必然性から人間を解放するのが目的だった。苦しい労働や欠乏からの自由、病気や抑うつからの自由、死の危険性からの自由。よい面を見た場合、これらの目標は、ゆとりのある生活、健康(身体的かつ精神的)、長生きなどがあげられるだろう。だが、こうしたすばらしいことだけで人間の繁栄がもたらされるわけではない。幸福を追求する用意が整うことと、幸福そのものとは違うのだ。実際、テクノロジーは、幸福や人間の繁栄について、何かはっきりした概念を示してくれるのだろうか?

そして、こうした類《たぐい》の目標の「背景」は何なのか？　そもそも、そうした目標はどこからやって来たのか？「自然の必然性からの解放」すなわち「自然の目的からの解放」といえるのか？　また、人間が自然の支配者になったとしても、その目標自体がいぜんとして自然の一部なのではないか？　たとえば、人間が思いどおりの自然を作り出したとしても、「生存」と「快楽」が目標なのではないか？　もしそうなら、自然への支配はつねに不完全であり続けるだろう。支配と見えたものが、実は「奉仕」になるかもしれない――つまり人間の内部で無意識のうちに作動する自然の命令に従属しているだけで、最後にはコントロールできなくなってしまうだろう。支配のつもりが、本能、欲求、煩悩、衝動、欲望への隷属になるだろう(18)。

その一方、テクノロジーは、まさしく支配の一環として、人間の本性そのものからも人間を脱出させてくれるかもしれない。それも支配の一環だといえないこともない（もちろん考えようによっては、人間は決して自然の外部には出られないのだが）。もしそうなら、自然の支配の意味とは、事実上、「自然が行うコントロール」からの完全な解放になるだろう。理性は道具の域を超え、創造さえするかもしれない。人間はいっさい努力をしなくていい存在になるだろう。自由に自分のために設定した目標に向かう。人間の目標は、手段と同じく、人間だけの企てになるだろう。はっきりいって、これだけをとりあげれば、究極の支配に違いない（テクノロジーへのこうした見方は、どこかマルクス主義の理解の仕方や夢を彷彿させる）。

しかし、次のように問うこともできる。どの点でそのような計画が「善いもの」になるのだろうか、また、人間にとってよいものになるのだろうか？　制約されない人間の設定したプロジェクトが、どうして身勝手なものにならずにすむだろう？　自然に対する人間の力というものの実態が、自然の知識を道具に、誰かがほかの人々に対して力を試しているにすぎないことを思えば、人間が勝手に作った規則のために自然の規則を変えることが本当に解放といえるのだろうか？　たしかに、博愛主義に基づくなら、そうした「解放」も起こりえるだろう。だが繰り返して言うが、ほとんどの場合、それは起こらないと考えていい。歴史をひもとけば、独断的な人間の計画が実行に移されたとき、とくに政治的な規模でなされたとき、何が起こりうるか、すでに私たちは知っている。個人の規模にせよ、自分自身の意思のもとに生きることが、本当に解放なのか――そして願いどおりのことだといえるのか？　その意思がまた勝手なものであっても、自分にとって何が本当によいことかの指針がない場合であっても？

それでじゅうぶんじゃないか、という答えになるのかもしれない。そもそも、なぜ支配欲が独断的なものだと決めつける？　理性は気まぐれな創造者としても、単なる道具としても、導きの眼としても役に立たないなどと？　よりよいことと悪いこと、正しさや善、正義や尊厳などの基準をはじめ、権力の使い方を教え、支配者を気まぐれな独裁者ではなく賢い統治者にするような、真の人間らしい繁栄を見つけ、広める役割を果たすかもしれないのに？　もちろん、こうした理性の働きは善良な人々すべてが望んでいることであり、また、そうなってほしいと純粋に願っていることである。実際、テクノロジーへの過度の信頼には、自由ばかりでなく自然を支配することの「善」をも現実に保証してくれるような、本物の目標にいたる知識が存在すること、出現することが、暗黙のうちに想定されている。

あまり期待してはいけない。そういった目標につながる知識や、よいか悪いかを判断する基準は、簡単に見つけられないし、科学の力だけで提供できるものではない。世界を科学的にとらえた場合、はっきりいって、人生の目的や意味、人間の繁栄、あるいは倫理についてさえ、知識となりえるものはない。善悪、正義と不正義、美徳と悪徳についての意見は、認知可能なものではないし、合理的な調査の対象にもならないのだ。よくいわれるように、それらは主観的な価値にすぎない。もちろん、科学者として、人々がよいと信じていることの相違点を多少正確に明らかにすることはできる。しかし科学者には、それぞれに黒白をつける能力はないのである。政治科学ですら、以前は人間が共同して生きるには「どうするべきか」を探求したけれども、今では、人間は実際どのように生きているか、また、その方向を変える環境についてのみ研究している。人間の政治的、倫理的生活は、あるがままの姿ではなく、単なる物理的な現象のように、抽象的に、そして道徳とは無関係に研究されている。

科学が「よりよいことと悪いこと」の疑問に答えるようにできていないのは、「方法論」だけのせいではない。驚くにはあたらないが、実質的に科学自体の本質に根ざす「無関心さ」というものがある。自然科学者からみれば、自然は目的や方向性をもたずに発展していく。どちらがよいか悪いかの問題には完全に沈黙し、人間の生き方についての指針を匂わすこともない。生物科学によれば、自然は、健康と病気のいずれを選ぶかにも無関心だという。健康的なプロセスであれ病的なプロセスであれ、どちらも平等かつ必然的に同じ物理化学の法則にしたがうのだから、病気も健康と同じようにまったく自然なことなのだと、生物学者は結論する。そして人間の欲求に関しては、人間が愛するあらゆるものは死滅し、その一方、真に永続的なもの——たとえば物質エネルギーや宇宙など——はどれも愛の対象になりえない、と説く。科学の教えは、発見の喜びに満ちているけれども、人間の魂に冷水を浴びせる。

科学は、道徳や形而上学的な問題に対して中立を保っているので、究極的概念とか、それにかかわる重要事項の取りあつかいは、それぞれ専門の学問にまかせると主張するだろう。この役割分担は、ある程度理にかなったものだ。勇敢さがよいことで、殺人は悪いことだと、なぜ信じるのをやめねばならないのか――科学がこれらの意見を実証できないからといって？　だが、このもちつもたれつの寛容な住み分けは、知性を納得させるにはいたらず、最終的には機能しなくなるだろう。なぜなら科学の教えは、その領域内で拡散していくのと同じように、限定された科学界におとなしく無害にとどまったりはしない。それらはさまざまな概念に挑戦し、人を当惑させる。人間について。自然について。そして、私たちの伝統的な自己理解、道徳、政治的教えの核心に存在するすべてについて。科学は人間の行動に対する独自の基準を示せないだけではない。科学の発見によって、私たちは真実や、これまで大事にしてきた基準や、程度の差こそあれ暗黙のうちに認めている基準の背景に、疑いを抱くようになる。

科学からのこうした挑戦は、進化論と教会のあの有名な対立をはるかに超えて広がっていく。人間の生命や善についての「なんらかの」優れた考え方など存在するのか？　人間がただの分子の集合体であり、進化の過程の偶然の産物であり、意識をもたない宇宙において精神を有する異端の少数派であり、基本的にはその他の生物――無生物とも――変わらぬ存在だという信条の反証となるようなものがあるのか？　たとえ高潔で「人間的な」統治がなされているとしても、科学が生命の唯一の関心事だとする、行動と生存についての厳正な決定論の教えに異を唱えたとき、自由と尊厳の概念の側には勝つチャンスがあろうか？　独立宣言が述べた自明の真理の信条、すなわち生命、自由、幸福の追求という不可侵の権利の存在への信条を、どうあつかえばいい？　宣言の署名者たちが、彼らの生命、財産、聖なる名誉に賭けて守ろうとしたものを？　科学的世界観は、「なんらかの」自然な権利が存在することに疑いを抱かせるのではないか？　そのせいで、それらを守るためにおのれのすべてを賭した人々の英知をうさんくさく思わせるのではないか？　おそらく自然から斥けられないと考えられる原則が、「生存」と「快楽」のみであったら、私たちが称えるべき勇気や献身などはみんなバカげた行為にならないか？

呪いは呪う人の頭上に帰る。人間の自由と尊厳の原則に基づいたリベラル民主主義には、実はその思想のもっとも尊重される部分に、自由と尊厳の入る余地のない教えがあるのだ。一つに結びついた技術と科学の成功とはまったく無関係に、リベラル民主主義はある点に到達した――もはや「知性」ではその基本的原則を守りきれない地点に。同じように、啓蒙主義の企てもまた、科学を前面に押し出してきた。人間の生命を研究室に招じ入れることはできるが、「生命とは」の意味も、「人間とは」の意味も答えられない科学。自らの人間についての教えでは、啓蒙は人生を豊かにするという独自の前提すら、支えることのできない科学。

私たちははっきりいって、羅針盤もなく漂流している。自然や人間に対する科学的な視点に、ますます固執している。そうした視点は自然も人間も私たちに巨大な力を与え、同時に、使い方を指導する基準となりそうなものはすべて切り捨てる。だがこうした基準なしでは、計画の善し悪しは判断できない。進歩が本当に進歩なのか、単なる変化なのか――さらにいえば、退歩なのかどうか、私たちには知ることさえできないのだ。

●悲劇的な自己矛盾

こうした暗澹《あんたん》たる考えに対して、小さな人道的な声がそれはまちがいだと反論する。たしかに、善についての一定の知識があろうとなかろうと、人間の悲惨さのさまざまな元凶はわかるではないか――たとえば貧困、病気、うつ、死。これらを克服する努力によって、人間のためになることをたくさん成し遂げることができるし、そうしてきたのだし、これからもそうであろう。たしかに、人間に物惜しみする自然のせいでこうむった大損害に膝を屈するしかないことが、そもそもの原因なのに違いない。したがって、自分自身の利益のために奮起することのみが、人が気高い存在になれる道なのではないか。

こうした非難はたしかにある程度までは正しい。とはいえ、こうした限定的な自然支配の企ても、原則的に――すなわち必然的に――破綻が生じる。失敗ではなく、まさにその成功によって。刻々と支配権を増す支配者は、結果として、どんどん奴隷にもなっていく。テクノロジーの予期せぬ帰結のせいばかりではなく、数々の勝利によっても。なぜなら、勝利は勝利者の魂と人生を変えてしまい、成功の喜びを味わえなくするからだ。

たとえば、人々の必要性を満たし、苦労を軽減するテクノロジーについて考えてみよう。繁栄する西洋社会の私たちは大いに発展してきた。だが、満足を得ただろうか？　何か進歩するたびに、かつての望みを今の必要性に、昨日の贅沢を今日の必需品とみなしてこなかっただろうか？　人間の順応性のおかげで、必要性さえも融通のきく概念となり、どうやら人間の願望は無制限に膨張していくらしい。願望は肥大して必要性に変わり、欲求と満足のギャップは縮まるどころか、広がっていくばかりだ。

ルソーはこの点を見事にとらえ、人生の厳しさをやわらげようとする試みはその最初から対価をはらわねばならないことを『人間不平等起源論』のなかで述べている。

人間はたっぷりと余暇を楽しめたので、それを利用して、父の世代の知らなかったさまざまな必要品を探すのに費やした。そして、それは無意識のうちに、自分に負わせた最初のくびきとなり、子孫のために用意した災厄の最初の源となった。なぜなら、こうやって肉体と精神を軟弱にしていったことに加え、慣れ親しんでいくうちにそれらの必要品からほとんど楽しみを得られなくなり、同時になくてはならないものに変わり、次第に必要品がないことの苦しみが、所有する喜びを上回るようになったからだ。やがて人々は必要品があっても幸福ではないのに、それらを失うと不幸になってしまった(19)。〔強調は引用者〕

さらに、新しい必要性は――とりわけ現代において――つねに新しい依存状態を作り出す。それもしばしば、遠く離れた名もなく顔もない人々に対して。彼らの製品や善意に、人はどんどん自分の個人的な幸福を託していく。ついには、貧困さえ相対的な意味しかもたなくなり、テクノロジーはいたるところで貧富の差を広げ、虚栄心と嫉妬がその差を複雑にし、耐えがたいものにするため、必要性と願望は満たされず、どんどん色褪せる蜃気楼となってしまう。また、テクノロジーによって生じた不平等をやむをえず行政が是正しようとしても、人々の経済的自由を犠牲にしなければそうできない。官僚政治もテクノロジーの一形式であり、その制度に組み入れられることは、解放とはほど遠い。こうした事態のどこが自然の支配といえるのか?

では、必要性ではなく死への恐怖がもとになったテクノロジーはどうだろう? それらは成功をおさめてきたのか? 野生動物の歯牙にかかって死ぬ恐怖は、都市の住人とはほぼ無縁のものだ。しかし動物に対抗する私たちの楽園は、人間のジャングルと化した。慢性的に襲撃や攻撃の恐怖にさらされながら、大勢が歩き回って――かつ住んで――いるけれども、周囲の暴力をコントロールする能力が自分たちにないことに腹を立てたあまり、自ら暴力に加担してしまうときもある。国際関係の場において、他国の侵略の恐怖がないことが私たちアメリカ人の大きな強みだといえるかもしれないが、現代的戦争と国際的テロリズムによる死への恐怖は高まっている。テクノロジーに政治的境界がないのはいうまでもなく、旅客機に輸送以外の使い道があるという事実からすれば、当然の結果である。

博愛的な人道主義を根幹にすえた医学でさえ、死の恐怖は征服できないだろう。医学が進歩すればするほど、不成功に耐えられなくなり、死は耐えがたく恐ろしいものになる。たしかに、多くの死の原因が征服されてきた。それでも死の恐怖は減ってはいない。むしろ、実際のところ、ひどくなっているようだ。なぜなら、致死的な疾患で簡単に死ななくてもよくなった一方、ゆっくりと、苦しみながら、無残な形で死ぬようになったからだ——がん、エイズ、アルツハイマー病などで。死と死ぬまでの経過をコントロールし合理化しようと努力を重ねていくうちに、人生の最後に治療を施し、入院させるケースが非常に多くなったため、それこそ無数の生ける屍が作り出されることとなった。あげくのはてに、結果として、今や安楽死の法制化の圧力がますます高まっている。生命の保護者である医師を死の調剤者に鞍替えさせることで、この皮肉は完成されるだろう。

人間同士のいたちごっこの軍拡競争と同じ状況が、生命医学の領域にも生じているように思える。治っても中途半端だったり壊れてしまったりするだけのテクノロジーを作り出しては、今度はそれを治すためのテクノロジーを探すか、テクノロジーの助けを借りて生命を丸ごと投げ出してしまうかの選択を迫る。これが自然の支配といえるのか?

最後に、魂に関するテクノロジーはどうだろう? それらは登場したばかりだが、うつや痴呆、ストレスや統合失調症と戦おうとしている。応用心理学や神経科学、行動修正や精神薬理学は? 現代生活が不幸に大きくかかわっているのだとしたら、テクノロジーを使って解決できないだろうか？ 攻撃性、願望、悲嘆、苦悩、快楽の物質的基盤を理解することによって、デカルト主義がうたった、人間を心身ともに頑健にするという約束を実行できないだろうか？ これこそ、自己犠牲や自主規制を必要としない、支配の究極の形式、技能による自己制御の実現ではなかろうか？

だが、その一方で、こうした人間の性質の最終的な技術的征服は、ほぼ確実に人類を虚弱化するだろう。こうした支配形式は、完全な非人間化と変わりがないかもしれない。ハクスリーの『すばらしい新世界』を、C・S・ルイスの『人間の廃止（*The Abolition of Man*）』（一六六―一六七ページ参照）を、ニーチェの「最後の人間」についての記述〔訳註・『ツァラトゥストラはかく語りき』で、もっとも軽蔑すべきものとされた〕を、そして新聞を読むがよい。均質化、凡庸、偽の平和、薬物による充足、嗜好の卑俗化、愛も憧れもない魂――人間の性質の核心部分を技術支配の最終目標にすえれば、こうした結果になるのは当然なのだ。勝利の瞬間、プロメテウスのようであった人間は「満ち足りた牛」になってしまうだろう。

さまざまなテクノロジーの問題を列挙してきたけれども、共通の背景が見つかっただろうか？ 問題の「根源」は何だといえるだろうか？ 私はこう考える。「テクノロジーの問題」とは、テクノロジーが「問題」ではなくて「悲劇」だということ、大いなる自己矛盾に生きる人間の痛切な挑戦だということだ。この悲劇においては、英雄の成功が失敗の、勝利が敗北の、栄光が悲惨の温床となる。人間の魂に根をはり、現代的思考のバラ色の約束に鼓舞されたテクノロジーは、避けがたく、英雄的ではあっても破滅にいたる道のように思われる。

テクノロジー的な生き方が破滅につながるといっても、まだ、現代生活――私たちの生活――も必ず悲劇に終わると決まったわけではない。すべては、人間のテクノロジー的な性向を限界まで増大するにまかせておくかどうか、あるいは精神的、倫理的、政治的に抑制できるかどうかにかかっている。

テクノロジーとリベラル民主主義

今日のアメリカ人の多くは——テクノロジーの友人ばかりではなく批判者も含めて、といっておくべきだろう——積極的にせよ暗黙のうちにせよ、人間の完全性についての合理主義者の夢を共有している。だがアメリカ共和国の建国者たちのほとんどは、楽天的な啓蒙主義思想に影響されていたとはいえ、ユートピア論者ではなかった。彼らはより中庸の道を選んだ。また、人間の性質をよくわきまえていたので、（強制力のある）よい法律、教育、品位と公共精神を守るための宗教の重要性を過小評価したりしなかった。他方、科学の将来性も大いに歓迎した。私の知るかぎり、アメリカ共和国は、明確に科学とテクノロジーの進歩を支持し、かつ公共の利益にとって重要だと主張した最初の政治体制である。アメリカ合衆国憲法は、教育と道徳については何も語っていないが、科学の進歩については次のように述べている。

連邦議会は次の権限を有する（……）著作者および発明者に、それぞれの著作および発明に対して一定期間の独占的権利を保障することにより、科学ならびに有益な技能の進歩を促進すること。

（第一条、第八節）

わが建国者たちは、このアメリカ独自の新制度のなかで、天才の情熱に利益という燃料を注ぐことによって、テクノロジーの進歩を奨励した。

だが、彼らの目標は「進歩のための進歩」ではなかった。むしろ、科学とテクノロジーの力を借りて、国の防衛力を整え、一般の福祉を促進し、そして何よりも、私たちと子孫のために「自由」の息吹を守りたかったのである。

リベラル民主主義にとって自由と平等が絶対であることを考えれば、リベラル民主主義とテクノロジーの企てが一筋縄ではいかない複雑な関係を築いていても、驚くにはあたらない。ある意味では、リベラル民主主義はテクノロジーの成長にとって最適の土壌を提供しているといえよう。経済や個人の自由、発明や企業活動の解放、向上への不断の努力、個人の野心の実現を妨げる階級制度がないこと、そして(幸運にも)豊富な天然資源をもつ広大な国土。おそらくテクノロジーの歴史上、もっとも居心地のいい社会環境に違いない。さらに福祉一般と同様、自由の維持は、ある特定の時期だけでなく、とりわけ第二次世界大戦を契機にアメリカの工学技術、合理的な計画、秩序だった社会組織と深く結びついてきた。私たちのリベラル民主主義が、マスコミ文化、官僚政治、多国籍企業、大きな政府などをもつ大衆社会になるにつれ、私たちはますます夢中になってテクノロジーを求めるようになってきた。機械や装置という面だけではなく、あらゆる経済的、社会的状況を合理化し、管理していくうえでも。

こうした現実に、アメリカの個人主義、物質主義、貪欲のほか、アレクシス・ド・トクヴィル〔訳註・フランスの歴史家、政治家(一八〇五—一八五九)。著書に『アメリカの民主政治』など〕が詳述した民主主義の特徴すべてが合わさったら、テクノロジーのありとあらゆる問題が増大していく危険を目のあたりにすることになるだろう。そのかたわらで私たちは、非人間性を真綿でくるんだ「すばらしい新世界」の専制政治（それでさえましというものだ）に向け、嬉々としてエンジンをふかしているのだ。

しかしながら同時に、正しく理解さえすれば、アメリカのリベラル民主主義にはテクノロジーの問題を解決に導く手段が示されている。いやむしろ、諸手をあげてテクノロジーの視点に賛成するような姿勢が問題を生み出す原因なのだ、と思い出させてくれる手段といえるかもしれない。リベラル民主主義者である私たちは、テクノロジーの潮流を止められないかもしれないが、沈没を防ぐ手立てを講じることはできる。すべては、完璧な人間を再創造しようとする合理主義者やユートピアの幻想を斥けること、そして、私たちの政治形態の礎となった人間の自由と尊厳に関する豊かな理念を思い出すことにかかっている。

その理念の三つのポイントをあげよう。第一に、自由とは、政治的自由を意味している。つまり、それは「自治」であって「自分勝手」ではない。地域行政や共同体の仕事に参加することであって、行政からくる利益を要求することではない。権利の行使や主張だけにとどまらず、必要なら生命、財産、名誉を賭してでも、そうした権利を守ろうとする意思をもつことなのである。アメリカ市民は幸福な奴隷ではない。

たしかに、テクノロジーの主導によって規模や管理方法が大幅に変わったせいで、現在、市民活動の積極性はかなり弱まっているように思われる。超巨大都市や、官僚政治が徹底した状態で、市民活動にいかなる意味があるのか、またどのような形で必要とされるのかはわからない。しかし、人々が自発的に結束する場合も多い。たいていは公共の目的のためだ。また、テクノロジーが重労働から解放してくれたために、大勢の人々が活動に参加できるだけのゆとりをもてるようになった――学校行事、近隣の組織、地域の政治をはじめ、さまざまな奉仕や公共活動などである。

政治的な自由は本格的な政治討論や活動への道も開く。人々の代表者に選ばれれば、テクノロジーが作り出した問題に対応できる。たとえば、大気や水質の純度の基準を制定すること、アスファルトの無法な侵略から自然林や自然公園を守ることなどだ。生命医学の分野では、特許法を制定したのと同じ連邦議会が食品医薬品局(FDA)を設立し、人間が生命医学研究の対象になるのを防ぐために施設内倫理委員会(IRB)を要求し、移植用臓器の売買を禁止した。多くの州が、自殺幇助、受精卵の破壊をともなう研究、クローニングを禁止する法案を制定してきた。本書が出版されるころ、アメリカ上院では、ヒト・クローニングの全面禁止に関する審議の準備が整うだろう〔訳註・二〇〇五年三月の時点で、まだ上院は通過していない。国連でも論争が続いていたが、同年三月八日、生殖目的・医療目的にかかわらずヒト・クローニングの全面禁止を求める宣言が採択された〕。すでに二〇〇一年六月、下院で同様の禁止法案が可決されている。政治的な意思さえあれば、アメリカの諸機関は、巨大なテクノロジー産業の方向性を変え、調整し、歩みを遅くする政治体制を用意しうるだろう。

第二に、自由とは、個人的な人生の自由を意味している。それは仮想現実ではなく「本物の人生」においてである。家庭、家族、友人、両親、子供は、理性とは無関係に自然に湧いてくる愛情の国土に住む。血縁や絆に根ざし、人間の本質の奥底に潜む強い感情に支配されている。個人の人生は、誕生や愛情、死や悲哀などと直接向き合うところだ。単なる無力な犠牲者としてではなく、つながりを保ち、責任をもち、愛を捧げた使者として。個人の生活はまた、信仰の自由を約束する。人生が――また自然そのものも――人知を超えた力に護られ、人間が支配しているのではないことを知るために。

今日、テクノロジーは家庭内に侵入して個人の生活を脅かし、事実上、家庭がなくても平気ですごせるようにしてしまった。テレビが団欒の場にとってかわる一方、現代の利器はみんなで協力して日常生活にあたる時間を減らした。避妊用具の開発で残念にも気軽に得られるようになった満足は、深くて揺るぎない愛情に発展していくことは少ない。結婚や家族が不安定だと、子供に苦悩をもたらすことは、公然の事実である。それもしばしば、何ひとつ不自由のない満ち足りた状況下で起こるのだ。しかし一方で、それと同時に、私たちは自分たちが何を失いつつあるのかに気づきはじめた。結婚や友情には継続したかかわりが大切なことがわかってきたし、宗教に関心をもつ若者たちが増えている。人生に技術的に対応するだけでは満足できない自分に、疑問を抱くようになったのである。この世界において、家族や宗教団体が、本質的に技術と相反する性質を失わないかぎり、非人間化に対抗する手段はまだ見つけられるだろう。

最後に、自由主義《リベラリズム》とは、リベラルな教育を意味している。雇用や、もちろん市民活動などの教育も重要だが、それればかりではなく、本物の知恵を求めるための思慮深さや理解力についての教育もおろそかにできない。人間の尊厳を完全なものとするには、イデオロギーや偏見に毒されない精神が必要となる。プラトンが述べた洞窟の影から解放され、「尊厳」自体のもつ不自然な問題を自由に解決し、人間の存在の意味について深く自由に考えをめぐらし、テクノロジーの影に覆われた世界で、科学とテクノロジーの本質、目的、善さについて考えていくために。テクノロジーのいちばん大きな問題が、狭隘《きょうあい》な実利的習慣がしみついた精神から生み出されることにあるのだとしたら、リベラルな教育は解決策の一つとなろう。リベラル民主主義、そして何よりもリベラルな教育にこそ、人類の最後の輝かしい希望がある。

正直に、かつ率直に言っておかなければならないだろう。リベラルな教育は——積極的な市民活動や豊かな個人生活と同様に――いまだアメリカ社会に根づいていない。専門校や大学教育の現場では、真にリベラルな学習はないがしろにされ、かわりに特定の専門性、職業的・技術的訓練、知的流行への追従、イデオロギー的論争や教化、まったく浅はかでくだらないことに終始している。だが、そこかしこで、思慮深い本物の探求が散見されるようになり――こちらでまともなプログラムが、あちらで優れた教師がひとりふたりというふうに――いくつかの合図の灯火がまじめで熱心な学生を惹きつけ、学ぶ機会を与えている。私にとって、こうした場所の一つ、学生も教師も人間のもっとも重要な問題について深く考える気風をもつシカゴ大学のカレッジの学生であったことが最初の幸運であり、また、ここで二五年間教師として過ごしてきたことが第二の大きな幸運であった。『すばらしい新世界』の住人たちとは異なり、私たちはまだ自由に、技術主義社会の潮流に抗して知性を存分に発揮でき、思考のもたらす真の栄光と真実と意義の探求に魂を捧げる余地が残されている。

しかしながら結局、個人生活の自由と民主政治制度の力は、人々の道徳的特徴や、彼らが信奉し体現する倫理的規範以上のものではない。美しい宝であるリベラルな教育だけでは、いったん蝕まれた共同体の倫理的基盤を提供することはできないし、愛国心をもった市民、尊敬すべき父親や母親、まともな隣人さえ輩出することはできない。次の章で論じるように、倫理学や生命倫理学を「専門」とする教師にしろ、善い社会を作る力ではない。そういったものはむしろ、家庭や宗教の領分の仕事といえよう。日々の積み重ねが精神の奥底の洞察力を育て、かけがえのない心の習慣となって根づいていくのだ。知恵のはじまりは「神をおそれる心［畏怖、畏敬］」だと聖書がいうのは、理由のないことではない。

第二章　倫理学の実践――どのように行動すればよいか

トランプをするなら、詐欺師たちに育てられた高潔な倫理学者より、倫理など眉唾《まゆつば》ものだと思っていても「紳士はいかさまをしない」という信念を身につけた男を相手にするほうが、よっぽどましというものだ。

――C・S・ルイス『人間の廃止』

三〇年以上前、最初に生命倫理学についての疑問を感じたとき、私は国立衛生研究所（NIH）で働く若い生化学者だった。研究していたのは細菌生理学で、解答を見つけられる問題である。今の私は、年老いたヒューマニストといえるかと思う。人間の本質や人間の善性について、最終的な解答を得られない疑問を追いかけている。まあ、自慢できることといえば、ようやく私のどこか伝統的な信条や懸念に箔がつくくらいの年齢になったことくらいだろう。私が達した結論の一つは、生命倫理学の分野はこの三〇年間で成長しているものの、さほど賢くなったわけではない、ということだ。

ここでとりあげている問題は現在と未来に関するものであるから、過去の思い出にふけっても何もならない。とはいえ、いくつかの大きな特徴を再確認することには意義があるだろう。第一に、一九六〇年代後半、アメリカ社会は騒然としていたが、倫理学の研究は行われていないも同然だった。学術的な哲学はほかの問題で忙しく、「倫理学者」のことなど誰ひとり耳にしたこともなかった。第二に、いわゆる生物学革命の影響はうっすらと表面に現れはじめた程度だった。経口避妊薬や幻覚剤が使われ、まさに最初の心臓移植が行われたところで、合法的な中絶、胎児組織移植、出生前遺伝子診断、ヒト体外受精、胚移植、代理母、幹細胞研究、着床前遺伝子診断、遺伝子組み換えや遺伝子治療、プロザック、脳インプラント、ホスピス、心停止患者への「蘇生処置不要」の命令は未来の出来事であった。なかには予見できるものも含まれていたにしても。

第三に、生面倫理に関するアメリカ初のシンクタンク設立（ヘイスティングス・センター）に向けて集まった私たちは、それぞれ文化的背景も専門も異なる人間同士だったが、さまざまな方向に進みうる新たな生命医学の発展が人間にどのような意味をもつのか、という共通の懸念をもっていた。どちらかといえば希望を抱いている者は、新技術から利益を得るのは当然のこととして、まちがいや愚行を防ぐほうに重点を置いた。どちらかといえば恐怖を感じている者は、ある種の生命医学的介入を承服できず、たとえどれほど善い目的で新しい力を人間の心身に使ったとしても、意図せぬうちに人間性を失う可能性があると心配した。

活動の仕方はいろいろだったが、私たちすべての原動力は道徳や宗教に基づいた感情や懸念だった。新しい生命医学テクノロジーが人間を形づくる根本的な部分に干渉する――そしておそらく脅かす――ことを理解していなかった者はいない。記憶がたしかだとすれば、ヘイスティングス・センターのメンバーのうち、哲学を教えることで生計を立てている者が一人だけいて、会議に参加しても安息日の禁だけは絶対に犯そうとしなかった。ただし強調しておいたほうがいいだろう。研究であれ実践であれ、現在行われているような形での生命倫理学には、当時は誰一人として携わっていなかったのである。

さて、過去から現在に目を移そう。生命倫理業は花盛りだ。いたるところで倫理学の活動が見られる。たいていの医学校には医学倫理のコースが用意されている。カレッジや大学では、教育課程に倫理学を組み込んでいるところが多い。生命倫理学で博士号が取れる哲学講座もある。生命倫理学の雑誌がいくつも発行され、また、会員に認定状を与える国際専門学会もある。多くの病院に生命倫理委員会が設置されており、おもに——そればかりではないにしろ——治療の中止に関しての議論を行うかたわら、施設内倫理委員会は人間を対象にしたあらゆる治験のルールを定めなければならない。

法廷にもちこまれる倫理関係の訴訟は増える一方で、国家や地方行政の特別委員会も、事例を分析し、実際の行動の指針を作成している。ヘイスティングス・センターができたあと、多くの研究機関がこの分野に加わり、文献が——専門的なものも一般的なものも——急速に増えている。また、倫理学者はひっぱりだこである。医学校に職を得るほか、あらゆる最新の話題について新聞にコメントを求められ、しょっちゅうテレビやラジオのトーク番組に登場する。バイオテクノロジー会社に雇用される者も大勢いる。最新の革新的発見に倫理の息吹をかける身内の助言者として仕えるのだ。ある時期を境に、生命倫理学は設立されるだけではなく、制度の一部となった。生命倫理学は行動の分野となったのである。

しかし、私たち倫理学者がもてはやされる理由はきわめて不透明だ。生命倫理学が専門分野として認められることは、生命倫理学者にとっては喜ばしいことに違いない。だが、倫理自体にとってはどれほどよいといえるのだろう？　倫理や生命倫理の問題に関して、実際の行動をはじめ、医師、科学者、企業家、一般社会の道徳観は、実質的に向上してきただろうか？　生物学がもたらしたおそるべき力の発達や使用について、個人的であれ社会的であれ、私たちがなそうとしている選択は、三〇年前になされたような、また倫理学者ぬきでなされたような選択よりもましなのだろうか？　現在、倫理学の実践にどれほどの効果があるのだろう？

倫理学の実践の現況

現在の生命倫理学では、行為が論議の中心である。そのこと自体は驚くにあたらない。なぜなら、人間が行動する際、まずじっくりと考えたり意見を尋ねたりして、どう動くのがベストかを調べるのは、ごく普通のことだからだ。しかし倫理学者が使う言葉は、一般的にいって、道徳の実践者となる必要に迫られた人々が使う言葉とは異なっている。個々の事例や行為について検討しているときでさえ、私たち倫理学者の話は抽象的で理論的になってしまう。実際のところ、今日実践されている倫理学の大部分は、まさにメタ倫理学的〔訳註・倫理学の一部門。一段と高い立場から、倫理言語や理論の意味や正当化などの解明をめざす。「メタ」は超越という意味〕といえよう。皆がこぞって道徳的な議論を分析し、解明に努めている。その目的は、自分たちの決定を正当化しうる根拠を明らかにするか、批判を加えるためであり、倫理学的ジレンマを解消してくれる規則や指針、原則や方法を決めるためである。また場合によっては、いわゆる「自律性」「一貫性」「義務」「平等」「善行」という基本的な言葉を中心に、行為を包括する理論を打ち立てるためでもある。

こうした抽象的な生命倫理学談義と真の道徳的な熟慮の違いがはっきりとわかるような例をあげてみよう。ある高齢の女性がいた。かつては独立自尊の気概に満ちていたが、今は多少呆けてきて、老人ホームにいる。この数年、死にたい、とこぼし続けてきた。事実、人生を終わらせられる毒物をもってくるよういつも息子に頼んでいるのであった――その願いに息子は優しく耳を傾けながらも、毅然として退けていた。

ある日、女性は脳卒中の発作を起こし、さらに、肺炎まで併発してしまった。老人ホームの医師は、入院させて抗生物質の投与をしたほうがよいと勧めた。彼女が繰り返し死にたいと言っていたことや、卒中によっていっそう自由がきかなくなることを考え合わせ、家族の何人かは肺炎の治療に反対した(抗生物質が登場する前の時代、この病気は「老人の友」と呼ばれていた)。しかし担当医は、患者の利益のために働くのが当然だと考えていたし、治療すれば治る感染症を放っておくのは非道徳的だと信じていたので、頑として受け入れなかった。治療したときとしなかったとき、両方の場合で考えられる結果について、熱い議論が戦わされた。だが、意見の違いにもかかわらず、当事者は全員、同じ目標のためにがんばっていた。つまり、今このとき、本当に「彼女」のためになることを見つけ出そうとしていたのである。これまでの彼女の人生、今の境遇、今後の見通し、口にしていた願望などに照らし合わせて。

当の彼女自身は、脳卒中の発作と熱のせいで、いつもより反応が鈍く、医師が直接問いかけてもほとんど答えない。だが、彼女の息子は長年の経験から、どのように接すれば気持ちを読み取れるのか知っていたので、根気よく母親に呼びかけ続けた。やり方を変えながら質問していくうちに、彼はとうとう、決定すべきことが何で、その選択権が彼女にあるということを母親に理解してもらえた。

「お母さんは重い肺炎になっている」と彼はいった。「お医者さんは入院したほうがいいとおっしゃっている。だけど、無理にそうする必要はないんだよ」「そうねえ」と、驚く家族をよそに老女はもぐもぐとつぶやいた。「少しでも具合がよくなるんだったら、［病院に］行くわ」問題は片付いた。心優しい家族はあやうく死を選択することからまぬがれた。死が話ではなく実行に移される段になったとき、この患者は喜んで命を手放す気はなかったのである。

今日、こうした個々の人間ドラマは、患者の代理人が判断するのではなく、たいてい病院の倫理学者か倫理委員会にもちこまれる。そこでの議論は、ベッドサイドの近くで行われるものとは大きく異なり、一般化され、現場から離れたところで、そのときどきの生命倫理学の流行に大きく左右される。

倫理学者には分析用の専門用語があり、委員会には独自の手順と意思決定の規則がある。この患者の場合も、倫理学者も委員会も、彼女のようなケースの一般例として、本人に対する深い理解や実際の知識を欠いたまま、やむをえず決定をくだしただろう。すなわち、こんなふうに――「老人ホームで暮らす痴呆女性。死にたいと始終はっきりと口にしている。だが、現在はその選択ができる状態にない。彼女の長い人生の終わりに際し、愛するものの幸福を願って葛藤する家族のかわりに、いわゆる『治療の中止』にかかわる事例として、これから簡潔な討議に入ろう」。

そこではおそらく、「医療におけるパターナリズム（父権的干渉主義）」――本来は患者に属する倫理的な決定に対し、専門家だからという理由で医師が不当な干渉を行い、保護者的な行動に出ること――についての議論が展開されるだろう。また、「善行」（益になることを行い、害を避ける義務）に対して、「患者の自律」（絶対的な選択権）が主張されるだろう。この場合の正しい道徳論は、「帰結主義」（利益と害をはかりにかける）なのか、「義務論」（結果にかかわらず、正しいことをする義務を果たす）なのか、メタ倫理学的な議論が交わされるだろう。通常の救命手段と特別な救命手段を使い分けることの意味や有効性について、またこの症例の場合、抗生物質の使用がどちらかに該当するのかについて、討論されるだろう。「自然な経過で死なせること」と「意図的に殺すこと」に違いがあるのか、抗生物質の投与を断ることが自殺幇助にあたるのかどうかについて、異なる見解が出されるだろう。「リヴィング・ウィル」〈訳註・生前発効の遺言書。不必要な延命治療を拒否する意思を、あらかじめ書面の形で登録しておくこと〉や患者による「蘇生処置拒否の指示」の有無が照会されるだろう。そして、そういったものが存在しないとき、おそらく、この女性がしばしば表明していた自殺幇助の要請が考慮されるだろう。

病院の倫理委員会はいかなるときも訴訟の影におびえているが、メンバーは、この症例を「尊厳ある死の権利」や「死ぬ権利」と関連させて考えるだろう（原註1）。このような問題が法廷にもちこまれた場合、倫理論は際限なく堕《お》ちていく。「死ぬ権利」を擁護しようとして、さまざまな詭弁を弄し、公正や平等の理論までもちだされる。たとえば、「透析中の患者や人工呼吸器を装着している患者が機械を止めて死を選ぶことができるのに、医師の自殺幇助によって死にたいというこの高齢女性の願いが却下され、これからも不自由と恥辱にさいなまれ続けなければならないというのは、本質的に不公平だ」といった具合にだ。たいてい、自律や平等という抽象的な原理は、一見患者のために主張しているようにみえ、勝利をおさめるケースが多いが、当の患者である彼女自身は無視される。彼女の現実の状況は理論の波に押し流されてしまう。そして、その結果は致命的なものになりうる。

こうした倫理学的な話や理論すべてに向き合ったとき、人はおそらく強い疑問を感じるだろう。「では、どんな行動をとればいいんだ？」倫理学者を中心とした一団が熱心に行っているこの「倫理学的な論議」と「倫理学の実践」は、どうつながっていくのか？　つまり、医療従事者、病院経営者、公衆衛生局の職員、そして当事者である無数の市民たちは、どのように行動すればよいのか？

すぐにこの問題に移っていくが、その前に、現在さかんに行われるようになった倫理学の実践の傾向について、もう少しくわしく私の考えを述べてみたい。こうした一般化が、倫理学を実践している今日の人々すべてにあてはまるわけではないにせよ、主流派や大部分の指導層の特徴といえると思う。

何よりもまず、倫理学は、「理論化」を行う分野だと思われている。最終的にとるべき行動の問題について――何をなしてどう生きるかについて――考えている学問のはずなのだが、倫理学者のほとんどは理論家であり、具体的に実際の行動を起こすことからはじめるのではなくて、抽象的に行動について考え、その適切な正当化をすることからはじめる。彼らにとっての行動とは、応用科学や工学のように、理論を実践にあてはめることなのである。

第二に、理論としての今日の倫理学は、とくに「哲学的な」理論化が中心となっている。倫理学を実践するというのは、哲学的倫理学の学術的規律を実践することだと言い換えてもいい。たしかにこの分野には、キリスト教やユダヤ教の倫理学者など、自らを宗教（的）倫理学者と位置づける人々もいるが、彼らの大部分は専門用語を用い、アカデミックな哲学が決めた規則にしたがっている。

宗教的な考えには――これを理論化といっていいのかどうか迷うけれども――道徳生活に関する人間のあり方や教えについて、独自の深遠な理解の仕方がある。その理解はとても奥が深く、バイオテクノロジーと生命の出会いによって危機にさらされた人間性について、さまざまな疑問を解きほぐす手がかりを私たちに与えてくれる。しかし、アメリカの倫理学的議論の多元的な前提や、現代の学問の流行から、こうした宗教的な伝統は、懐疑的にあつかわれるのはまだましなほうで、しばしば完全に無視されるのが普通となっている。宗教倫理学者でさえこの判断を受け入れているようだ――故ポール・ラムジーのような優れた例外はめったにない(原注2)。おそらく、より幅広い意見をとりいれるため、神聖な教えを冒瀆しないため、「シーザーに帰すること」と「神に帰すること」をきちんと分けておくため〔訳註・新約聖書「マタイによる福音書」第二二章二一節から。俗世における義務と神への義務についてイエス・キリストが述べた言葉〕、あるいは自分が宗教とつながっていることを深く恥じているせいなのかもしれないが、公の倫理の実践にかかわっている宗教倫理学者の大多数は、自分たちの特別な宗教的洞察を胸にしまいこみ、「義務論」対「帰結主義」、「自律」対「パターナリズム」、「公正さ」対「一貫性」など、誰もが論じるようなことを論じている。

第三に、哲学的倫理学は「合理主義」である。しかも「超合理主義」であり、さしたる理由もなくそうなっている、と言いたい。今日のアメリカで行われている哲学的思索は、あいかわらず分析が中心である。概念の分析、議論の評価、正当化の批評にたずさわり、つねに明快さ、整合性、首尾一貫性を求めている。そして、純粋に人々を行動にかりたてるものは何か――動機や情熱――については、ほとんど顧みようとしない――すなわち愛や憎悪、希望や恐怖、プライドや偏見など、単純に「ロゴス(理)」に還元できないせいで、非倫理的、非合理的とみなされがちな問題については。また、嫌悪感や、それらに関連したタブーも見過ごされている。なぜなら、こういった事柄は理論的に弁明する余地がないため、倫理学的論議の俎上《そじょう》にのらないのである。結果として、もっぱら概念や理論の問題ばかりが論議されることになる。

形式におとらず内容でも、倫理学の主流は合理主義にかたよっている。道徳的懸念の最優先事項は、「人間」――欲求と願いをもち、ほかの人間との関係の網の目のなかにおり、形を与えられた魂(あるいは生気を吹きこまれた肉体）――ではなく、「個人的特質」――その人だけの理性的な意思、すなわち意識の主体――である。個人的特質は私たちの自律性の背景なので、これが尊厳の試金石となる。つまり、理性が、合理性の砦のみを守る理由を見つけたということだ。

第四に、最終章で検討するように、「問題解決の手段」の筆頭にあげられるのは仕事の合理性だ。科学だけでなく、倫理学でもそうである。合理性の行う最初の仕事は、人間にかかわる問題のうち、解決を求められていたり、解決法を探したりしなければならないものを決め、より分けることである。明瞭さや明快さが優先され、具体的でない面は犠牲にされる。割り切れない部分もしばしば切り捨てられる。

たとえば、人生が終わるとき、苦しく複雑な状況が渦巻き、迫り来る死や、死が訪れるまでのケアについて、簡単にすまされないことがたくさんあるものだが、そのなかから「いつコンセントを抜くのか？」「医者が死期を早めるのは道徳的に許されるのか？」という問題を、個別なものとして切り離す。また、親と子の非常に重要な関係から、代理出産の契約や、研究所が作ったヒト胚の所有権の契約に妥当性があるかどうかの問題を切り離して解決しようとする。エイズの流行から、「プライバシー」対「公共の安全」という論点を切り離す。あるいは、問題全体を、新薬や性能のよいコンドームによる解決におきかえてしまう。これらのケースのいずれにおいても、「問題を見つけた」と言うとき、私たちはそれを人間同士の絆、信頼、忠誠、節度、道徳やセックスの責任との関連のなかでとらえようとしない。

また問題は、いったん問題として取り出されてしまうと、抽象的に分析される。たしかにこういった分析は興味深いものだが、その合理的な特質ゆえに、患者の代理として行動の必要に迫られた人が熟慮の末に導きだした方針とは合わないことが多い。前述した女性の例のように、前後関係のなかから抜き出した特定の問題を分析し解決することと、実際の状況に照らし合わせてベストの行動を決めることとは、同じにはなりえない。合理主義の分析では、人の願望や目標だけでなく、動機や結末もつかみきれないのだ。また、今この場において、どちらの結末が望ましいのかという規準にかかわる疑問も、しばしば無視される。(ついでに述べておくが、倫理学を合理的な問題解決法とみなすことには、大きな危険がある。そのような倫理学では、テクノロジー的思考が作り出した人間の空虚感を埋められないし、行動に必要な人間味にあふれた応え方をすることもできない。そればかりか、合理主義的な倫理学は、単なる対抗テクニックに化してしまうだろう。眼科医や心臓病医と同じ専門技術者の一員となった倫理学者は、ヴィジョンをもたない専門家、心をもたない道徳家となる危険がある。)

第五に、問題を設定し解決したがる傾向があるといっても、おもに「極端な例」ばかりとりあげるせいで、今日の倫理学へのアプローチは、いまだに豊かな道徳生活からはほど遠いところにある。人工(あるいはチンパンジーの)心臓の移植、代理子宮の使用、延命治療を終了させるための死の定義やガイドラインなどが、きわめて大きな注目を――無理もないけれども――集めているのに、普通の行動の道徳性は大幅に無視される。

しかし、人間が遭遇するものは、ことごとく倫理との遭遇なのである。それは美徳と尊敬を実践(そして育成)する機会であり、医者と患者の場合であれば、どちらの側にとっても、責任と信頼をつちかう機会となろう。医者はどのように患者に話せばよいか? 患者のプライバシーや弱い立場を尊重し、守っているか? 患者は医師に過剰な期待を抱いていないか? 人間は個人としても文化としても、子供を育てること、親密さを分かちあうこと、生命を敬うこと、死に向き合うことを尊重すべきだということを、私たちはどのように主張していけばいいのか？　道徳的な姿勢や実践に関して、こういったより基本的で幅広い事柄に注意をはらわないのであれば、極端な事例についての倫理学が、実践に「応用させた」ときの成功とはいわないまでも、せめて理論の上だけでもうまく機能すると期待できるものだろうか？

第六に、合理的な手法で倫理的な問題が解決された場合、その解決策は完全に合理的になりやすく、しばしば規則や理念の形をとって現れる——人はそれら合理的な規則にのっとって行動すべきであり、明確な理念にしたがって実践すべきである、と。道徳を実践する側の道徳的な感受性や愛着、習慣などは配慮されない。さらに、合理的だからという理由で、規則や理念は、普遍的なものとして述べられがちであり、道徳的行為をする際に、つねに必要とされる個々の判断の特殊性は無視されてしまう。

ときに、合理的な問題解決法からは、文化的多様性や個人的相違への配慮のため、具体的な規則や理念が導きだせないこともある。事実、意思決定のための合理的な「手順」は、実際になされる決定の内容を明記しないように工夫されている。たとえば、延命治療中止のために作成されたガイドラインは、意思決定者に、そうしたガイドラインがなければ気づかないようなさまざまな点に対してまちがいなく注意を喚起できるだろう。とりわけ、精神的苦痛が大きい状況下で行動しなければならない場合には。だがここでも、示されるのは普遍化された抽象的な手順であって、助言を求めたり、決定をくだしたり、もしくは、はっきりした決定をしないで経過を見続けたりすることは考慮されない。現実のあらゆるケースに対応できるガイドラインは存在しえないし、ましてや、あるケースをほかのものと区別する重大かつ微妙な差異をあつかえるはずもない。

最後に、道徳的理念への合理主義的な傾倒は、道徳的思考を「イデオロギー」の方向へ導き、否応なく、実際の道徳生活からさまざまな段階をはぎとってしまう。道徳理論家のなかには、個人の実践者の道徳的行為を向上させることよりも、「構造的問題」の解決に力を注ぐ人もいる。たとえば、最近、ある論説者が、違法ドラッグの使用歴が就職の際の審査項目になっていることを批判し、「社会構造の問題のかわりに国民個人を標的にする傾向は納得しがたい。私たちはどうやら、チリ産のブドウにシアン化物が入っているかどうか調べるかのように国民を調べれば、貧困、人種差別、暴力の問題を解決できると考えているようだ」と述べた。しかしこれらの社会悪があるからといって、スクールバスを運転したり航空管制をしたりするならドラッグ使用は許されないという個人責任は免除されていいのだろうか？「構造的問題の解決をめざす人々」は、理論上、社会がどのように貧困、人種差別、暴力と戦えばよいと考えているのか？　とりわけその社会が、市民の道徳的健全さや活力の確かさに関心をもたないのだとすれば？

反対に、「自律」の側からイデオロギーを生み出す理論家もいる。彼らは、人々が自由に行う選択の中身については問題視しないくせに、不思議にも、自己決定権をもつ大人の成長をはぐくみ、選択や行動をする際の指標となる社会制度や共通の道徳観のことは、意に介さない。たとえばある生命倫理学者たちは、いかなる手段を用いようと、すべて選択の自由と生殖の自由の名のもとに、代理出産の実行、はてはクローン人間の作製にさえ、いっさいの制限を認めようとしない。イデオロギーに転じたこれらの理想は、既存の医療における弱点や欠点をたくみに誇張してみせるが、抽象的なため、新たな慣習や実践を作り上げる力はない。また、理想化された「最善のこと」が、しばしば現実の「善いこと」の敵となるのをみてもわかるように、イデオロギーは、既存の行為を修正する唯一の助けとなるにもかかわらず、ときには無意識のうちに、脈々と社会に受け継がれてきた道徳構造を破壊してしまう。

倫理の実践についてざっと述べてきたが、大目に見ても不十分なうえ、とくに抽象化と一般化に対する「私自身の」志向が強く出すぎていることもわかっている。また、こうした倫理へのアプローチに批判的であるにせよ、(すぐにもっとくわしく説明するが) その貢献度を過小評価しているわけではない。過去三〇年間の取り組みによって、意識は向上し、道徳に関する問題への道徳的自己満足や無関心は多少なりとも改善された。いくつかの問題は明確にされ、さまざまな無思慮や偏見に異議が申し立てられた。同時に、それらに対抗する善が明らかにされ、ある程度のバランスがとれてきた。一般的に、倫理的に難しい状況は、より慎重に、意識的にあつかわれるようになった——けれども、私の見るところ、さほど賢い選択や、優れた行動や、よい結果が得られているとは思えない。

少なくとも現在まで、医学倫理学や生命倫理学の分野は、(自分たちのことをそういっていいものなら) より高潔な精神と原理をもつ学者や教師たちを魅了してきた——この分野にジミー・スワガート〔訳註・性的スキャンダルを起こしたテレビ伝道師〕やアル・シャープトン〔訳註・ハーレムの過激な黒人運動指導者で聖職者〕はいない。専門家たちの多くが示す真摯な態度、節度ある主張のおかげで、少なくとも倫理学に関係している人々のあいだでは、より思慮深い、納得しうる取り組みがなされるようになったと思う。手順書やガイドラインの作成、意思決定委員会の設立がきっかけとなって、やはり関係者のあいだに、活発に論議する新たな場ができてきたといえるのではないだろうか。

とはいえ、すでにふれてきたように、倫理学へのこういった理論的、合理的なアプローチには、重大な弱点がある。それは背景となる動機や姿勢についてだけでなく、理論が最善とすることを実行に移す方法についてもほとんど述べていない。そうしたアプローチはもともと万人救済の理想をかかげており、人間にはさまざまな種類があって、それぞれが利欲、名誉欲、聖なるものへの崇敬、恐怖、快楽などにしたがって動くのだということを意に介さない。要するに、言説と行動、その両方を活性化させる直接的な懸念にかかわることなく、ただ言説と議論が合理的かどうかをみているのである。概して、道徳観や慣習、感情や考え方、そして、日常の経験の根底を支え、あらゆる人間関係の基盤となる「ちょっとした道徳」のことは無視している。また、実際の道徳の遂行者、現実の道徳的状況のことも無視している。解決すべき理想的な問題に立ち向かっている「合理的な意思決定者」を念頭において、抽象的に考えるほうを好んでいるのである。

現実の人生はあまりにも複雑なため、こうしたアプローチはしばしば架空の現実離れしたジレンマをたくみに作り上げ、そうした問題のほうをあつかいたがる。たとえば、目覚めたときに自分の身体が世界的に有名なバイオリニストと結合していることを知った女性を想定し、人工妊娠中絶について考えたりするのだ〔訳註・ジュディス・トムソンが論文「中絶の擁護」で用いた比喩のこと。腎臓病のヴァイオリニストと自分の腎臓を共有する処置を施され、「解放か彼の死か」という選択を迫られている女性をとおして、中絶を論じた〕。日常生活の表面のすぐ下に潜む、より深刻な問題や人間にとっての究極の懸念――人間が有限であることの重要性、苦しむことの道徳的価値、性や生殖の意味など――に関しては、事実上、何も語られない。

社会的―市民的―文化的―精神的生活が合わさってできるすばらしいブロス〔訳註・肉・魚・野菜などを煮こんだスープのこと〕について、また、それがいつのまにか私たちを豊かにしてくれる仕組みについて、私たち理論家はほとんど何も知らない。よりよい行動を求めてはじめたにせよ、倫理学が現在実践していることは、真実をいえば、せいぜい、言説の質を向上させたくらいなのだ。

理論と実践——言説と行動

こうした非難は正当だろうか？　それを知るのは難しい。倫理学の実践理論の隆盛が、倫理的な行動をするときの役に立つのかどうか、またどうすればそうできるのか、総合的に評価する必要があるだろう。そういった評価をくだす能力は私にはない。しかし、『すばらしい新世界』へいたる道のことを案じている私たちは、安心してはいられない。憂慮すべき厭《いと》わしい生命医学テクノロジー（体外受精、代理母、男女の産み分け、「臓器農場」として死亡直後の遺体を灌流〔訳註・移植臓器を保護するため、冷却保存液で臓器内の血液を洗い流す処置〕すること、着床前遺伝子選別など）のなかには、手をつけられはじめたものもあれば、実際に用いられているものもある——たしかに、どれに対しても「適切なガイドライン」があり、悪用の危険性や道徳的代償に関して、もっともな懸念が強く表明されてはいるが。概して、生命倫理学者は、不可避な事柄にお墨付きを与える以上のことはできない（し、するべきでもない）とでもいうような態度を示してきた。そして、自分たちの活動を事細かに検討しなければならないバイオテクノロジー会社に雇われた学者たちは、波風を立てずに船を進ませることで報酬を得てさえいる。

では、医療施設ではどうだろうか。人々に対する治療、人間的な話し方は、この三〇年間で少しでもよくなっただろうか？　病院関係者は礼儀正しく積極的になっただろうか？　看護師や医者はもっと患者の話に耳を傾け、きちんと話すようになっただろうか？　医学倫理の必修科目や会議は、増え続ける医者たちの人格面など大事な要素を向上させてきたか？　この瞬間にも、彼らは「蘇生処置不要」の指示を出そうとしているかもしれないが、終止符を打つことに対して別の考えをもつようになり、そこで思いとどまるだろうか？　心停止を迎える前に、危篤となった患者にもっと真剣に対処するようになっただろうか？　また、医者たちのふだんの態度や感受性はどうだろう？

最近、私の家族や学生たちが医者や病院にかかって、次のような出来事に疑問を感じたという。救急治療室で次々に現れる医者が、名前を名乗らないこと。婦人科医（と看護師）が患者をファースト・ネームでしか呼ばないうえ、衣服を整えていない女性を診察台に横たわらせたまま診察結果を伝えること。小児科の教授が遺伝子異常のある賢い一〇歳の少年を講義に連れてきて、今日彼を妊娠したら中絶することになっただろうと、少年の面前でクラスの生徒に話すこと。男女の医者と医学生の一団が、患者のベッドのまわりを取り囲み、素っ裸のまま放置されている男性患者がひどく恥ずかしがっているのに目もくれず、彼の病態について話し合っていること（最後の二つの件に心を痛めた女子学生は、あとで教授に苦情を述べたが、医学実習に神経質になりすぎると言われた）。母と付き添いの私を病院に搬送した救急車を出迎えたインターンが、適切な電話連絡がなかったと救急隊員を怒鳴りつけたこと。自分のグループの診療について電話連絡を受けた担当医が、緊急以外の呼び出しに応じなかったこと。

どういった種類の人間が医療者に選ばれているのだろうか、また、医療におけるあたりまえの礼儀や思いやりある行為について、誰かに教わったことがあるのだろうか？

もっと一般的には、倫理学の理論は、根深い不信の原因や引き金になる医療過誤の危機にどう役立ってきたのだろう？　また、医学の領域に新規参入した経済活動の結果に対しては？　ふたたび強調するが、生殖倫理学についての議論全体を通じて、今日の家族はよりしっかりと強くなっただろうか? 死と末期についての議論全体を通じて私たちは、両親が私たちの祖父母にしてきた以上のことを、両親にしてあげているだろうか? もっと広げれば、大衆文化——音楽、映画、テレビなど——における道徳教育の力はどうだろう? 良識や道徳観はより高いレベルに達しただろうか? 現代のローマ帝国が野蛮人に戻る道をずるずると滑り落ちていくかたわらで、私たち倫理学者はのうのうと理論のバイオリンを調律していたと言われるのではないか?

もちろん、これらはすべて経験からくる多種多様な疑問である。ここでとりあげた理由は、「答え」を探すためというよりも、理論と実践についての疑問をはっきりさせるためだ。私たちが理論の再構築を試みているあいだ、文化的、専門的な道徳の衰退や停止が明らかになったとしても、必ずしも理論のせいだとはいえないだろう。生命医学倫理学にたずさわる者の誰であれ、奇跡を起こす約束はしなかったのだから。しかし、この道徳における理論と行動の関係という問題に対して、私たちの理論のありようは、著しく不十分かつ不完全であるとのそしりをまぬがれまい。

現在の理論に準じた場合、どうやって理論から実践を、言説から行動を導いていけばよいのか? それには「応用」を行えばよいといわれる。たとえば、「応用倫理学」のように。「応用すること＝to apply」の語源は、ラテン語の「applicare」で、意味は「じかに接触させること」——上にのっける、立てかける——である。

理論(もしくは規則や合理的な原理)を「応用する」とは、外部にあった理論をもってきて、「じかに接触させること」だが——何に対して? それはもちろん、道徳の実践者にだし、その人の願望や動機や意思にであるし、何にせよ行動の原動力となるものに対してであろう。しかし、動機をもつには「応用された」言説に耳を傾けなければならないとか、欲求が「応用された規則や理想」に左右されなければならないと、いったい誰が考えるだろう？　大昔にアリストテレスが述べたように、思考――あるいは言説や理由――自体には、何かを動かす力はない。そして思考は、欲求の後に来るものにすぎない。役に立つ思考をするには、欲求を無視してはならないのである（原註３）。

　実際に行動を促すのは、抽象的な思考ではない。まして、個々の動因や原動力が「応用された」思考でもない。むしろ、欲求と精神が固く結びついたもの、一緒に育っていったものだといえる。それはあまりに渾然一体となっているため、人間の行動原理が、深い考えに基づいた願望の一種なのか、あるいは欲求のみに支配された思考活動なのか、誰にも確実に答えることができない。精神と願望がどのように一緒に育っていくのかは、もちろん大きな疑問だが、そうした成長が、人間を無味乾燥な方法であつかう純粋に合理的な教義や規則を「応用」して成し遂げられるものでないのは、たしかだろう。むしろ反対に、愛情や憎悪、喜びや苦痛から、直接的に、しかし無差別に学んだものが、人間の成長のはじまりとなっているのだろう。それは習慣となるまで繰り返し、賞賛や非難、報酬や罰を受けているうちに得られるものだ。行為に影響をおよぼす要因について関心をもっている者なら誰であれ、魂のなかで相互に作用するこうした力が気になるに違いない。それらは非合理的（「非論理的な」思考という意味において）な力ではあるが、完全に道理にしたがったものだ。（それは「培われた」理性に基づいて生きるという意味である。その理性は、最初は両親、教師、諸規則によって形成され、やがて自分なりの熟慮や洞察を重ねて磨きあげられていく。）

　つまり、実践と理論の関係についての現在の考え方は、あべこべなのである。倫理学においては、実際のルートは実践から、行動と行為者からはじまる。その次にようやく、自分のとった行動に対する反省に移るのである。事実、道徳的問題のことを気にかける性質さえ、意識的な反省をはじめる年齢以前の経験をとおして得た、なんらかの「道徳的素質」を必要とする。アリストテレスが指摘しているように、あらかじめなすべき「こと」をもっている人間は、それがなされるべき「理由」も簡単に得られる。〔訳註・アリストテレス『ニコマコス倫理学』1905bより。本書の九五—九六ページも参照のこと〕さらに、この種の哲学的検討は行動そのものに反映されるため、倫理学は、完全あるいは純粋に抽象的にはなりえず、私たちが倫理学的理論と呼ぶものには、決して到達しないだろう。なぜなら倫理学は、強固で複雑な道徳生活そして道徳の遂行者と、密接につながっているからだ。倫理学に対するこのような見方は顧みられていないが、関心をもつべき価値がある。とくに、実践上での違いを道徳にもたらしたいと考えるならば。倫理学の実践における現実の行動は、倫理学を「実践するもの」として、また「性格と習慣を働かせる力」としてとらえ直したときからはじまるのだということを、私たちは考えなければならない。行動に際して、どちらの要素も道徳の実行者を創りだし、また明らかにする。そして個人を取り巻く多くの難問を、注意深く切り抜ける役割を果たすのだ。

感情と行動の習慣——異なる倫理学の実践に向けて

実践倫理学の二つの意味——「理論を応用させた倫理学」と「反省をともなう実践としての倫理学」に関して私が指摘した差異は、政治哲学者マイケル・オークショットがすぐれた論文「バベルの塔」(1)で述べた、道徳生活の二つの形の差異に対応している。オークショットは、感情と行動の習慣としての道徳生活と、道徳的基準に意識的な反省を加えて応用した道徳生活とを対比させ、私たちの文化が前者を犠牲にしながら後者を重用することでこうむっている損失を明らかにしようとした。後者のほうは、私たち現代人がなじんだ、また選択した道筋でもあるから、オークショットの助けを借りて前者の説明をしてみよう。感情と行動の習慣をとおして理解される道徳生活では、

実際の道徳生活のありようは、自分自身を意識的に行動の規則にあてはめたり、道徳的理想の表出とされるような行動をとったりすることによってではなく、ある種の行動習慣に基づく行為によって生じている。こうした形の道徳生活は、さまざまな行動の手段を考えることや、そうした手段のなかから意見、規則、理想などにしたがって決定した選択から生じるのではない。そうした行動にはほとんど、反省は必要とされないものだ。したがって、現実の生活の大部分を占めるものは、判断を求める出来事とか、解決を必要とする問題ではない。手段を比較検討することも、結果に対する反省も、不確実性も、良心の葛藤もない。ある出来事に対して、熟考など行わず、自分が育てられてきた行動様式の伝統にただしたがうだけなのだ（……）私が述べているのは、検討する時間も余裕もない人生の危機が訪れたときにとられる道徳的行動の形（なぜならそれ以外にとりようがないから）についてである。人間の行動が自然の必然性に左右されない場合であれば、人生の危機において真実であることは、ほとんどの出来事においても真実である（2）。

ここでいう道徳生活は、自らの人格から湧き出してくる――自分自身に深くしみこみ、固く、揺るぎなく、いわば第二の天性のようなものだ。そこから生じる行動は理性の産物ではないが、にもかかわらず（もしくは多分それゆえに）、完全に筋がとおっており、ぴったりしている。合理主義ではな

いが、たちどころに納得がいく。

このような形の道徳生活はどうやって獲得されたのだろう？　哲学的思索からでもなく、「価値を解明」したからでも、倫理学的理論を展開したからでも、理論を実践に応用したからでもない。それをもたらしたのは、ある種の教育である。オークショットによれば、

> 私たちは、暗記した規則や指針にのっとった行動を積み重ねて行動習慣を身につけるのではない。それは、ある種の様式で行動することが習慣になった人々と暮らすことによる。私たちは母国語を獲得するのと同じ方法で、行動習慣を身につけるのだ。子供時代、いつも周囲で話されている言葉を耳にしているうちに言葉を覚えていくということや、人生において、いつも周囲にいる人々をとおして振舞い方を身につけていくということは、ごくあたりまえのことだ。疑いなく、どちらのケースでも、（部分的にせよ）自然に学んだことには、さまざまな規則や指針が根をおろしているに違いない。だが、こうした教育では、どちらのケースも、規則や指針を学ぶことによって身についたわけではない（……）規則についての知識を先に得たなら、それらが規則であることを忘れ、言動を状況に応じた規則にあてはめようという意識がなくならなければ、言葉や行動をこうした形で使いこなすことは不可能だ。さらにいえば、感情や行動の習慣を獲得するうえでの教育は、意識的な生活のときだけになされるのではない。それは実行や観察をする際、目覚めているあいだは間断なく続いているものなのだ。おそらく、夢を見ているあいだでもそうだろう。模倣としてはじめられたことは、多種多様な広がりをもった行動習慣に選択的にしたがうという形で続いていく。この種の教育は強制ではない。それは必然なのだ（……）この種の教育

は、ためらい、疑い、困難を感じることなく適切に行動する能力を人に与える。だが、抽象的な言葉で行為を説明する能力や、道徳的原則の表れとして行為を弁護する能力を与えてくれるのではない（……）そして、本人の道徳的素質が自尊心と強く結びついた状況下においてこの種の道徳教育が教え得たことが、もっとも完全な形で身につくだろう。すなわちその人の行動の動機が、したがうべき理想とか義務ではなく、自尊心と結びついており、また、まちがった行動が自尊心の減少をまねくと感じられる場合である（3）。〔強調は引用者〕

人が習慣的に行っていることの源は、おのずから明らかだ。それは日々の暮らしのなかで繰り返し経験しているうちに、心の外側から奥底まで、しっかり染みついたものなのである。

「自尊心」についてのオークショットの指摘は重大だ。まさにこのような意味で倫理学を実践するとき、それは完全な自己表現であり、自分の核であるものの表れとなるのだから。したがって彼の指摘は、自尊心を養う習慣、さらにいえば、自尊心に「道徳的内容」を与える習慣の必要性を説いている。正しく行動することは、他人のためのみでなく、自分自身の真の向上にも役立つのだと信じさせてくれる習慣を。子供時代の家庭生活、学校、教会やシナゴーグ〔訳註・ユダヤ教の教会〕、大学、ボランティア協会、知的な目的をもつ会などはすべて、そのような道徳教育を行う役割を担っている。こうした場所は信条に磨きをかける以上に、上品で礼儀正しい行動や感受性を励ましたり、ほめたりする部分のほうが大きい。また、言説や哲学がこの面で果たす役割があるとはいえ、それらの力を過大評価すべきではないだろう。

アリストテレスの『ニコマコス倫理学』は、活力ある人生に関する洞察に満ちた著作であり、すでになすべき「こと」を身につけた育ちのよい読者に対して、それがなされるべき「理由」を説明しようと試みている。この書の終わりで、アリストテレスは、倫理学が政治なしで——法律、風習、市民生活の整備への行き届いた注意なしで成りたたない理由を明らかにしている。彼は、おそらく自分自身のものも含め、〔哲学的言説などの〕言説の弱さというものを述べることによって、法律や政治への志向性を明らかにしている。

［倫理学についての］言説［もしくは議論や対話］だけでよい人間を作れるなら、テオグニス〔訳註・前六世紀前半—前五世紀後半のギリシャの詩人〕の言葉を借りれば、当然それによって「莫大な謝礼や多くのものを勝ち得るであろう」し、また、必要とされるすべてはそうした言説から得られることになろう。ただ、そうした言説には自由人の若者を励まし、刺激する力があるといっても、若者本人によい性格が生まれながらにそなわっていて、高潔さを真に愛する者の場合であれば、言説は徳の完成に役立つに違いない。だが、その他大勢を気高さに向かわせる力はないように思える。なぜなら、彼らは畏敬［もしくは廉恥心《アイドース》］ではなく恐怖にしたがうように生まれついており、悪を慎むにせよ、それが卑しいことだからではなく、懲罰があるからなのだ（1179b4—13）。

言説や議論になしえるのは、せいぜい、すでにじゅうぶん高潔さや公正さのほうを向いている人々に影響をおよぼすことくらいなのだ。大多数の人々にとっては、懲罰への恐怖が畏敬や廉恥心のかわりを果たしているのだから。しかしどちらのケースにおいても、人々の魂を支配する強い感情は、道徳教育上の重大問題である。これらの強い感情がどのように形成され表現されていくのか、倫理学はまさにそのことについて関心をもたなければならない。

人間はどこで畏敬や畏怖の念をはぐくむのか？　人間はどこでよりよいもの、高いもの、優れたものを求める心を得るのか？　道徳観念がきわめて強い魂にとっては、何かに対する敬虔さ——家族、社会、宗教など——はやはり大切な要素なのではないか？　そのほかの魂にとってはどうだろう？道理にしたがわない人々を導くために、当然の制裁をそなえた法や慣習——武装した言葉《ロゴス》——を整えていく必要はないのか？

これらの検討は、何よりも家庭、宗教、政治の場に注意を向ける必要性があることを示している。実際、生命倫理学全般で私がもっとも呆然とすることの一つは、心理学的、とりわけ政治的な検討をまったく加えないことだ。こうした現状にもかかわらず、私たち倫理学者が誇りにしたり褒めたりする事柄、嘆いたり罰したりする事柄は、道徳の遂行者たる個々人に——つねに明らかな方法でとはいえないけれども——強い影響をおよぼしている。これらの問題に取り組まないかぎり、倫理学は決して行動上の役に立たないだろう。

明日に向けての行動

たとえ部分的にせよ、私の分析が正しいとしたら、倫理学的行動の新たな制度や、生命倫理学が新たなリーダーシップを発揮する機会が得られるだろう。たしかに、こういう新たな挑戦をするときには、じっくりと考えをめぐらしていくことも必要だ。しかし「考え」といっても、その種類は少々異なったものであり、「理論的」よりも「戦略的」と呼ぶほうがふさわしいだろう。私たちは、「主義」「原理原則」、行動を規定する規則ばかりに眼を奪われず、「教育」「制度」——どういった種類の人間を輩出していくかについて、もっと考える必要がある。たしかな情操や志向の構築を促し、高めていく方法について、考える必要がある。尊敬、畏敬、厳粛さ、あるいは信頼、共感、寛容がより求められているなら、何がこれらを生み出すのか、何が蝕むのかについて、考える必要がある。道徳的気質や行為の習慣をはぐくむ母体となる体制や制度を、どうやって強め、守っていくかについて、考える必要がある——とくに家庭、スカウト、宗教組織、市民団体や公共団体などについて。

たとえば、離婚法や子供の養育環境の改革のほうが、体外受精卵の身分とか生物学的両親の権利などよりも、倫理学的な注意をはらうに値することがわかるかもしれない。高校卒業生を対象とした有給の徴兵制度の立案が、いろいろな行動修正テクニックに関する倫理と同じくらい倫理学的な重要課題だとわかるかもしれない。こうした例は、いくつでも出せるだろう。

私が述べているのは、もちろん、この社会全体の道徳的健康への懸念にほかならない。だから、どれか一つの組織にできること、また国家が誠心誠意の努力をつくしてなしえることについて、幻想を抱くべきではない。実際、今となってみれば、私が三〇年前に医学倫理の道に進みたいといとこに告げたとき、彼が言った言葉をなるほどと思う。「この問題について自分にできることがあると思うのかい？　これはメシアの仕事だよ！」

だが、自分たちの住まいの前庭——医学倫理学——を一心に見つめれば、建設的な問いかけや行動をする余地があるように思える。医療行為の整備に役立つ制度や慣行に特別な注意をはらうことができる。とりわけ、道徳の遂行者となる医療行為者の態度、感受性、習慣を形成するために。たとえば、医師、看護師、生命医学者、病院の管理者をどこまで教育できるかという疑問に取り組んでもいい。人間性の意義について彼らの理解を正しく深めていけるような学問は何かを探すこともできるだろう。

人間性の意義についての理解は、無味乾燥な理屈の勉強や、理性的な感情を鍛えることから得られるのか？ それとも、哲学教授ジョン・ロールズ〔訳註・アメリカの政治・倫理学者（一九二一―二〇〇二）。功利主義を批判し、契約説に基づく社会正義の理論を構築した〕やリチャード・ローティ〔訳註・アメリカの哲学者（一九三一―）〕から、あるいは聖書やトルストイから得られるのか――道徳的な感情や感性を養うのにもっとも適しているものはどれか？ どういった種類の人間学を、どういった方法で学べば、真に人間らしくなれるのか？

また、次のような質問を自分自身に問いかけてもいい。医学部の入学試験の際、どういった種類の態度や見解が評価されるのか、もしくは評価されるべきか？ 医学教育や医療行為の際、何が賞賛されて非難されるのか、何が称えられて恥とみなされるのか？ どうすれば熟練した医師と新人医師の師弟関係をより充実させられるのか？ 免許交付や専門医認定の基準は何か？ すなわち、どういった種類の資質を促進するのか？ 病院や医師会の基盤は何か？ それらはどのように行動、感情、態度に影響をおよぼしたり賛同したりするのか？ どういった種類の例によって、私たちの医学に対する認識が形成されるのか？ テレビドラマでも『ドクター・キルデア』派なのか『ジェネラル・ホスピタル』派なのかで変わってくるものなのか？〔訳註・『ドクター・キルデア』は六〇年代に放送されたインターンの警察医の成長物語。『ジェネラル・ホスピタル』は六〇年代から続く人気ドラマ〕 医師と患者のよりよい信頼関係や対応を培っていくためには、どのような制度を整えていけばいいのか？（生命医学者とバイオテクノロジストの道徳ならびに人間教育についても、同様の質問ができるだろう。)

人間の品性に関する制度やその影響についての質問は一筋縄ではいかないうえ、簡単明瞭な抽象的理論もない。だが、行動に関して何か意味のあることをしたい、医療行為の倫理を高める方向で倫理学を実践したいと考えるなら、少なくともこれらの問題にもエネルギーを注がねばならない。何もしなければ予測さえつかないのだ。だから私たちはやってみなければならない。

道徳資本を一新し、道徳的な英知を求めよう

私はここまでの大部分を通じて、無数の人々が毎日の生活で行っている本物の道徳行為という観点から、倫理学の徒たちの合理主義的論調を批判してきた。だが、やはり思想の探究にたずさわる生命倫理学の世界もまた、批判されてしかるべきである。問題を解決するにしても調整するにしても、学会は三〇年前に投じられた深刻な諸問題と正面から向き合ってこなかった。今日、一般社会は、抽象的な理論に終始する生命倫理学の専門家よりも実際の経験に重きを置き、生物学革命やバイオテクノロジーがなぜ人間にとって重要なのか、なぜもっとも真剣に考えねばならないのかについて、ずっとまともな考えをもっている。

実際、この三〇年間で、これらの生命倫理学の問題以上に一般社会の注意をとらえたものはないといえよう。しかし、甘んじて認めるが、実践生命倫理学者の大多数が唱えた合理主義的な概念やアプローチは、まったくといっていいほどこうした関心の高まりの役に立っていない。反対に、一般社会の生命倫理学への関心は、より切実であると同時により強烈なものなのだ。それはもともと人間の出

産や死、病気や健康、苦悩や繁栄をめぐる強固な現実世界への疑問から発している。だが、そうした一般社会の関心は、意識的に――それとなくにせよ――人間の生命の中心的課題に向かっていった。つまり、自己のアイデンティティや個性、自由や有限性、実存や自我、性や生殖、人間の魂のきわめて不可解な欲求の問題である。しかし、バイオテクノロジー革命の地雷原を無事に渡るための拠り所となる文化的、道徳的体験がないので、人々は生命倫理学の「専門家」に救いを求めてきた。彼らはこうしたことの意味をすべてはっきりさせてくれるのじゃないか、人間の生命を人間の手にとどめておくための知恵を教えてくれるのじゃないか、という期待をこめて。だが今までのところ、生命倫理学界は期待を裏切っている。

生命倫理学界が、生命医学やテクノロジーによって生じた深刻な課題にきちんと対応するためには、学問にかたよらない、異なる種類の道徳資本〔訳註・信頼、正義、自由などの形態をとる社会資本のこと〕を手に入れなければならない。もっと尊重される形で哲学的思索をしていかなければならない。感情に即した自然な思考法を取り戻し、ソクラテスが投げかけた有名な「いかに生きるか」という哲学的疑問の原点と、ふたたび強く結びつくのだ。哲学の当初の意義と目的、すなわち道徳的知恵の探求から逸脱してはならない。バイオテクノロジーの新たな挑戦に直面しながらよりよく生きていこうとするなら、今ほどそれが切実に求められていることはないだろう。

合理的な理論活動は、その明晰さゆえに、非常に抽象的となり、問題解決に熱中してしまうため、求められている道徳資本の増強や更新、ひたむきな英知の探求には役立たない。反対に、かえってそれを弱めてしまう危険がある。慣習、道徳観、宗教的洞察に対して、生命倫理学者はときにはあからさまに、へりくだってみせたり、たいていは真っ向から反対したり無視したりする。しまいには、この時代にはびこっている合理主義的偏見を取り除くことも、公私にわたる生活の道徳基盤をなす諸制度を刷新することもできなくなってしまうだろう。なのに、その必要性を認めないという過ちを犯してきたのだ。

生命倫理学界が直面している不朽の問題は、特別変わったものではない。初期の頃のような人材や道徳的懸念をいかに生み出し続けていくか、である。たとえば、医師のヘンリー・ビーチャー〔訳註・非倫理的な臨床実験を告発する論文を書いた〕、神学者のポール・ラムジー、哲学者のハンス・ヨナス、医師のアンドレ・ヘレガース〔訳註・ケネディ倫理研究所の初代所長〕、生物学者で教育者のロバート・モリソン〔訳註・世界初の生命倫理学研究所ヘイスティングス・センターのメンバーの一人〕、倫理学者で著述家のダニエル・キャラハン〔訳註・ヘイスティングス・センターの創設者〕、心理分析家のウィラード・ゲイリン〔訳註・キャラハンと共にヘイスティングス・センターを創設した〕のような人々である。

繰り返すが、彼らは生命倫理学や道徳的理論で育てられたわけではなかった。学問的な訓練を受けて彼ら自身の考え、勇気、道徳への情熱を手にしたのではなかった。彼らは、倫理学的論議の世界を形にすることに力をつくした。おそらく、彼らを最初に触発した言葉はもはや必要ないと考えたのであろう。事実から離れてはならないのだ。彼らの企てが命を吹きこんだことに——恐怖、希望、嫌悪、道徳的懸念、そして何よりも、生命倫理学に特有の問題の下には人間性の根幹にかかわる問題があるという認識に、立ち返らなければならない。私たちは、人間の生命がもつ数々のすばらしい特徴をつねに視野に入れながら、人間として守り続けていきたいものは何なのかを、繰り返し自分自身に言い聞かせていかなければならない。「生命倫理学」という言葉に値するものは、人間として生きる人間生活の倫理学だけなのである。

＊原註1（七九ページ）――これらの概念については、第七章と第八章で詳述する。

＊原註2（八一ページ）――ラムジーは、長年にわたってプリンストン大学でキリスト教倫理学の教授をつとめた。現代生命倫理学研究の基礎を築いた学究の一人である。一九七〇年に相次いで出版された彼の先駆的な著作、『人間としての患者（*The Patient As Person*）』と『合成人間（*Fabricated Man*）』は、この分野の古典的名著である。彼の宗教的原点は私とは完璧に異なるが、私が生命倫理学を学びはじめた頃、この優れた思索者かつ道徳原理の人の指導と友情から、非常に多くのものを得た。

＊原註3（九一ページ）――「思考（ディアノイア）そのものは何も動かさない。ただ、目的をもち実践（プラクティケー）をともなった思考のみがそれをなしえるのである。なぜなら、これは生産活動（ポイエーテイケー）を支配する源（アルケー）でもあるからだ（……）さて、何かをすること（ト・プラクトン）に関していえば、〝成し遂げること〟が終点である。そして、それをさせるのは欲動（もしくは欲求、オレクシス）である。したがって、選択（プロアイレシス）――［行動の源］――は、欲求的な知性（オレクティコス・ヌース）か知性的な欲求（オレクシス・ディアノエティケー）のどちらかによってなされる。人間（アントロポス）とは、そうした原理（もしくは源、アルケー）で成りたっている」（『ニコマコス倫理学』１１３９ａ３６―ｂ７）

■第二部——バイオテクノロジーからの倫理学的挑戦

Ethical Challenges from Biotechnology

生命と血統——遺伝学と生命のはじまり

第三章　研究室における生命の意味

自分の祖先を振り返らないものは、自分の子孫にも目を向けないだろう。
――エドマンド・バーク（一八世紀の政治哲学者）

お前ほどデキのいい胚が、こんな場所でいったい何をしている？
――作者不明

オルダス・ハクスリーの小説の読者は、そこに描かれている社会の住人たちと同じように、「ずんぐりした灰色のビル（……）中央ロンドン人工孵化・条件反射センター」から「すばらしい新世界」へ足を踏み入れる。それも何はさておき、受精室から。受精室では三〇〇人の受精係たちが実験器具の上に覆いかぶさるようにして座り、卵子を検査し、「精子が自由に泳ぎまわっている温めた培養液」のなかにそれを浸して、首尾よく受精にこぎつけたら、ボトル状の容器に移し替える（すなわちボカノフスキー法〔訳註・小説に出てくるクローン人間大量生産法〕によって処理する）時期まで培養を続ける。

ここでは、生命は受精――研究室での――からはじまるということが、いかんなく強調されている。研究室における生命は、「すばらしい新世界」への入り口なのだ。

その入り口の敷居のぎりぎりのところに、今日の私たちは立っている。この入り口を通って、どれくらい奥まで、そしてどれほどのスピードで進んで行くべきなのかは、偶然や運命に左右される問題ではなく、むしろ人類の決断――「私たち」人類の決断にかかっている問題である。いや、それどころか、この重要な問いに答えを出すことまでも、今世紀のアメリカ国民の肩にかかっているように思われる。そのための指標となるのが、現在の私たちがなす行為であり、示す手本といえよう。

研究室でヒトの生命を創始させ、発達させることを、私たちは許可したり、奨励したりすべきなのだろうか？　この問いは、形を変えながら、一九七〇年代半ば以来、すなわち一九七八年の夏に世界初の試験管ベビーが誕生する以前から、ずっと国政の論議の的となってきた。

一九七五年にさかのぼるが、生命医学と行動研究における被験者の保護のための国家委員会が長期にわたる審議を行い、ヒトの胎児に関する研究についての報告書ならびに勧告書を発行した。その後、保健教育福祉省（ＨＥＷ）長官が、胎児や妊婦、体外受精にかかわる研究開発、ならびにそれらに準じた行為に関する法規を公布した。それにより、専門の倫理諮問委員会が倫理学的問題を再検討し、こういった種類に属する研究計画に対して政府が助成すべきかどうかについての勧告を提出するまでは、ヒト卵細胞の体外受精に国家資金を使用してはならないと決定された。これは生命医学研究のさかんな現代において、倫理学的問題に関する公的な審議や討論によって実験への国家助成の凍結が実効された、おそらく最初の例だろう。

その数年後、研究室におけるヒトの生命にかかわる研究にアメリカ合衆国政府が資金を提供すべきかどうかを検討するために倫理諮問委員会が設置されると、先のすべての案件についてふたたび激しい政策論争が繰り広げられることになった。この問題はもともと、ヴァンダービルト大学のピエール・スパール博士が国立小児保健・人間発達研究所に研究計画書を提出したことによって、政策の討議の場にのぼったものだった。スパール博士は、組織培養法で初期のヒト胚を作製したときに生じうる遺伝学的リスクの一端を明らかにするための研究費として、四六万五〇〇〇ドルを申請した。その研究計画とは、婦人科の手術を受けたドナー（すなわち、本研究により直接的な利益を得るとは思われない女性）から採取した約四五〇個のヒト卵子と、ドナーの精子とを受精させ、五日から六日間その発達を観察し、染色体異常ならびにその他の異常がないかどうか顕微鏡を使って検査したのち、処分するというものだった。

さらに、このように研究室で成育した胚を、何の異常も引きおこすことなく冷凍保存できるかどうかも調べる計画だった。というのも、ヒト胚を一時的に冷凍保存すると、体外受精後に行う、出産を目的とした子宮内胚移植の成功率が上がるのではと考えられていたからだ。その時点でスパール博士は、妊娠を望む女性への胚移植の実施を計画していたわけではないが、彼の研究はそうした目的の達成に役立つことをめざしたものだった。すなわち、体外受精によっても安全に子供が作れると私たちに請け合いたかったのであり、また、イギリスのロバート・エドワーズ博士とパトリック・ステップトウ博士が考案したヒト胚を研究室で成育させる技術を完成させたいと考えていたのだ。

スパール博士の申請した研究計画は、一九七七年一〇月、国立衛生研究所（ＮＩＨ）からの資金提供が認められたが、行政的規制により、実際の提供は倫理諮問委員会の再検討を待たなければならなかった。そこで、当時の保健教育福祉省長官ジョセフ・カリファーノは、そうした委員会を召集し、スパール博士の研究計画に対する可否だけでなく、この問題にまつわるあらゆる科学的・倫理的・法的事項に関する審理を同委員会に委託して、「保健教育福祉省の今後の意思決定指針となる、大まかな原則についての勧告を行うこと」を要請した。六カ月間、全国で公聴会を行い、さらに六カ月間、非公開の審議を重ねたのち、委員会は一九七九年に、「試験管内（生体外または試験管内）」での実験の一部——スパール博士が計画した類いの研究を含む——に対して、研究資金の提供を許可することを勧める旨の報告書をまとめた。しかし、ごく最近まで、ヒトの健康にかかわる諸省の長官のうち、自らその勧めにしたがって行動を起こしたものは一人もいなかった。現にスパール博士も、政府からなんらはっきりした回答を得ることなく、一九八一年に亡くなった。

こうして、この問題は一九九四年まで凍結状態にあった。その前年、連邦議会とクリントン大統領は、はじめてNIHにヒト胚についての研究助成に対する権限を与えた。それに応えてNIHはヒト胚研究小委員会《パネル》を設置して、こうした研究からもちあがる道徳や倫理学上の問題についての評価と、NIHが再検討を行うための勧告書や指針の作成にあたらせた。一九九四年九月、同パネルは、ヒト胚研究の一部の分野に対する国家の資金提供を認める報告書を発表した。そのなかには、特定のかぎられた条件下で、「純粋に研究目的で作製された」胚についての研究も含まれる。

二カ月後、NIH所長の諮問委員会は、同パネルの報告書を満場一致で受理した。しかしながらクリントン大統領は、NIHに対して「研究用ヒト胚作製への援助」に資金の割り当てをしないよう命じた。とはいえ大統領の指示には、不妊夫婦に子供を授けるための治療として行った体外受精の際に残存する、いわゆる「余剰」胚を用いた研究についての言及がなかった。しかし、NIHがそれらの「余剰」胚を用いた研究の助成に関する指針を作成していたところ、連邦議会が即座にその動きにストップをかけた。多項目にわたる歳出予算案の修正案を連邦議会が立法化して、ヒト胚の「いかなる」研究に対してもＮＩＨが国家資金を使うことを禁じたのである。それ以来、毎年、連邦議会で同様の禁止法案が立法化されている。しかし、そのあいだに、ヒト胚を使った民間部門の研究は一段と活気を帯び、いくつものめざましい発見がなされたため、ほどなくしてヒト胚研究に対する国家助成についての論議が再燃する結果となった。

一九九八年一一月、ウィスコンシン大学のジェイムズ・トンプソン博士とジョンズ・ホプキンズ大学のジョン・ギアハート博士が、ヒト胚性幹細胞（ヒトＥＳ細胞）の分離に成功したと発表した。ＥＳ細胞とは、ヒト胚から取り出した、いわゆる多能性細胞で、人体のいかなる組織にも変わることができる。こうした可能性をもっているために、これらの細胞は再生医療の分野——すなわち、これを用いて数多くの重篤な遺伝性疾患、慢性疾患、もしくは障害によって生じた損傷組織を置換できる可能性が大きいと、広く信じられている。この成功により、ヒト胚についての民間資金による研究は加速し、国家から助成金を受け取っていた研究者たちは、助成を禁止する法の抜け道を探しはじめた。ＮＩＨの代理人たちは、法律の精神には反するが、法文の字義にはかなった都合のよい解釈をして、ＥＳ細胞株の研究への助成を禁止していた法律を、実質的に助成を許可する法律に変えてしまった。つまり、ＥＳ細胞作製に不可欠な胚の破壊を研究者自らが行わなければいい、としたのである。国家生命倫理諮問委員会の検討結果もそうした支持をしたので、ＮＩＨがこの研究用の指針を作成したのち、クリントン大統領は二〇〇〇年に国家資金の提供を認めた。

そして新たにブッシュが大統領に選出されると、ブッシュ大統領は、ＮＩＨの計画を実行に移す許可を与える前にこの問題を再検討する、という意向を二〇〇一年初頭に発表した。その後六カ月にわたる審議のあいだに、ブッシュ大統領は自身の道徳上のジレンマを解決する策を見いだすべく、この問題に関して広く意見を求め、あらゆる考え方に耳を傾けた。ES細胞が本当に期待どおりの効果をあげるかどうかを調べる機会を、どうやって国家助成を受けている科学者たちに与えるのか。その一方で、発生途上にある生命を損なうべきではないという自分自身の強い信念をどうすべきか。

二〇〇一年八月、大統領は解決策を発表した。すなわち、連邦政府は、既存のES細胞株を使用する場合にかぎり、ES細胞研究への資金提供を認めるが、新たに作製したヒト胚の破壊をともなう研究には協力も支持もしない、というものであった。本書はそのような状況下に出版されたのだが、これでこの問題の解決がつくのではないことは、ほぼ確実であろう。既存のES細胞株は、やがて老化し、イキが悪くなるだろう。新たに作製されたES細胞株は既存の系統のものより有用だろう。そしてまた、研究や治療を行ううえで、ヒト胚の重要な使い道が新しく見つかるのはまちがいない。人間にとって死と税金が避けられないものであるように、研究室でますますたくさんの生命を成育させようという強大なプレッシャーにさらされることは、まず避けられない。したがって、それを行う意味を考え、道徳にまつわる賛否両論をきちんと判断することが非常に重要になる。

疑問の意味

本書でも、また一般的にも、このような倫理学的問題を私たちはどう考えればいいのだろう。選択肢はいくつもあるが、どれが最善の方法なのかは、まったくもって定かではない。ある人にとっては、倫理学的問題となると、ただちに正しいか正しくないか、罪であるか罪でないか、善か悪かということになる。別の人にとっては、争点は恩恵と危害、期待とリスク、利益とコストなどになる。いわゆる個人や集団の権利（たとえば、生存権や出産の権利）に注目する人もいる。また、学問の進歩、病気の予防や治療法の確立など、社会やそのメンバーにもたらされるメリットを強調する人もいる。しかし、この点における私自身の見解は、やや異なる。何をするか決める前に、それをすること、あるいはしないことの言外の意味を理解するよう努めるべきではなかろうか。まっ先にしなければならない仕事は、「道徳的か非道徳的か」あるいは「正しいか正しくないか」を問わずに、予定された行為の意味や意義を理解しようと努めることなのだと思う。

このように研究の意義に関心を持てば、この問題を広い視野で考えられるようになる。なぜなら、私たちがここで関心をもっているのは、スパール博士が計画したような種類の限定的な研究プロジェクトや、即話題にされる安全性やインフォームド・コンセントなどの限られた問題ばかりではない。関心は、あらゆる範囲にわたる言外の意味におよぶ。研究から予見できる結果や、予測可能な拡大と結びついたさまざまな事柄をはじめ、私たち自身の人間性についての一般概念にまで。私たちの大半は、これが通常の生命医学的研究よりも、あるいはヒトを被験者とした、肉体が傷害される危険性のある研究よりも、いっそう多くの事柄にかかわる問題であることに、それとなく気づいている。

私たち人間の生命に関する「人間の特有性」の「概念」、私たちが今の姿形をしている意味、性差があることの意味、そして先祖や子孫とのつながりのもつ意味が危うくなっている。必然的に特別で、迅速な決断を要する問題であるがゆえに、私たちは大局を見ることを忘れてはならない。そして、この問題をあつかいやすくするために平凡化してしまうという、より大きな危険を冒さぬようにしなければならない。

体外の生命に対する位置づけ

「研究室における生命」の意味は、研究室で単離され、女性の身体から分離したヒト胚の性質や意味のいかんによって決まる部分もある。ヒトの受精卵（接合子）と、その受精卵から発達した胚というものを、どう位置づけたらよいのだろう？　その存在をどう考えたらよいのだろう？　どのような道徳的意味があると考えたらよいのだろうか（すなわち、それに対してどう接すればよいのだろうか）？　これらはどれもこれも、聞き飽きるほど繰り返されてきた疑問ばかりだ。まったく同じではないにしても、人工妊娠中絶論争の中心的な疑問や、中絶処理したがまだ生きている胎児を使って実験をしてもよいのか否か、そしてまたどんな実験であれば適切といえるのかという重大な疑問に、非常によく似ている。ことが単純明白であり、誰でも満足のいく解決をみているといえるなら、どんなにいいだろう。

しかし、中絶の道徳性を問う論争は依然衰えず、国論を二分し続けている。しかも、中絶に賛成か、もしくは少なくとも反対はしないという人でも、子供の出産を望まない母親の権利を守るほうが大切だとはいえ、子宮外で成育可能になる前の胎児もれっきとしたヒトという生命体だ、と考えている場合が多い。ほとんどすべての人が、研究室におけるヒト胚の培養や、ヒト胚を使った実験についての決断をくだすうえで、この体外の生命の問題が非常に重要だと感じている。したがって、大勢が納得しうる共通の枠組を探している私たちも、ヒト胚の位置づけをどうすべきかという疑問をとりあげざるを得ない。

私の考えをよく理解していただくため、ひとこと述べておきたい。これから行う議論は、とくにこれといった宗教や宗派の教えに導かれたものではないが、それを読んでもらえば、私が宗教的感情の核心ともいわれる敬意や畏怖の念に欠けた人間ではないことが、おそらくわかっていただけるだろう。はじめに、研究室で成育した胚盤胞《はいばんほう》（すなわち、日齢が三日から六日、細胞数が一〇〇から二〇〇までの胚）や胚は、まもなく中絶処理を受ける生きた胎児や、研究に使われる中絶後の胎児の胚とは、似たようなケースであるにせよ事情が異なると言っておきたい。

第一に、やがて中絶される運命にある胎児は、たいていが「不慮の」妊娠の結果であり、望まれない存在である。ところが研究室で成育した胚は、その多くがやがて破壊されたり消滅させられたりするのが明らかであっても、望まれた存在であり、わざわざ作り出された存在である。しかも、これらの胚がその後どうなるかは、妊婦の要望や利益、あるいは権利とやらにも矛盾しない。

第二に、胎児を使った研究の基準となる連邦政府の指針は、中絶処理を受けてまったく生存能力のない胎児を用いて研究を行うことは許可しているが、実はそのような研究は、その研究とはまったく無関係に行われた中絶の「産物」を有効利用しているにすぎない。研究目的で、最初から中絶を意図して胎児を製造することを――それがたとえ非常に有益な研究であっても――今まで提案した者はいなかったし、今後、許可する者もいないだろう（原註1）。それに対して、私たちがここで検討しているのは、純粋に実験目的で意図的に製造した胚についてである。

また別の意味でも、事情の違いは生じかねない。現在の技術レベルでは、議論の対象となる胚のうちもっとも大きなものは胚盤胞、すなわち比較的まだ分化の進んでいない球状の細胞の塊であり、肉眼でかろうじて見える程度の大きさである。見た目はヒトには見えないどころか、もっとも経験豊富な科学者が細心の注意をはらって精査しても、ほかの哺乳類の似たような胚盤胞と区別がつくかどうかといった程度だ。一二週齢のヒト胎児（見た目がすでにヒトの形をしていて、器官が分化し、脳に電気的活動も見られる）がヒトと類似している以上に、ヒトの接合子（受精卵）や胚盤胞がほかの動物の接合子や胚盤胞に似ているなら、最初から研究目的で製造し、研究に用いることに対する倫理的ジレンマは、ずいぶんと薄らぐというものだ。いうまでもなく、どんな見解にも、歯に衣着せぬ熱烈な擁護者はいる。しかしながら、この問題についてもう一度考え直してみよう。

何よりもまず、接合子も初期の段階にある胚も、明らかに生きている。新陳代謝をし、呼吸をし、環境の変化に反応する。また成長し、分割を続ける。次に、まだはっきりこれといった部位や器官ができていないにしろ、胚盤胞は自力で成長をする有機的統一体である。遺伝学的にも特殊で、卵子や精子とも区別される。

胚盤胞は、卵子と精子が結合したものだが、まったく独自に成長していく存在として、第一歩を踏み出しているのだ。卵子や精子が生きた細胞として存在している一方で、受精によって何か新しく、「前とは違った意味合いで」生きている存在が現れる。実際には受精が瞬時に起こらず、時間をかけて行われようとも、この真実は変わらない。なぜなら受精が「完了」すれば、唯一無二の遺伝的個性をもった新しい個体が生じるからだ。そしてその個体は、環境さえ整えば、完全なヒトへと自然に発達をはじめる能力をじゅうぶんにもっている。卵子と精子の生命は、新たな有機体の生命につながっていく（人間味あふれる言葉でいえば、両親は未来の子供のなかに生き続ける）という感覚もあるにしろ、受精には不連続性、すなわち新たなはじまりだという、まぎれもない感覚がある。

受精したのちは、たとえその新しい生き物の居場所が移植（や出産）によって変わろうとも、連続的にその後の発達が起こる。真っ当な生物学者なら誰しも、これらの事実に感銘を受けるに違いないし、ヒトの生命が受精によってはじまる光景をわずか一日でも目にすれば、心を動かされるはずだ(原註2)。ロバート・エドワーズ博士でさえ、おそらく予期せぬほどに、この真実に激しく心を動かされていた。はじめて受精に成功した試験管ベビーのルイーズ・ブラウンについて、博士は次のように語っている。

「私が最後に彼女を見たとき、彼女はまだ試験管のなかにいる、八つに分かれた細胞にすぎなかった。そのときすでに彼女は美しく、今もなお美しい！」

しかし、ヒトの生命が受精からはじまり、その後は連続的な発達の過程をたどると仮定しても、どうしても胚盤胞そのものはとうてい人間とは思えない——という人が出てくるだろう。私自身も、胚盤胞は「完全な」意味での人間——もしくは当世流のいい方をすれば、いささか独断的で定義が不明瞭な言葉ではあるが、個人《パーソン》ではないとの意見に同意するだろう。人間の形もしていなければ、人間のすることもほとんど何ひとつできないからだ。しかしまた、それと同時に、ヒト胚盤胞は（一）本質的にヒトであり、（二）すべてがうまく進めば完全な人間に発達する「可能性を秘めて」いることも認めざるを得ない。これにもまた異論の余地はないどころか、他の哺乳類の胚よりむしろヒトの胚盤胞を使った研究計画がなされるのは、まさに胚盤胞が人間特有の可能性を秘めているためである。ヒト胚盤胞は、それがたとえ「試験管内」のヒト胚盤胞であっても、人間としての価値がないわけではない。なぜなら、それは人間だと誰もが認めるであろうものになる力をもっているからだ。それ以上の考えをもつ人もいるだろう。すなわち、「試験管内」の胚盤胞はまさしく人間であって、それ相当の発達段階にいるにすぎないと。違いはそれが生体外にいるということだけだと。

胚が特殊な場所にいるために、今のところ「試験管内」の胚盤胞には、そのような力はないと異を唱えられるかもしれない。現状では、胚盤胞を自力で生存可能な、もっと先の胎児の段階まで発達させる「試験管内」での方法がないからだ。胚盤胞の段階を超えてヒト胚の培養に成功した例は、まだ一例も報告されていない（マウスでの報告はあるが）。「試験管内」の胚盤胞は中絶処理された一二週齢の胎児と同じく、そういった意味での生存能力はない（言い換えれば、やがて自力で生存できる段階にいたるまでの成熟期にあるといえる）。

しかし、生存能力のない胚のなかでも「やがて生存能力をもつ」胚と「まったく生存能力をもたない」胚とを見分けることができれば（前者はまだ生存能力をもっていないが、やがてもてるか、またはもたせられるという点を基準として）、胚盤胞と中絶処理された一二週齢の胎児とのあいだに決定的な違いを示すことができる。すなわち、中絶処理された胎児とは違って、胚盤胞には救える余地があり、それゆえ女性の子宮内に移植して着床すれば生存能力がもてるかもしれない。「試験管内」の胚盤胞は「必然的に」生存能力がないというのは、厳密にいえば正しくない。胚を移植して着床させる試みをして、生存能力がないと証明されるまでは、「試験管内」のヒト胚盤胞を人間になる可能性をもったものとし、この点で「子宮内の」胚盤胞と基本的には変わりがないと考えるのが妥当だ。もっと説得力のあるいい方をすれば、「試験管内」の胚盤胞は救える余地が大きいという意味で、中絶可能なぎりぎりの段階、たとえば二〇週齢で中絶処理された胎児よりも生存能力が高い。

だからといって、そういった胚盤胞にはそれゆえ「生きる権利」がそなわっているとか、着床に失敗したら過失致死にあたるとか、あるいは実験でそういった胚盤胞に触れることが、暴行や故意の接触を構成するとか主張するつもりはない（私自身はそのような主張は無視するほうで、倫理学的な問題に「権利」うんぬんをもち出さないのがいちばんだと考えている）。しかし、胚盤胞も無価値ではない。すなわち、少なくともいずれ人間になる可能性を秘めたものであり、私たちもそれなりに畏怖や尊敬の念を覚えるもの、あるいは覚えてしかるべきものだ。私たちは、胚盤胞はもちろん、接合子（受精卵）にさえ、畏怖の念を呼び覚ます神秘的な力を見る。すなわち、疑う余地のないれっきとした人間を生み出す内在的な企てがあり、それによって制御されている力を目のあたりにするのだ。それは「権利」や「主張」をもっているからでも、知覚力があるからでもなく（この段階では知覚力はまだない）、今、そして将来の存在そのものが敬意を寄せるに値するものだからだ。

こういった接合子や胚盤胞、そして初期の胚がたどるであろう二つの運命に対する反応を直観的に考えて、この仮の結論について検証してみよう。まず、そういった胚が死んだら、その死を悼む気になるだろうか。知り合いの女性が流産をすれば、私たちも悲しむ——大半はお腹の子を失ってがっかりしている「彼女」のためだが、おそらくは、生まれるかも知れなかった一つの生命の早すぎる死を悲しむ気持ちもある。しかし、死んだばかりの胎児を悼むとか、儀式にのっとって残存物の処理をしようとは思わない。この点からみると、私たちは胎児でさえ完全には自分たちの仲間だとは思っていないのだ。

その一方で、思うに、胎児が立派な珍味、すなわち「ヒトのキャビア」となりうることを誰かが見つけたとして、そういった胎児を食べるというのは、実行するのはいうまでもなく、考えただけで——読者のみなさんには、そうさせてしまって申し訳ないが——ふるえ上がってしまうだろう。カニバリズム（食人の風習）をタブー視する私たちの慣習、すなわち、人肉の人間性を強調し、死体の肉でさえも単なる食肉と同じあつかいをしてはならないとする慣習によって、ヒト胚は守られるだろう。ヒト胚は単なる食肉ではなく、ただの物でも、〝物体〟でもない（原註3）。その出自ならびに潜在能力からして、もっと敬意を受けてしかるべき存在である。

では、どれほどの敬意に値するのか？「完全に」発達した人間並みだろうか？私自身は、そこまでは言えないだろうと考えるが、はっきり程度を示せる人などいるまい。実際、はっきりとした答えを出すには慎重に吟味し、理にかなった根拠を示さなければならない。一つには、よく知りもしないで推定をくだせば、ヒトの生命（とりわけ私たち自身の尊厳）を尊重するという根本原理を軽視するまいと思うあまり、過ちを犯すに違いないからであり、また一つには、胚盤胞であってもヒトとして保護すべきだと強く感じている人も大勢いるからである。まず、「試験管内」の初期胚と「子宮内」の初期胚とは、かなり似ていると類推できる（なぜなら、どちらも生存能力をもち、やがてヒトになる可能性を秘めているからだ）。この理由からでも、「初期の胚をやがて自力で生存できるようになる胎児としてあつかい、初期の胚を用いた研究には、少なくとも胎児を用いた研究と同程度の制約を設ける」というのが、もっとも賢明なやり方である。

あまりに慎重すぎると思う人もいるかもしれない。それらの人たちは胚がまだ人間特有の外観をしていない点や、知覚力をもたない点を指摘するだろう。なるほど胚盤胞に対してよりも、五カ月齢あるいは一二週齢でさえ、生きている胎児を侵害する行為のほうが、より後ろめたく感じるのはたしかだ。しかし、人間そっくりの、感覚をもった生き物を侵害することに、こうしてよけいに後ろめたさを感じるからといって、胚に関する後ろめたさの妥当性を否定することにはなるまい。こうした感覚のもとになっているのは、個性をそなえた人間になる可能性を秘めた生命を尊重する気持ちからきているのだから。初期の胚と後期の胚とで違うあつかいをしろというならば、その前に、「初期」と「後期」とを分けるはっきりと理にかなった無理のない境界線を設けるべきであり、「初期」を「後期」よりも軽んじてかまわないとする根拠を用意すべきだと言いたい。そしてそのような実験のために胚を作ることを許可する決定が、倫理的に信頼できるものとしてあつかわれるならば、「試験管内」のヒト胚を使った実験の支持者たちも、それだけの責任を負わなければならない。

体外にある胚の処遇

研究室におけるヒト胚の処遇を考えるうえで、前述の分析からはどのような結論が導かれるのだろう？　私の意図とはかなりずれてくるが、実行可能な方針に結びつく道筋を、ここでごく簡単に示す。体外受精した胚がたどる道は、次の四つである。（一）子宮内への胚移植。そこから子供に成長することを期待する。（二）死亡。わざと処分したり構成要素に分けたり、あるいは「自然に」死を迎える。（三）実験に用いられる。発生学的、遺伝学的に幹細胞を取り出すなど。（四）「試験管内」で胚盤胞の段階を超えて、最終的にはおそらく自力で生存能力をもつまで存続させる実験に用いる。一つずつ順番にみていこう。

胚と胚が受けてしかるべき敬意の現状について分析した結果からみて、子宮内へ移植させることに反対の声があがるとは思えない。不妊治療として体外受精を行い、胚を子宮内壁に着床させること——ブラウン夫妻にはじまり、今では数かぎりなく繰り返されているケースのように——は、ヒトに発達する可能性をもった生命も含めたヒトの生命を、尊重し敬う気持ちになんら矛盾するものではない。しかも、成功率を高めるために、いくつかの卵子が除去されるが、だからといって、ヒトの生命を軽視しようとか、実際に軽視していることにはならない。一個の卵子を受精させ、正常に発達させられると保証できれば、それ以上の卵子は必要ないからだ。着床しなかった胚については、それ以上何も行わないとすれば、ヒトの生命を軽視するようなことは何ひとつない。胚が着床せずに死滅する数は、普通に「生体内」で子供を作ろうとした際に着床せずに失われるたくさんの胚と、ほぼ同程度だろう。避妊をせずに性交した場合、受精した卵子の五〇パーセント以上が子宮内壁に着床できず、あるいは着床してもとどまれずに、その後まもなくして、妊娠と診断される前に流出してしまうものと考えられている。子供を望むカップルはみな、そのように胚が無駄になっている悲しい事実を、(大半の場合)健康な子供の誕生のためにあきらめがつく範囲の代償として、暗黙のうちに受け入れている。したがって研究室で受精を行い、妊娠にいたる現在の方法が自然のプロセスと違うのは、「生体内」では普通、四、五カ月かけて行われることが、一回の作業に集約して行われる点である。つまり、いっぺんに四、五カ月分の排卵をさせてしまうのだ(原註4)。

ただし、胚や胎児の損失が自然に起こるからといって、胎児の生命を故意に人工的に奪う行為すべてがいたしかたないとか、あるいは当然だとして正当化されるわけではない、ということは忘れてはならない。たとえば、妊娠初期に胚が自然に死んでしまったからといって、それ自体が故意に流産させたり、「試験管内」で胚を侵害する実験を行ったりする正当な理由となりえないのは、死産で生まれる子供のいることが嬰児殺しを正当化する理由にはなりえないのと同じことだ。

自然に起こることでも、私たちが故意に行ってはならない事柄はたくさんある。人間がヒトの生殖に介入する是非を考えるさい、自然な経過をたどることの意義を指針にしようとせず、「不自然」という言葉にはいかなる倫理的重要性もないと言い切る張本人が、自分の目的にかなうとなれば率先して「自然の摂理」を訴えるとすれば奇妙なことだ(原註5)。やはりこの件に関しては、自然な出産との類似点——ゴールが同じであること、胚の損失が避けられないこと、それが望まれていないこと、そして損失の量がほぼ等しいこと——があるゆえにこそ、どちらかに対して故意もしくは不当に危害を加えたり、軽視したりしてはならないと考えられる。

しかし、それでは着床していない「試験管内」の胚ならば死なせてもよいのだろうか？　養子として他の不妊女性に移植してはなぜいけないのだろう？　さもなければ、なぜ研究目的で使ってはいけないのだろう？　たとえば健常者や病人の遺伝子の働きについての新たな知識を求めたり、幹細胞を取り出して再生医療に利用できるよう開発したり。最初の「他の不妊女性への移植」という選択肢からは、後で述べる血のつながりや親であることの本質といった問題が生じる。しかしちょっと考えれば、本来のカップルは自分の子供を作りたいのであって、「胎児期での養子縁組」のために生物学上のわが子の種まきをしたいとは思っていないであろうから、大いに反対されそうである。

だが、こういった胚盤胞や初期の胚を使って実験をするのはどうだろう？　それらが受けるべき敬意に矛盾しないだろうか？　これは難しい問題だ。結局のところ、私は矛盾すると考える。こういった胚に侵襲を加え操作する実験では、胚を物体もしくは単なる物だと考え、自力で生存できる可能性があるという事実を否定する傾向が非常に強い。観察中心の、危害を加えない種類の実験なら事情は別だろう。しかし、概して私が論じてきたヒト胚に対する敬意——もう一度言うが、ヒト胚の「生きる権利」ではない——を重んじれば、もっとも興味深く、役に立ちそうな実験にも反対することになってしまう。これこそジレンマであり、逃れたり、どちらかにしぼったりはできない事柄である。ヒト胚の使用許可にかなり大幅な制約が課せられることを受け入れるか、さもなければ、胚に当然はらわれるべき敬意に見て見ぬふりをする（「否定」ではないと思いたい）決意をするかだ。

これまでのところ、着床しなかった胚の取りあつかいについて、一見、矛盾するような結論に向かっていることは承知している。すなわち、着床しなかった胚はそのままにしておけ。そして実験だけを目的とする胚を造り出してはならないと。全体的に考えれば、着床しなかった胚は自然と消失するにまかせるのが、もっとも敬意をもった接し方だろう。いずれ人間になる可能性を秘めていることへの畏敬の念からだ。また、一個の存在として考えれば、ただ自分たちの子供が欲しいと願っているだけの、個々のカップルの種や子孫に対する敬意からだ。敬意よりも生きる「権利」に重きをおいて考えれば、当然違った結論にいたるだろう。胚の権利といわれるものも、あらゆる面での胚の尊さも、どちらも否定して胚のあつかいを考えたときのみ、調査研究、他のカップルたちへの贈与、幹細胞の分離生成、営利目的での取引をはじめ、それらに準じた行為に胚の使用を認めることに何の問題も生じなくなるだろう。

ここまで、研究室における生命がたどる道のうち、四つ目の可能性に触れずにいた。すなわち、ボトル状の容器のなかで胚盤胞の段階を超えて、おそらく最終的には自力で生存能力をもつまで存続させるという道である。実際問題として今のところ、この嫌悪すべきハクスリー的考察は私たちにさほど影響を与えないだろう。しかし、思考上の試みとしては、研究室における生命の意味について私たちが直感的にどう考えているか、いっそうはっきりさせることになるし、その結果、これまで述べてきた考察の限界もわかる。というのも、培養したものの着床しなかったこれらの胚は、より根本的な問題点を浮き彫りにするからだ。このような発生初期にある胚を消失させたり、実験に使ったりすることを悪いとするならば、実験材料としてもっと先の段階まで存続させるほうがはるかに悪いに違いない――「試験管内」で生存能力がもてるまで培養できる技術が可能になればなおさらだ。

どれだけのあいだ、そして発達のどの段階までなら、実験に適した素材であると考えられるのか?

いったいどの時点で培養装置から取り出し、人間社会、あるいはとりあえず未熟児用新生児室に入れるべきなのか？　保護するに値するヒトの生命を規定する、きちんとした境界線を定める必要性は、いくら誇張してもしすぎることはない。中絶問題があるために勝手な解釈をされている現行の境界線（すなわち、出産時か、あるいは生存能力をもった時点か）は、現在の女性解放運動と連邦最高裁判所の両者を納得させ、なおかつ未来の人々をも納得させるものかもしれないが、研究室で生命を培養する技術がより高度化された暁には通用しなくなる（原註6）。

しかし、研究室で胚を存続させることの目的が実験のためではなく、健康で元気な子供を生むためだとしたらどうだろう――たとえば、科学的根拠に基づいて胎生期中の栄養やケアを与えることが、あらゆる点で最善であるケースは？　研究室で培養される胚へのそうしたあつかいは、その胚に本来はらうべき敬意と矛盾しないのか？「唯一無二の人間」になりうる生命力と来るべき人間性に対してどう接するべきかだけを考えれば、研究室で一個の胚を生存能力のある月満ちた赤ん坊にまで培養すること（すなわち、体外発生）は、じゅうぶん敬意をもったやり方だといえるかもしれない。（これらの理由により、生命の権利を唱える人々、すなわち胚盤胞の破壊にすら反対する人たちは、必要なら瓶のなかであっても、今よりもすぐれた胚保存法や出産までの存続法を何か考えつくだろう。）

しかし、体外発生を実行することは、私たちの人間性に対してはらわれるべき「さらに大きな」敬意とは矛盾する。「直系の血族、親類、家系といった絆」というものがあるからだ。人間であることとは、人間としての形をとり、人間としての能力をもつことだけを意味するのではなくて、人間的背景をもち、人間らしいつながりをもっていることを意味している。へそがあることは、言葉をしゃべり、直立の姿勢をとっていることと同じく人類であることのしるしである。『すばらしい新世界』の人工孵化センターを非人間的と感じるのは、まさにこれらの理由によるのだ。

血のつながりと親であること、肉体をもつことと性

一九七八年の夏、ルイーズ・ブラウンは、人類初の体外受精によりイギリスで生まれた。多くの人々が彼女の誕生を祝福した。ある者は技術的偉業を称え、また、彼女の健康そうな様子を大勢が喜んだ。しかしそれ以上に、私たちの多くは彼女の両親と喜びを分かち合っていた。彼らは長くもどかしい実りのない日々を過ごし、ようやく彼ら自身の子をもつという喜びと恩恵を得られたのである(奇妙なことに、子供の立場から考えることはほとんどなかった。このように、血のつながりに関する事柄は、子孫側から見るよりもまず親側から見るほうが容易なのだろう)。

その後の成功に彩られた二四年間で、何千という人々が、ひとえに科学とテクノロジーのおかげでブラウン夫妻と同様に自身の子供に恵まれ、喜びを感じている。周知のとおり、自分の子供をもちたいという願望は強く奥深い願望であり——本能だという人もいる——そしてこの願望を不妊の解消によってかなえることが、ずっと続けられてきた体外受精や胚移植などの研究の一大目標だと考えられている。これが価値ある目標だということを否定する人は、いたとしても、ほんのわずかであろう。

しかしここで、「自分自身の子供をもつ」ということが何を意味するのか検討してみよう。まず、「もつ」とは何を意味するのか? 妊娠して出産することだろうか? それとも所有物としてもつということだろうか? 自分の子供を、自分の教えや導きを体現してくれる存在と考え、育てることであろうか? それよりもむしろ、子孫となり後継者となる誰か、家系のなかで自分のかわりとなった

り、新しい芽や枝として家系図を維持してくれたりする誰か、人間の生命の活力と願望を新たな形で持続してくれる誰かを提供することだろうか？

さらに重要なのは、「自分自身の」とは何を意味するのだろう？　このフレーズの何が重要なのか？　科学者であれば、自分自身の遺伝子が受け継がれるという点から「自分自身」を定義するかもしれない。これは、ある意味においては正しいのだが、人間的見地からは決め手にはなりえない。ブラウン氏、もしくは私たちの多くにとって、もし一卵性双生児の兄や弟から提供された精子が卵子の受精に使用されたら——もちろんその遺伝子は自分と同じであろうが——無関心でいられる問題ではないだろう。

むしろ、人間的見地から「自分自身」の決め手となる感覚、大半の人々がこれこそ自分自身だとする感覚（自分自身だということにするのではなくて）は、「私の胤《たね》」「血を分けた肉体」「自分のお腹から生まれた」といったフレーズにこめられている。もっと正確にいえば、「自分自身の」というのは、一人ではなく二人の「自身」であり、自分の子供をもちたいという願望は、それぞれ別の肉の結合から、一つの肉に二人の肉をもつ子供を作り出し、現実の姿を与えたいという、「夫婦」の願望なのである。昔からあるこうした言い方は奇妙に聞こえるかもしれないが、ルイーズ・ブラウンの誕生を喜んだ多くの人々は、口に出してはっきりそう述べたかどうかにかかわらず、まさにこのことを祝福したのだと思う。ブラウン夫妻は娘の誕生によって、子供という別の人間のなかに自分自身を具現した。それによって、彼らの異なる性的特質と結婚生活の両方の側面が完成したのである。また、夫妻は子孫を確保し、自分たちが参加している家系図に新しい枝を加えた。それによって、子供であるルイーズは、確固とした明白な出自を与えられ、そのもとで育てられる。

もし、これが胚移植を利用する唯一の用途であるなら、そしてもし、この意味において「自分自身の子供」を得ることが、実際にこの技術を医療の場で利用する唯一の理由だとすれば、なんら反論はないだろう。この場合なら、ヒト胚には自然で適切な場所がある。移植も肯定できる。重要な血のつながりや関連性も保たれる。しかしまた、第三者の関与も含め、別の利用法がある。異なる意味での「子供をもつ」や「自分自身の」という願望を満たす手段として、自分の子供をもとうとするのだ。単に将来の可能性について推測しているのではない。ヒトの体外受精や胚移植を可能にする技術にともない、卵子の提供（卵子は提供者から、精子は夫から）、胚の提供（卵子も精子も夫婦以外の他人から）、里親妊娠（懐胎のために他人の腹を借りること）の可能性がまさに現実となっている。明らかに、婚姻に基づかない胚移植の需要は現実であり、おそらく、最終的には夫婦間のそれを超えていくだろう。

夫婦の場合に比べ、これらの状況が道徳的にも、おそらくは心理学的にも、さらに複雑だということに異論をもつ人はほとんどいない。なぜならそれは、妊娠と世代というものの核心にふれているからだ。こうなってしまうと、「自分自身の」の意味はもはや明白ではない。また、母親であることの意味や妊娠の位置づけにしても同様である。

実際、研究室内で生命をもつことの意味を端的に表している事象の一つに、普通なら母子間に不可欠なへその緒のつながりがないことがあげられよう。このつながりをなくす技術力は歓迎されているのが現状だが、奇妙なことに、矛盾する理由がいくつかあげられている。一方では、胚の提供または受精卵養子は、今の養子制度より優れていると主張される。なぜなら、女性が妊娠の経験をもてること、子供が母親から生まれることで、より深い母子の結びつきが得られるからである。また一方で、代理母の利用を支持する人々、つまり卵巣疾患や卵管障害というより子宮疾患のために不妊症となった女性の擁護派は、妊娠と出産による母子の絆にほとんど価値を認めていない。しかしどちらのケースでも、新しい技術が血のつながりを確実にしたり維持したりするわけではなく、むしろ混乱させ、複雑化させている。研究室で生命を誕生させる仕事の本当の目的は、結婚した夫婦に彼ら自身の子供を提供すること、もしくは子供のためのすみかを提供することではなく、子供をほしがる人には誰にでも可能なかぎり、便利な手段で子供を提供することなのである。

それがなぜ悪いのか？　第一に、私たちはすでに養子制度を実践しているし、奨励もしている。第二に、私たちは人工授精を容認している――とはいえ、約五〇年の臨床経験を積んだ今も正統性の問題は解決していないが。第三に、離婚率、再婚率の高さによって、母親、父親、子供の関係性がすでに複雑になっている。第四に、非嫡出児やシングルマザーが増加している。第五に、里親妊娠のための代理母の利用が人工授精によって広まってきている。最後に、人工的な妊娠・出産が容認される現代において、家族や血のつながり、異性愛の美徳、もしくは不倫や近親相姦に対するタブーは、もはやそれほど確実なものではない。このような背景に照らしてみれば、多少の胚が本来の場所からはぐれたからといって、なぜそれほど大騒ぎするのか、という疑問が出てくるだろう。

この疑問に答えることは容易ではない。しかし、考えてみよう。私たちは、よい家庭が必要な見捨てられた子供たちがいるから、養子制度を実践している。しかし他人の養子用に意図的に子供を作ることは奨励しないし、する気もない。その理由の一つは、赤ん坊の売買市場を出現させたくないからだし、また、その子供の自然な絆を意図的に奪うのは公正ではないと思っているからである。近年、ルーツを失い、次第に一面的になっている現代アメリカ社会の風潮に反して、自分のルーツに対する関心の高まりが見られる。とくに養子になった子供は、彼らの生物学的な親に関する情報を要求しており、現在、いくつかの州ではこの情報が入手できるように命じている。(ただしこれは、情報の自由という典型的な現代理論に基づいたものであり、自己のアイデンティティにとってより大切な血のつながりを重んじているわけではない。)さらに、子供と祖父母の絆の重要性もふたたび主張されている。裁判所が、離婚後に再婚して別の家庭を築いた、元妻や元夫の異議申し立てを却下し、祖父母の訪問権を認める方向に進んでいるからだ。人工授精に関連した訴訟については、まだ判断が下されていない。公表の危険性に考慮して秘密厳守の原則が保たれているからである(原註7)。

実際、人工授精を行う場合、ほとんどの医師は、実父を完全に確定できないような余地をあえて残しておくため、提供者《ドナー》の精液に必ず夫の精液をいくらか混ぜている——これもまた、血のつながりと正統性の重要性への考慮といえよう。最終的に、結婚、離婚、片親の家庭、性行動に関する道徳観の変化はどうなるのか? 私たちはこうした変化を喜んで受け入れるのか? 考え方、アイデンティティ、社会的慣習の混乱をさらに助長したいのか?(原註8)

私たちの社会は、人間の存在にかかわる基本的な意義を失ってしまいそうな危機にさらされている。胚や胎児の生命の支配をめざす流れのなかで、それらに敬意をはらわないという問題を再検討していくと、ある傾向に気づく。それは、人間は単なる肉にすぎないとして、人間性を物質に還元していくことだ。ほぼあらゆる人間社会がカニバリズム(食人の風習)を禁じることによって、断固として退けてきた傾向である。また、結婚、正統性、親族関係、血のつながりについての無関心さがあらわになりはじめたことで、人間の利己的で意図的な企てが、やはり同様に近親相姦(とくに親子間の近親相姦)を禁じることによって守ってきたさまざまな真理を、ないがしろにしてしまう道筋が見えてくる。ほぼすべての社会が近親相姦を禁止していること、また、姦通を禁止していること、それらを正しく理解してこそ、結婚、親族関係、とりわけ出自と家系の完全性が保たれる。これらの伝統的な抑制は、誰が自分の両親なのか、家系図がどうなっているのか、誰が誰であるのかを、暗黙のうちに正しく教えてくれる。こうした明瞭性は健全な家族生活に欠くことのできない基盤であり、さらには、それが文明社会の健全な基盤となっているのである。出自の明瞭性は自己のアイデンティティの鍵を握り、それが自尊心につながっていく。私の意見では、このような根本的な信条や価値、慣例や習慣をさらに蝕むような社会政策は嘆かわしいと思う。具体的にいえば、胚の養子や、とりわけ代理出産を絶対に奨励しないということである。こうした行為の禁止や非合法化をめざすのは愚かだと言われるかもしれないが、支持したり、助長したりするのは賢明ではなかろう。

生命を生み出す力をもつ肉体の領域外、研究室で人間の生命が作られることは、人が自らの肉体をもつことの意義に対しても疑問を突きつける。たとえばブラウン夫妻のように、自分の肉に由来する子供を求める人々は、自分自身の肉体で自分と同じ存在を確認することを寿《ことほ》ぎ、こうやって自分自身が永遠に続いていくのだと、命ある肉体の意義をかみしめる。彼らにとって、彼らの肉体は自己を超越した種を含み、それによって自らがかかわる生命の永続的な善性のために尽くすことが可能になる。形ある存在として生命を授けられた自分自身を確認しながら、その贈り物を自分の子供へと受け渡すことによって、感謝の念を示す。肉体が、形ある自分の存在を伝えられなかったときのみ、人は――ごく一時的に――肉体の領域外で命を作ってきた。しかし、研究室内の生命は、そうでないほかの人々を――たとえば精子や卵子、または胚を提供したり売ったりしようとする人々、他人の子供を代理出産で出産しようとする人々、研究室で合理的に「作製」された完全な自分の子供をもちたいという人々さえ――受け入れてしまい、肉体を究極的に解放した状況下で、自分たちは肉体から独立した存在であると彼らが主張するがままにまかせる。彼らにとって肉体は単なる道具であり、人間の尊厳の唯一の保管場所、すなわち意思を表す理想的な手段なのである。ところが、肉体の本質に反したこの盲目的な意思の主張——人間がこの世に生まれてくることの意義を無視して、それを支配しようとする試み——から導かれるのは、自己崩壊と非人間化だけなのだ。

この点に関して、代理子宮の場合はいっそう問題をかかえている。一部の人々は、里親妊娠の実行自体には反対しないくせに、報酬目的で行われることには反対している。その大きな理由は、貧しい女性が利用されるおそれがあるからだという。だが、里親妊娠に何も悪いところがないとしたら、なぜそれで生活の糧を稼いではいけないのか？　明らかにこの反対意見の奥には、金のために他人の子供を産むことが、ある意味において自己崩壊だという暗黙の理解がある——それは売春を原則的に頽廃とみなすのと同じ感覚だ。売春という行為には、他人の性欲を満たすために愛もなく肉体を提供することを必然的にともなうから、それに派生して売春婦に金が支払われるから、そう感じるのだ。

人間の肉体を単なる孵卵器としてあつかうことは、肉体の意味と価値を否定することであり、肉体から人間的な意義を剥奪することだ。また、性的特質《セクシュアリティ》、愛、生殖の絆の意義を否定することだ。人間の肉の売買、人間の肉体の非人間的利用は、奨励されるべきではない。

たしかに、子宮提供の行為は、ミシガン州での最初のケースをはじめ、いくつかのケースでは明らかに報酬よりも愛のために行われた。姉妹愛から自らの姉や妹の子供を産む女性もいるだろう。とはいえこの場合、人間の肉と肉体的奉仕の売買、肉体の尊厳を無視した取りあつかいなど、その種の堕落や困難から逃れることぐらいはできるだろうが、そのかわり彼女は、今度は近親相姦やそれに近い悩みと向き合うことになる。

ここまで、研究室で人間の生命が出現することの意味を検討してきたが、研究室で人間の生命をあつかうことの根本的意味には触れないできた。すなわち、体外受精そのものの意味である。人間の性的特質と人間の誕生とを分離させることの重要性とは何か？　もっと率直にいえば、男性や女性としての肉体的本質、また、生まれる側と生む側の両面をそなえた肉体の本質、それらの意味はどうなるのか？

男性であること、もしくは女性であることは、もう一方の性との関連において、さらに結婚によって新たな生命を生むという性の融合においてのみ、そのもっとも深い意義が生じる。たとえ愛し合っていても、別々の形に作られた肉体は、やはり愛するもの同士が求める魂の完全なる融合のようには、一つにはなりえない。しかし、性が相補うことにより、性の結合による子供の誕生をとおして、人は分離を超越する肉体的手段を得ることになる。へそが血のつながりを表す肉体的な印であり、祖先までも指し示しているように、生殖器も連結を表す肉体的なしるしであり、自分たちの子孫をはるかな未来まで指し示しているのだ。研究室での合理的に技術化された性行為や受精をとおして、人間という存在のこうした側面は満たされるのだろうか？　協力する科学者は、どうも「二人」の意味を壊してしまう三者関係を作り出してはいないか？　たとえ最高にうまくいったとしても、私たちの性的特徴や結婚願望を補うためだけに技術が使われたなら、私たちは無性生殖を選ぶことによって――気づいているにせよ、いないにせよ――人間性を代償として支払うことになるのではないか？

将来の展望

社会政策に関するいくつかの問題点の検討に移る前に、まず、研究室であつかわれる人間の生命が今後どのようになっていくのかについて考える必要がある。私の意見では、現在の政策について結論を出すためには、これらの予想を検討していかなくてはならない。今の私たちがしていることが何であるのかは、近い将来であれ遠い将来であれ、これから私たちが実現しようとしていることに反映されるのだから。

私たちは、現在の研究の結果として、研究室の生命に何を期待できるのだろうか？　たしかに、予測は難しい。何が起こるのかはっきりしたことは誰にもわからないし、ましてやどれくらい早くとなるとなおさらである。しかし、「確実でない」と「単に無視をする」は同じではない。実際、いくつかの事柄は予測できそうだ。ありそうなことは、（一）研究室における生命は、少なくとも一部の研究者やスポンサーにとって必要であり、価値のあるものである。（二）おそらく生物学的には可能で、技術的にも実現可能である。（三）阻止やコントロールは難しいだろう（とりわけ、今後の状況を予測する人、それについて心配する必要性を認める人がいない場合）。賢明な政策立案者であれば、将来の成果を適切に見すえて対処し、それらが社会不安の原因となるかどうかを検討し、現在公表されている原理や確立されている方法でそうした不安をぬぐえるのかどうか知ろうとするだろう。私は少なくとも次のような事態を推定する。

第一に、研究室におけるヒト胚の成長は、胚盤胞の段階を超えて進んでいくだろう。胚盤胞までの段階を実現させた発生学的研究の議論を総合すれば、そうした成長は望ましいものに映るに違いない。遺伝子作用、遺伝子調節、後成的修飾〔訳註・DNAの塩基配列とは無関係に遺伝子の活性化／不活性化を制御するしくみ〕、染色体分離、細胞および組織分化、胎児と環境の相互作用、着床に関する研究などだが、これらを合わせても、胚盤胞にかかわる問題すべてには答えられない。とはいえ、未分化幹細胞（E

S細胞）を非常に魅力的に見せる治療目標は、分化した胚組織や胚器官であれば、それらをなおさら魅力的に見せるであろう。こうした材料として使える段階まで研究室の胚を成長させる方法を見つけるため、当然、多大な努力が重ねられていく。マウスや培養細胞では、このような「試験管内」胚盤胞後の分化が実際に成功している。やがて努力が実り、人工胎盤や人工子宮を作れる日が来て、ヒト胚の成長や発達を促すために使えるようになるだろう。また、そんな人工物の出現を待つ必要もない。ヒト胚の一時的な宿主として、すでにほかの哺乳類を利用できる可能性が出てきた。このように育てられた胚が最終的にどの程度まで永く存在できるのかということは、誰にもわからない。しかし、誕生の時期まで体外発生する可能性は否定できないだろう。それと同じく、さまざまな発達段階に成長した、元気のいいヒト胚が研究室にあふれる可能性もまた、否定できはしない。

第二に、これらの胚の細胞構成や遺伝構成を変える実験が行われるだろう。おそらく、最初から妊娠目的で女性に移植することはせず、多少のめどがついてから手はじめに再生医療に使われると考えられる。繰り返すが、現在の研究を正当化している科学的根拠は、すでに、より進んだ胚操作を正当化している。たとえば、ハイブリッド胚〔訳註・交雑胚。異種同士の配偶子を受精させたもの〕やキメラ胚（同種内または異種間）（七ページ参照）の作成、遺伝子、染色体、プラスミド〔訳註・細胞内にある核外遺伝子〕に対する挿入・削除・修正、核移植やクローニングなどである。生殖補助医療の臨床現場では、移植に先立って胚の遺伝子や染色体の異常の有無を調べる検査（着床前遺伝子診断）がすでに実施されており、近いうちに、胚DNAに挿入・削除・修正を行う遺伝子介入が実現する可能性があるだろう。DNA組み換えの技術、ヒトゲノムの知識、そしてヒト胚をあつかう技術の完成によって、一〇年前には誰も予想しなかったほど早期に、正確な遺伝子操作を行える見込みが出てきた。また、哺乳類における発生学的細胞研究は、驚くほどの進歩を見せており、おそらくその多くはヒトに応用できるだろう（原註9）。

第三に、商業的、工業的規模での「ヒト胚」の利用は、まちがいなく広がっていくだろう。生きているヒト卵子や胚の保存や蓄積はすでに行われており、一昔前に設立された商業的な精子バンクと補い合う形になっている。数多くのバイオテクノロジー企業も着々とヒト胚の研究を進め、彼らが作った製品は――遺伝子技術を用いて製造または修正された胚を含め――特許申請されている。

ここで私ができるのは、やがて来るべき人間の遺伝や生殖のコントロールについて、考えなければならない何種類かの疑問を明らかにすることだけだ。すなわち、こういった行動をする際に必要な知恵について。介入の指針となる目標や目的と基準について。肉体をもつ存在であることの意味、性差、愛、血のつながり、アイデンティティ、親であること、性的特質など、人間であることの概念の変化について。未来の世代にまで影響をおよぼす力の責任について。畏怖、尊敬、謙虚さについて。そして、このまま進んでいったときに訪れるであろう社会について。

これらの問題点について検討する紙面の余裕はないが、考えることさえ拒否するという姿勢に立ち向かうことはできるし、また、そうしなければならない。将来起こりうる可能性が、単に数個の胚を受精させ、「試験管内」で胚盤胞の段階まで育て、それから実験に使ったり、女性に移植して妊娠させたりすることではすまない、もっと大きな問題につながるという意見には、ほとんどの人が賛成するだろう。

なぜ現在の政策がこうした可能性についてあれこれ考えねばならないのか？　よくいわれることだが、将来的に乱用される可能性があるからといって、現在の利用が不適当とみなされるわけではない

（この手の主張をする人々は、しばしば「たとえ疑わしいものであっても、将来の利益が現在の行為を正当化する」とも言う）。さらには、AがBを導くという確実性はない。この「くさび理論」〔訳註・小さなくさびが作った開口部が広がっていくように、小さなことが重大な結果の原因になるという理論〕、すなわち「滑りやすい坂理論」は、ずっと批判にさらされてきた。

しかし二つの理由から、そのような批判は的を射ていない。第一に、批判派はしばしば「くさび理論」を誤解している。この理論は本来、「AがBを導く」という予測論ではなく、いわば、過去の事例を経験的に分析した結果にしたがって、現在の研究がめざす方向性を評価するものなのである。それは本来、正統性の論理にかかわる論法なのだ。現在の研究を正当化するために使われている原則は、すでに、将来の研究までも前もって正当化しようと申し出てはいまいか？　こうした原則のいくつかを検討してみよう。

1・ヒト胚の受精、成長、着床、分化のプロセスについて、また、ヒトの遺伝子発現とそのコントロールについて、できるかぎり多くを学ぶことが望まれる。

2・受精を促す技術、受精や着床を妨げる技術、遺伝子や染色体の異常を治療する技術などを、改良していくことが望まれる。

3・再生医療で活用するために、幹細胞を抽出したり、胚組織を採取したりすることが望まれる。

4・最終的に、「ヒト」胚を利用する研究だけがこれらの問題に応えることができ、これらの技術を提供できる。

5・科学的調査や研究に対して、検閲や制限をするべきではない。

この論理では、胚盤胞の段階に、ここからは問題が生じるという境界のある理由がわからない。ということは、いかなる後期の発達段階にも境界はないということだ。これらの原則は、現在の研究をさらに進展させていく正当性を証明しているわけではないので、個別の追加原則（たとえば、特定の発達段階のみに正当性を認める原則）を見つけなければならないだろう。（これは、理論的に尊重できて恣意的判断によらない、生物学的に論証可能な識別法を見つけるという作業になるだろうが、受精後の胚が中断せずに発達していくことを考えれば、それは難しい――たぶん不可能だろう。）

研究室にヒトの生命をもちこむことを奨励する、現在のいかなる決定にもまして重要なことは、その決定を支えるための根拠であろう。政策決定者がどのような根拠でそうした研究を承認するのか、彼らのたてる原則がすでに将来の発展を認めてしまっているものなのかどうか、私たちは「はっきりと」知りたいのだ。もし、そうした「くさびが打ち込まれた開口部が広がっていく」ことの正当性を彼らが示せるのなら、ごく慎重に、誠実に、計画的に行っていけばよい。

「くさび理論」があてはまる好例は、不妊治療用の胚移植処置に適用される原則である。「自分自身」を結婚した夫婦に限定するという条件で、自分自身の子供を得られるという理由から、体外受精・胚移植の実施を支持するのか？　それとも、本人には責任のない不妊を治療するという理由から、胚移植を支持するのか？　後者の場合、結婚の有無にかかわらず治療に値することになる。したがって、健康で正常な子供を得られるのであれば、技術的に可能なあらゆる手段を是認することになる。それこそクローニングでも、代理子宮でも、体外発生であっても。

さらに、論理は別にしても、くさび理論に反対する人々はきちんと予想を立てていない。次に何が起こるかを無視するのは愚かとしかいいようがないし、現在の行動（もしくは現在まだしていない行動）が意味するものを可能なかぎり評価していくことにも成功しないだろう。単刀直入にいえば、今私たちがすべき決断が、最終的に人間が研究室で作られるかどうかを決める大きな要因になるかもしれないということである。ショックを与えたくて言うのではないし、望ましいかどうかと問い正すつもりもない。私たちと政策決定者が、この決定の重要性と重大性をあますところなく理解して、正面から立ち向かう必要があることを確認したいから述べているのだ。望みをかなえてくれる魔神が、ひとたび赤ん坊を「ボトル」のなかに入れてしまったら、二度とそこから出せなくなるかもしれない。

国の助成にかかわる問題点

研究室でヒト胚を産生し、保存し、操作することの意味についてはこのくらいにしよう。当初の実際的な疑問について考える準備はかなり整った。すなわち、私たちはこれらの行為を認めたり、奨励したりすべきなのか？　これまでの考察を経てもなお私には、たとえ、研究を続行することで貴重な知識が得られ、不妊治療に利用すればかなりの苦しみを軽減することができるとしても、研究および臨床応用の双方においてこれらの行為を進めることが賢明であるかどうか、疑問が残る。前進することとの賢明さを疑うのであれば、このような研究の反対派の一人とみなされてもしかたない。しかし反対だからといって、たとえば法規制による阻止を実現しようとする運動に加わる必要がないことは、論理的にも実際的にも明らかだ。すべての愚行を禁ずる法を制定することはできないし、そうすべきでもない。現時点で禁止しようとしても、効果がないばかりか危険ですらある——実施不能という理由から効果がなく、また、科学研究にこうした先制攻撃的な介入をする代価が、研究が予防してくれる害より大きい場合もありうるという理由から。

たしかに、人体実験にはすでに法的規制があり、それらは明らかに医学の進歩と抵触するものではない。法に支配される科学は生き延びることができないというのは正しくない。また、あらゆる研究が、研究であるがゆえに完全に守られるわけでないし、また、そうするべきものでもない。とはいえ、体外受精、ヒト胚の成育、胚の移植などについては、少なくとも今のところは法的干渉が必要なほどの危険行為とみなす必要はないと思う（原註10）。

しかし、賢明さに疑問符がつけられ、そうした愚行を強制的に非合法化する案が退けられたからといって、許可がおりたから奨励したり支持したりするのが当然だということにはならない。研究者が体外受精を行う自由、あるいは女性が研究機関の助けを借りて子供を生む「権利」には、そのような研究や治療に対して負わなければならない公的な（もしくは私的なものでも）「義務」は、一つも含まれていない。「干渉を嫌う」権利と「援助を得る」資格は別のものである。一九七五年から二〇〇一年まで繰り返し議論されてきた問題は、こうした研究が許可されるべきか禁止されるべきかではなく、連邦政府が助成すべきかどうかだけであった。

これから、ある程度くわしくこの政策問題について論じようと思う。これが時宜を得ているとか比較的重要だからというわけではなく（実際そのどちらも正しくない）、典型的な例だからである。賛否両論が渦まく新しい生命医学テクノロジーとその実践に関する政策問題は、私的生活と公的生活の境界線上で道徳的かつ政治的にあつかわれる諸問題（たとえば妊娠中絶、人種差別、人工心臓の開発、差別撤廃措置など）と同じく、国の助成をめぐってしばしば論争の的となっている。新たな発展に対する社会的規制や方向性は、イエスかノーかではなく、むしろどういった程度を、どれだけの速さで、どのくらい早期に行うかで語られることが多い。したがって、ここでの分析の大部分は一般化が可能であり、この分野のそれぞれ異なる発展に応用しうるし、また、分野全体に対しても応用できるだろう。

国の助成を歓迎する議論はよく知られている。第一は、その研究がたとえ主流でなくても、国からきちんと助成を受けられるような生物学的研究を続けている証拠になるという論旨である。アメリカの生命医学的研究に費される金額のおよそ半分には、国家資金があてられている。なぜ、このような研究はほかのあらゆる研究と異なっているのだろうか？　そうした助成に科学的利点があることは、国立衛生研究所（ＮＩＨ）が論文を評価するときの一般的な手順からも立証ずみである。この事実だけを賛成の根拠にする人もいる。

第二は、この新しい研究路線が成功すれば、特定の、非常に望ましい実質的な成果が期待されるという論旨である。不妊に悩む多くの症例を救済するだけでなく、受精と着床のメカニズムの理解が進むことにより、新しいバース・コントロール法の可能性が生じる。ひいては、受精と着床のプロセスを遮断する技術が開発されることにもなろう。さらに、初期胚の発達を研究することにより、胎児組織の変形に起因する先天性の奇形やある種のきわめて悪性の腫瘍（たとえば胞状奇胎など）を防ぐ方法の解明が期待できる。もっとも重要なことは、胚性幹細胞やさらに発達した胚組織の研究が、多くの深刻な慢性疾患および身体障害の治療に大きな希望を与え、ひいては「再生医療」の新しい時代をもたらすことである。

第三は、「費用を負担する者に支配権がある」といわれるように、国は助成金を出すことにより、その研究を容易に規制し管理することができるようになるという論旨である。議論は次のように展開していく。研究ならびに臨床応用を、貪欲かつ大胆、無神経、向こう見ず、あるいは権力欲の強い一部の医者、科学者、製薬会社の手に委ねること、あるいはまた、州や自治体の法令で研究に干渉しようとする報復的で、思慮を欠き、迷信的な市民団体のなすがままに任せることを国は避けねばならない。国の規制があるからこそ――それは国の助成によってはじめて生じるといえる――理にかない、実効力のある、統一されたガイドラインを得ることができる。

第四は、他の国々が前進していくのは確実なのだから、アメリカは先頭に立ってこの「すばらしい新研究」に取り組むべきだという愛国主義的な論旨である。数年前、体外受精の研究を国が助成する件に関して保健教育福祉省（ＨＥＷ）に勧告するために招集された倫理諮問委員会で、証人の一人は、最初の試験管ベビーがアメリカ人ではなくイギリス人であったという事実を嘆いた。実際この証人は、現在実施されている国の助成のモラトリアム（凍結）が、すでにいわゆる「体外受精における国際間のギャップ」を生み出していると不満をもらした。同様の議論は、二〇〇一年の幹細胞への助成に関する討論の場でも聞かれた。言外に述べられているのはとにかく科学とテクノロジー（さらに商業まででも）の分野で優位に立つことが、アメリカが他の国々のなかで優勢を保つ要であり、怖がって尻込みするようなことがあればこの地位は危うくなる、ということだ。

以上の議論に、逆の順番で私なりの返答を述べてみよう。まず、アメリカの力と威厳を誇示するために科学が重要であるという前提を容認し、むしろ喜んで受け入れるとしても、「この種の」研究の財政支援に失敗したからといってアメリカの科学が危険にさらされるなどという理論は、とうてい理解できない。不妊克服のために胚移植を行うことは、当事者にとっては死活問題であっても、国益を左右する問題とはいえない。もっともアメリカの女性の大多数がことごとく不妊の問題をかかえているのなら話は別だが。国際競争は必要悪ともいえるが、それは本当に必須の事項に限るべきであり、ミサイルの国際間ギャップと胚移植の国際間ギャップは別次元のものである。私たち自身の存続にあまり関係ない分野であれば、他の国が開発を望むならそれを黙って見ていたほうがいい事例は数多くあり、そこに参入する義務を感じる必要はない。また、ビリになることをおそれるあまり、あわててばかをみるようなことがあってはならない。

国の規制に関する議論には、推奨できる部分がたくさんある。ただし、少なくとも臨床応用については、思慮の欠如に対するセーフガードがほかにもあることが考慮されていない。それは、高潔な精神からみれば医学倫理学の規範となり、皮肉にとらえれば医療過誤に対する法的責任となる。また、国の助成にともなう国の規制は、たとえば製薬会社などの民間資金でまかなわれる研究にまでは決しておよばない。そのうえ、このような新しい技術にたずさわる関係者のなかには、いかがわしい動きに反感をもつ市民グループの怒りや干渉から逃れられるという理由から、自らの行為を規制することに強い関心を示す者が大勢いる。組織化された専門学会は、会員のためのガイドラインをもっているか、あるいは制定しようとしている。会員という名誉のため、どんなに冒険好きであっても、学会基準に違反しようなどという気を起こす者はいない。私にはこれだけの証拠から、良識ある体外受精の実施には政府の規制が必要だと納得することはできない。

次に、期待される技術力に関する議論に目を向けてみると、予測不能のコスト、ほぼ確実にかかりそうなコスト、利益を計算するという難題と、少ない資金を振り分ける際の優先順位決定というきわめて重大な問題に直面することになる。よって、子供を作る技術、バース・コントロールや発達異常および悪性疾患の予防が期待される技術、再生医療の黄金時代をもたらすであろう研究を個別に考察することは意味があるだろう。

まず、子供のできない夫婦が自分の子供を生むことは有意義な目標である——そして、人口問題を引き合いに出して不妊問題を無視するという議論は無神経で非論理的である——と認めたとしても、医学研究のほかの目標と比較したとき、どのあたりにランクできるか疑問が残る。さらに、それは本当に医学の目標なのか、もしくは医学にとって価値ある目標なのか、すなわち、とくにこうした方法によって不妊を改善することが治療行為の一部となりうるのかと疑問に思う人もいるだろう。

遺伝的欠陥のための妊娠中絶が、患者を「除去」することが治療になる（患者を「避ける」ことで病気を予防すると言い換えてもよいが）という、医学的（もしくは予防医学的）には特異な新機軸を打ち出したように、既存の命を「癒す」ために新しい命の誕生を必要とするという点で、体外受精もまた卵管閉塞などに対する特異な治療法とみなせよう。このことから、他人とのかかわりを前提とする生殖器官というものがいかに特異的であるかが明らかとなり、不妊は心臓病や脳卒中のような病気とは違う——いずれも本来開いているはずの管や血管が閉塞しているのが主原因だとしても、やはり違う——という事実を浮き彫りにする。

それはさておき、不妊問題に対するこのような取り組みに反対するさらに重要な理由がある。それは、私たちが病気や機能障害に対し、高額で、ハイテクで、治療本位の取り組みを好むという、思慮のなさがそこに表れていることである。このお金を不妊の原因の究明に使ったらどうだろうか？　卵管閉塞の予防への利用はどうか？　しかし私たちは医療費の高騰に不満を述べる一方で、非常に高額になるにもかかわらず、画期的な治療法、ハイテクを駆使した治療法を主張する。

私たちは実際、卵管閉塞の原因について多少は理解している。もっとも、それだけでじゅうぶんとはいいがたいが。たとえば、不妊の少なくとも三分の一は、招かれざる客である淋菌によって引きおこされる骨盤感染症の後遺症だと推定されている。無分別な淫行の報いに対して、国の助成金で子供を作ってあげるのが理にかなっているかどうかの問題はさておき、淋病に有効なワクチンが開発される前に「シャーレ・ベビー」(原註11)の誕生を許可しようとする社会には、驚くばかりである。

たしかに、卵管が閉塞する原因はほかにもあり、また卵管閉塞だけが女性の不妊の唯一の原因ではない。また、論理的には予防か治療かを選択する必要もない。しかし実際問題として、研究資金が今のように限られている状況では、不妊救済を目的とした国の研究資金は真っ先に疫学研究および予防対策にあてられるべきであろう。とくにハイテク医療の成功に膨大な費用がかかると見込まれる場合は、なおさらである。

これらの費用はどうなっているのか? 私はすでに、この研究が人間性のイメージに与える意味を論じたなかで、金銭でははかれないコストについて検討した。したがって、ここでは金銭的費用にかぎって考察しよう。体外受精の助けで生まれる赤ん坊には、どのくらいの費用がかかっているのか? 正確に述べることは難しい。卵巣ならびに子宮のホルモン調整、腹腔鏡検査、生体外での受精・成育・胚移植にかかる費用に、子供の成長を細かく観察して「正常」かどうかチェックするための費用、場合によっては政府による規制の費用まで加算される。さらに、失敗して再挑戦するための費用もある。控えめに見積もっても、この種の妊娠が成功するために要する費用は一万ドルから一万五〇〇〇ドルのあいだといわれている。アメリカ国内で、子供を授かる唯一の希望を体外受精に頼る、卵管閉塞が原因の不妊女性の数を控えめに五〇万人と見積もっても(原註12)、総費用は五〇億ドルから七五億ドルに達すると思われる。連邦政府がこの方策を進めることは財政的に賢明といえるだろうか?

答えは明らかにノーだ。テクノロジーの成功によってもたらされるこの治療を提供する費用もまた、納税者の負担になることが理解されたとしてもである。人工腎臓法は腎透析を必要とするすべての患者に対しその費用を政府が支払うことを義務づけており——その結果多くの人が命を永らえているにせよ、それが実現不可能な前例であることに、現在ほとんどすべての人が同意している。いったん体外受精と胚移植の技術が開発され利用できるようになったとき、この子供を作る費用はどのように支払われるのだろうか？　医療保険でまかなうべきか？　国民健康保険が立法化されれば、この治療も含まれるのか？（医療の一部であると唱える人々はなかなかノーと言えないだろう）そうしなければ、この治療は診療内容に応じた出来高払い制が基本となり、富裕層だけのものになってしまうおそれがある〔訳註・治療費の支払いは、以前はアメリカも日本と同じく出来高払い制が主流だったが、現在は定額払い制が一般的である〕。これは公平な選択肢といえるだろうか？　おそらくそうかもしれないが、それはやはり容認できるものではない。

実際のところ、平等の原則——同レベルの医療を平等に受ける——は、医療改革に対するマスコミ報道のなかでも主導的な原則となっている。メディケイド（低所得者医療扶助制度）や国民健康保険など、なんらかの方法を用い、この医療行為が、支払い能力にかかわらずすべての人に平等に与えられるようにするための努力がはじまることはたしかであろう。（数年前、ボストンを本拠地とする不妊に取り組む平等主義者グループが、生活保護を受けている女性への人工授精を支援するために、なんとか民間資金を獲得することに成功した！）

私は不妊の夫婦の苦境に深く同情するが、公費で、しかも今、この経費で、しかも道徳的な困難をこれほど抱えた医療を行ってまで、これらの夫婦に子供を授かる権利があるとは思わない。生殖補助医療がもたらすはずの厄介なジレンマが数多くあることを考えれば、連邦政府が同情に惑わされてこの無思慮な取り組みに着手するようなことがあってはならない。

子作りへの臨床利用とは別に、ほかの技術的恩恵に期待して国がこうした研究を助成する場合は、さらに困難な問題につきあたる。ひとことでいえば、あらゆる基礎研究の場合と同じく、将来どんな技術や用途がもたらされるのか簡単に予測することはできない。とはいえ、ここでもまた、現時点では次のように主張するのが常識だと思う。新たなバース・コントロール法（たとえばヒト卵子に対する抗体を開発して、生理学的に受精を阻害することなど）のために人間の体外受精を実施する前に、動物実験をじゅうぶん行うべきだ。この先端的研究を首尾よく行えるだけのヒト卵子数を入手することは、まず不可能である——そのようなことをすれば、多くの女性に恩恵ではなくリスクを強いることになる〔訳註・卵子の採取は女性の身体にとって大きな負担となるため〕。なぜこの着想をまずマウスやウサギで実験しないのか？　その結果が非常に有望で、しかも比較的安全に実施できると判断された場合のみ、ヒトに適用することを考えるべきである。同じように、発生に関する研究は、まず動物、それもとくに霊長類で行う必要がある。純粋に科学的根拠からいえば、連邦政府は技術的恩恵が期待できるからといって、今の時点でこの研究に資金援助すべきではない。動物での予備実験も行われていない状況では、その恩恵は研究者の「絵に描いた餅」にすぎない。

現在論争中の幹細胞研究でのヒト胚使用は、いっそう深刻な問題である。この研究の推進派は、再生医療によって、不治の病や障害を患う数百万人の人々——その人数は不妊夫婦の数を大幅にしのぐ——にはかりしれない利益がもたらされると信じている。今日、これはもっとも流行の研究分野であり、それが成果を生むかどうか誰にもわからないが、否定するのも愚かなことであろう。胚性幹細胞が体性幹細胞（すなわち胚由来ではない）に比べ、病気の治療に効果があるかどうかについての議論が続いているが、これを書いている時点では、胚性幹細胞から得られた組織がなんらかのヒト疾患を本当に治したという証拠は、ヒト疾患の動物モデルにも見られない。

民間の資金援助による幹細胞の研究が進められるのは確実であろう。ブッシュ大統領の決定により、それ以前に作られたおよそ六四の胚性幹細胞株が国家助成の対象となっている。この研究が成功するのか、あるいはさらに多くの細胞株が必要になるのか、それがわかるまでの道のりは長い。この問題に向き合う前に、体性幹細胞の可能性を探求し、かつ胚性幹細胞療法が実際に動物の病気を治すことを証明するため、あらゆる努力をしなければならない。

国の助成を正当化する第一の理由が残っている。研究は純粋に知識を得るために行われる、というものだ――細胞分裂、細胞間の相互作用および細胞と環境の相互作用、細胞分化に関する知識、正常な組織と病変した組織の双方における遺伝子作用と遺伝子制御に関する知識、胚の正常な発達と異常な発達に関する知識、さまざまな化学物質や物理的作用をおよぼす物質が成長や発達に与える作用の効果とメカニズムについての知識、受精と着床の基本的プロセスの知識などである。これらはすべて、得るに値する知識である。その多くは動物実験から得ることができると思われるが、そのような実験に着手したという事実はほとんどなく、ヒトにかかわるこれらの知識を究明するにあたりヒト胚の使用が必要になるのは、時間の問題であろう。ここでもまた、研究の優先順位という問題が生じ、それについては研究者間でも素人間でも同じように意見の不一致が見られる。しかし、ここでさらに根本的な問題が登場する。

こうした研究は、私たちの社会の倫理基準に一致しているのだろうか？　これはおもに、初期ヒト胚の位置づけにかかわってくる。これまで述べてきたように、もし初期胚が、現在も未来も、それが「何ものであるか」という理由から尊重に値するとしたら、侵襲的な研究材料に使うことは正当化しきれないだろう。研究のためだけに胚を「製造する」ことなどはなおさらである。読者は、ハクスリーの『すばらしい新世界』に出てくる「中央ロンドン人工孵化センター」を想像したとき、あるいはもう少し刺激を減らして、生きた胚でいっぱいの孵卵器や冷蔵庫を目にしたとき、自分がどう反応するかを考えて、この結論を考えてみればよい。

たとえこの議論が政策立案者を動かすにいたらなくても、別の議論によって可能となるだろう。というのも、胸にしっかり刻んでおいてほしいのだが、立案者の決定は、体外受精ならびに胚研究がアメリカ国内で許可されるべきかどうかではなく、私たちの税金がそのような研究を促進すべきかどうかに基づいてなされるのだから。したがって、国民のかなりの人々――大多数といってもいいかもしれない――に深く浸透している信念、すなわちヒト胚にも守るべき人間性があり、それ自身が恩恵を受けるのでなければ実験の対象にすべきではない、という信念を無視することはできない。これが何かの宗教的な根拠からくるのかどうかは関係ない――もし宗教的信条だったら絶対に却下しなければ、などというように！　この信念の存在、誠実、奥深さ、そして、こうした主題の大いなる重要性こそ、私たちが気にしなければならない事柄なのだ。

妊娠中絶や胎児の研究に関するおびただしい判決と法の制定により、こうした信念をもつ人々は幾度も冷水を浴びせられてきた。出生前の生命の人間性について同じ意見をもつ大勢の人々は、妊娠女性の願い、望み、利益、想定される権利に敬意を表して、しぶしぶ妊娠中絶の自由化に賛成してきた。だからといって、人間の命、少なくとも発達能力を秘めた救済可能な人間の命と人間の尊厳に対する、根拠のない意図的な襲撃としか思えないものに賛同できるだろうか？　私たちはそのような襲撃をこれ以上見て見ぬふりをすることはできないし、とくにこれほど多くの危険が想定されているときにそのようなことをするのは、控えめにいっても政治家にあるまじき態度であろう。

テクノロジーの進歩は、国家の健康を表す指標の一つにすぎない。国民が法律や制度に対してもつ愛情や尊敬のほうが、はるかに重要である。不妊の解消には、国の助成に対する凍結《モラトリアム》を解除することによって生じる不満や市民運動と引き換えにできるほどの価値はない。妊娠中絶に反対する人も、女性が自費による妊娠中絶を選ぶことを許す人も、自分たちの税金が、よくいっても残酷、おそらく殺人といえる行為をともなう科学研究に使われることには我慢できないであろう。賢明な政治家なら、この問題を重く受け止め、胚研究に対する国家助成の凍結解除を拒否し続けるであろう――少なくとも、一般市民が圧倒的な支持を表明すると確信できるまでは。この問題では、無分別こそ最悪の罪なのではないだろうか。

最後に

私にとってこれは長く困難な論評であった。その多くは議論することが難しい問題である。自信に満ちた人を不愉快な予想に直面させることは難しい。不妊の治療あるいは避妊の新しい方法などの「ハード」なものに目を奪われている人に、血のつながり、アイデンティティ、尊敬、自尊心のような「ソフト」なものを真剣に考えるよう要求することは難しい。子宮内の生命を尊重しない人に研究室内の生命を尊重するよう求めることは難しい。性行為をスポーツとみなす傾向が高まり、性差、結婚、出産を軽視する風潮のなかで、性的特質や人が肉体をもつことの意味について論じることは難しい。政府があらゆる要求に答えてくれることを期待する声がますます高まり、それをできるのはアメリカ政府《アンクル・サム》だけであると(実際には国の浪費、無能、堕落を示す例証が数多く見られるのだが)信じ続ける社会で、子作りへの国家助成に反対するのは難しい。

最後に、人間がすべてを支配するという企てだけが崇拝されるような文化のなかで、自制することを語るのは難しい。これは、人間の本質をも含めた自然の支配者となり所有者となりたいという、理不尽な願望に対する最大の問いかけとなろう。

ここで、体外受精のもっとも深い意味について考えてみたい。体外受精を人工授精にたとえる人がいるが、それはあまり正しいとはいえない。体外受精ではヒト胚は、神秘に包まれた母親の子宮という自然の暗闇とプライバシーの世界から、いきなり研究室の光り輝く公開の場に現れる。そこでヒト胚は、知的で無遠慮な視線にさらされ、自分たちの仕事に忠実でやはり知的な手により、まったく合理的にあつかわれる。たとえ五日間でも(長さに関係ない)――人間の命のはじまりを目の前にし、手で操作することは何を意味するのか? おそらくその答えは次の物語のなかにある。

昔、並はずれた知性と勇気をもった男がいた。彼は非凡かつ偉大な男で、ほかの誰にも答えられない問題に答えることができ、どんな挑戦や困難もいとわず勇敢に立ち向かった。自信にあふれ、尊大な男だった。自分の町を災害から守り、父親が子供を支配するように町を支配し、すべての人から崇拝されていた。しかしその町には何かよからぬことが起こっていた。伝染病がその世代を襲い、植物や動物や人間は生殖能力を侵された。男は伝染病の原因を明らかにし、不妊を治すことを約束した。敢然と、自信をもって、明晰な頭脳で問題の解決に取り組み、闇にまみれた事柄に光をあてようとした。遠慮のない、秘密を許さない、徹底した公的調査。

彼は、用心深く、控えめで慎重、また敬虔という言葉で表される人々に対しては、怒りをあらわにした。彼らが調査を縮小するよう迫ったからだ。男は自分が正当に獲得した権力をこの者たちが奪おうとし、人間の偉大な支配を服従的な敬愛とおきかえようとしているとして非難した。

話は悲劇に終わる。男は問題を解決するが、自分の出生の暗く内密な詳細を白日の下にさらす過程で、自分の命のみならず家族の命まで破滅させる。彼は最後に、僭越《せんえつ》、自信過剰、人間の運命を支配するという傲慢な願望の代償を知った。あらゆるものを自分の目で見たいという願望を拒絶するしるしとして、この男、オイディプスは自分で自分の目に罰を与え、光を失った。

原則として彼のような男は――たとえ無意識にせよ――父殺し、国王殺し、近親相姦を犯すのが常であると、ソフォクレスは示唆しているように思える。これらの行いは、自己満足と完全な自律を求め、進むべき道を誤った虚栄心の強い暴君の罪である。暴君は自分の依存性や弱さを思い知らされることをひどく嫌い、自分の主張に反対する者を踏みにじる。彼のなした近親相姦は、自らの存在を神格化する欲求を象徴している。彼の性格が彼の運命そのものである。

現代科学を享受する私たちは、その哲学的な先祖オイディプスから学ぶことがあるのではないか。オイディプスはあのような男であったがゆえに（劇中の合唱隊《コロス》は彼のことを「人間の模範」と称える）、苦悩をとおして学ぶ以外に選択の余地がなかった。私たちも本当に、ほかの選択はないのだろうか？

＊原註1（一一六ページ）——とはいえ、正当化されうる例外があるとすれば、それはおそらく「子宮内の」胎児すべてに致命的な被害をおよぼす、全世界的な伝染病の流行があった場合だろう。種の滅亡を防ぐ手立てを見つけるために、研究目的で意図的に胎児を「製造すること」（そして中絶すること）も必要になるかもしれない。

＊原註2（一一八ページ）——まもなく初期胚が分割し、同一の一対の細胞になりうるという事実や、科学者たちが初期胚の細胞を構成単位ごとにばらばらにし、また再集合させることもできるという事実が、この真理に決定的な影響をおよぼすことはない。細胞を再集合させる際に異なる胚の細胞をまぜたとしても、それは変わらない。こういった特殊な人為的ケースが、自然な行動様式や、ヒトの生命は受精からはじまるという真理に影響をおよぼすことはない——そして、とくに異常な事態が起きなければ、ヒトの生命は必ず受精によってはじまる。

＊原註3（一二〇ページ）——胚は、亡くなったばかりの死体から取り出して移植や研究に利用される臓器と同じあつかいをすべきであって、卵子や精子のドナーからの提供については、死後の臓器提供についての生前同意を法制化した統一死体提供法（二三五ページ参照）を適用すべきだという声もある。しかし、胚を「物体」とみなしてはいないにしても、単なる臓器と同じあつかいをして、その結果、胚がすべてをそなえた完全な人間の初期の段階であることを見落としてしまうのはまちがっている。統一死体提供法は、生殖腺や配偶子（男性の精子や女性の卵子）、とりわけ接合子（受精卵）や胚の提供に対して適用されてはいないし、また、適用のために拡大解釈すべきでもない。

＊原註4（一二三ページ）——余剰胚の問題は、純粋に技術的な理由によって、いずれ避けられるようになるだろう。一部の研究者は、過剰排卵を誘発するために投与したホルモンの作用によって、卵子を採取した月経周期中は、移植胚に対する子宮の受容力が落ちる可能性があると考えている。彼らは、採取した卵子を凍結し、妊娠するまで毎月一個ずつ解凍して受精させ、培養し、移植することを提案している。一度にすべての卵子を受精させないこと——一回の月経期間中にすべての卵子を使い切ってしまわないこと——によって、余剰の胚は生じなくなり、余剰の卵子だけが生じる。このように手法が変われば、着床せずに死滅する胚の数は、普通の生殖行為による「自然な」胚の損失量とまさに変わらなくなるだろう。しかし残念ながら、卵子に損傷を与えることなく凍結ならびに解凍する方法は、まだ見つかっていない。

＊原註5（一二三ページ）――生殖への人間の介入に関する研究報告は混乱していると同時に、「自然（nature）」あるいは「自然なもの（the natural）」の意味および倫理学的な重要性という重大問題を混乱させている。自然なものには道徳的な力がないと主張すること、また、自然なやり方は自然なものであるゆえに最良だと提唱すること、そのどちらも同じくらいまちがっているだろう。自然に対する浅はかで曖昧な考え方や、「善」に結びついた自然のイメージが、これらの混乱の原因のようだが、自然の本質は、おそらくそれ自体が把握しがたいものだ。そのためどんなに慎重に考えても、自然とは何かをつかむのは難しい。

＊原註6（一二六ページ）――ロウ対ウェイド判決〔訳註・中絶禁止のテキサス州法を違憲として起こされた訴訟に対し、連邦最高裁が一九七三年にくだした判決〕で、連邦最高裁は次のような判断を示した。中絶に対する州の介入は、妊娠初期の三分の一〔約三カ月〕までの期間は違憲、妊娠初期の三分の一以降の場合は「母体」の健康促進のためなら介入可能、「潜在的生命」を守るためなら生存可能性が発生した時点（約二四週〔約六カ月〕）で初めて介入可能。それ以前の時期であれば、胎児生命に対する州の利益〔訳註・個人の場合と同様に、人命の保護と安全にかかわることは、州にとっても利益に関係する〕は「やむにやまれぬ」とはみなされない、というものである。

このいささか乱暴で勝手な境界決定は、胎児の発達についての知識が増えるにしたがい、妊娠三カ月から六カ月のあいだでさえ子宮内の胎児に手術を施せる高度技術まで可能になってきたため、すでに混乱を引きおこしている。また、生存可能性も外部からの援助でどうにでもなる部分があるから、技術の発達――人工胎盤や、もっと地味なところでは未熟児生育法の進歩など――によって、生存可能性も不動の境界線ではなく、生命の自然な発達はどこにもはっきりした切れ目がなく連続して進んでいくものだと明らかになるだろう。

＊原註7（一三一ページ）――今日、非配偶者間人工授精（ＡＩＤ）のために、アメリカ国内でおびただしい数の訴訟が係争中である。離婚により、前夫がＡＩＤによって誕生した子供の援助を拒否し、少なくとも父親でないこと、極端な場合は子供を不義の「結合」の産物だと主張している。事実、いくつかの州では、ＡＩＤをいまだに姦通としてあつかっている。

次の例は一般的ではないが、匿名の重要性を明らかにしたものだ。ある女性は子供をほしいと思ったが、結婚や男性との性行為を忌み嫌っていた。そこで、彼女は自分で人工授精をできるテクニックを学び、ある知り合いの男性を説得して彼の精子を提供してもらった。この処女懐胎から十年後、精子提供者は裁判所へ行き、彼の息子に会う訪問特権を訴えた。

＊原註8（一三一ページ）――性行為と出産の関係は、すでにピルの出現によって効果的かつ永続的に崩されているのだから、体外受精についてあれこれ考えても意味がないと指摘する人々ならば、ピルは（初期の避妊法のように）子供抜きのセックスだけを供与するものだと言うに違いない。しかしセックス抜きの子供というのは、まったく前例のない過激な出発点である。

＊原註9（一三七ページ）――将来のすがたは、一九七〇年代に「サイエンス」の表紙が六匹の親をもつ一匹のマウスの写真を掲載したときに予告されていた。このマウスは、三つの別個の胚から解離した細胞で作った初期胚を再集合させることによって誕生した。このまじめな科学雑誌は、これを「ハンドメイド・マウス」――文字どおり「手で作られた（manu-factured）」マウス――と呼び、「遺伝子工学技術で作製された」という言葉を付した。

＊原註10（一四一ページ）――私はヒト・クローニングを別問題だと考えており、法的禁止措置に賛成である。第五章を参照。

＊原註11（一四六ページ）――「試験管ベビー」という言葉には、主に科学界から反対を唱える声が多く上がっている。「人をぞっとさせる」ような言葉をわざわざ使う必要はないとする意見も多い。実際に使われているのは試験管ではなく平らなシャーレであり、しかも胚がそこにいるのはほんの数日であるというのが、彼らの主張だ。しかし、なぜ「試験管ベビー」という言葉が一般的な名称として定着しているのか、研究室での正確な名称よりさらに深い真実を表しているのではないかということまで考えていない。「子宮内」か「研究室内」かの違いだけが問題であるなら、一般的な名称である「試験管ベビー」がそれをよく伝えている（「最後に」〔一五一―一五三ページ〕を参照のこと）。もし現在の研究室での行為を正当化する理由が、暗黙のうちに将来の進展まで、たとえば子宮のない女性が代理母の子宮を借りずに自分の子供をもつ唯一の方法として、完全な体外発生まで正当化するなら、この言葉はまさに的を射ており、私たちに警告を与えてくれる。

＊原注12（一四六ページ）――この数字は、すべての夫婦の一〇パーセントから一五パーセントが心ならずも不妊であり、その半分以上の原因が女性側にあるという推定から試算されている。女性の不妊原因のおよそ二〇パーセントは、卵管閉塞である。おそらくそのうち五〇パーセントは、卵管再建術によって子供を生むことが可能になり、残りは体外受精と胚移植に頼らざるを得ない。

この推定には、（代理母に胚を移植して「妊娠する」しかない）子宮の病気をかかえた女性、卵巣の障害のため卵子の提供を必要とする女性、増加の傾向にある避妊のための卵管結紮手術を受けたのちに体外受精に転向するかもしれない女性は含まれていない。不妊夫婦のすべてに子供がいないわけではないことも特筆に値する。実際、驚くべき数の不妊夫婦が、現在の家族構成を増やそうと努めている。

第四章　遺伝子テクノロジー時代の到来

遺伝子の知識と技術に関する現在および今後予測される状況を考えるとき、ワトソンとクリックが初めてDNAの構造を発表してから五〇年たっていないにもかかわらず、私たちはなんとはるか遠くにきたのかと驚く。たしかに、その発見があってから、遺伝病の遺伝子治療や遺伝子工学の将来の展望について科学者が真剣に議論するのは、普通のことになった。とはいえ、どれほど速く遺伝子テクノロジーが進むかは誰も予想していなかった。ヒト遺伝子の三〇億のDNA配列すべてを解明しようというヒトゲノム解読計画は、ほとんど完了している。そしてゲノムの知識が出そろっていなくても、バイオテクノロジー・ビジネスは急速に発展している。グラクソ・スミスクライン社の研究責任者の最近の報告によれば、この先二〇年間、研究者たちをじゅうぶん多忙にする量の解読データがすでに用意されているという。めざす開発は、遺伝性疾患を早期発見するためのスクリーニング技術、合成ワクチン、悪性腫瘍の遺伝子を変化させて免疫反応を増強させる方法、そして最終的には特定の遺伝病に対する精確な遺伝子治療。遺伝子テクノロジーの時代が到来したのである。

遺伝子テクノロジーは病気を治療し、寿命をのばし、苦痛を緩和するための大きな人道的計画の一部として誕生した。したがって、「慈悲深い治療」という高尚な道徳的背景をもっている。高血圧やリウマチ性関節炎に効く非常に強力で安全な薬を医者に処方してもらえるのだったら、誰だって遺伝子の解明や遺伝子治療を歓迎するだろう? 鎌状赤血球貧血、ハンチントン舞踏病、乳がんにつながる欠陥を治したり、AIDSウイルスによる免疫不全から守ったりしてもらえるのであれば?

一方、遺伝子テクノロジーは強い社会的懸念も呼んでいる。これはほかの生命医学テクノロジーとは異なるという印象を、ほとんどの人に与えるからだ。過去数十年間の驚異的な遺伝子分野の発展にすなおに感心し、医学的な利益を熱望する人々でさえ、これらの新しい進展に対し相反する意見をもっている。なぜなら、遺伝子工学はある局面では「慈悲深い治療」という医学的プロジェクトの伝統を継続しながらも、同時にまた、あまりにも革新的で不安にさせる何かを感じさせるからだ。しかし、たいてい不安の明確な根拠をはっきり表現するのは難しく、どちらかといえば優生学の危険性、「ヒト遺伝子操作へのおそれ」、さらには「神のように振る舞う」など、一般的な言葉で語られることが多い。

自分たちの専門性、増大する名声や権力によって自信をつけた遺伝子テクノロジーの信徒は、世間の不安にいらだちを隠さない。そうした不安をもつ原因の大部分は科学に対する無知からきている、と彼らは考えている。すなわち、「我々の知るものを世間が知りさえすれば、我々の見方で物事を見て、不合理な不安を捨てるだろう」。そのほかの点については、もはや理屈にあわない、単に科学の進歩を妨げるにすぎない時代遅れの道徳や宗教的概念、考え方であると、科学者は非難するだけである。

しかし私自身の見解では、「無知で迷信的な不安」対「有益で知識豊富な賢さ」の戦いという議論に仕立てようとする科学者の試みを認めるべきではない。なぜなら、世間が遺伝子テクノロジーに対し相反する意見をもつのはあたりまえであり、どれほど言葉をつくして分子生物学や遺伝学について説明されても、私たちが当然それに感じる人間的な懸念を鎮めることはできない。正しく理解すれば、こうした不安が人間性や尊厳の重要な問題と結びついていることは明らかであり、私たちはあえてその不安を無視しているのだ。

これから、こうした懸念のいくつかをはっきり述べていこうと思っている。そして遺伝子テクノロジーは単独で取りあつかわれるべきものではなく、生殖生物学、発生生物学、神経生物学、行動遺伝学などの進歩との関連のなかで——実際は、現在のものも登場寸前のものも、人間の肉体や精神へこれまで以上に精確に直接介入してくる技術すべてとの関連のなかで——考えていかなければいけないことを、肝に銘じておこうと思う。

この論議のために、(誇張されたものもずいぶん多いと思うが) 遺伝子テクノロジーの信徒の技術的な主張を真に受けてみることにしよう。客観的にいえば、遺伝子が生体内でどのように相互作用するのか、何を意味するのかを突き止めるよりもDNA配列を発見することのほうがずっと簡単である。また、欠陥遺伝子と差し替えるために合成した健康な遺伝子を身体の正しい場所に安全に運び、望みどおりの作用だけをさせることよりも、健康な遺伝子を合成すること自体のほうがずっと簡単である。つまり遺伝子解読に基づく完璧な個別治療という名案でさえ、普及するまでにはきっと大きな実践上の障害に直面するだろうし、それをするにもひどく高い費用がかかるだろうということだ。しかし、予言された技術のどれが、どの程度すぐに実現可能なのかについて、ここで異論を唱えはしないつもりである(原註1)。たしかに現実的には、新規の技術が参入するたびに、特定の倫理学的問題として対処せねばならない。しかし遺伝子テクノロジーの企て全体の道徳的意味は、何をいつあつかうかという個々の詳細とは別のものだ。さて、問いを続けていこう。最初は、遺伝子工学がいかに特殊なものかについてである。

遺伝子テクノロジーは特別か

遺伝子テクノロジーは何が異なるのだろうか？　一見、そうは思えない。病気を誘発する異常な遺伝子を分離することは、疾病を誘発する細胞内のウイルスを分離することと、ほとんど大差ない。糖尿病患者にインスリンを作るための正常な遺伝子を提供することは、注射でインスリンを打つことと臨床的には同じ目的である。

しかしながら、そのような明らかな類似点にもかかわらず、遺伝子テクノロジーには決定的な相違もある。完全な発展を遂げた際には、普通の臨床的手法とは共有されない二種類の力を発揮するだろう。医学があつかうのは、現在生きている個人だけであり、程度の差にかかわらず、正常な健康範囲からの逸脱を正すための治療対象とみなされる。一方、遺伝子工学は、第一に、ゆっくりと世代に継承される遺伝性の変化を生じさせるだろう。そして生殖細胞系や胚への直接の介入を通じて、事前に特定の「未来」の個体さえ変化させるかもしれない。第二に、遺伝子工学はいわゆる遺伝子増強を用いて、人間の新しい能力を作り出し、健康や適性の新しい基準を設けるかもしれない（原註2）。

今のところ、基本的に遺伝子テクノロジーは、「現在生きている」個人の病気の診断や治療を躍進させるものとして歓迎されている。そのような実用に制限されるならば、（安全性や有効性に関する普通の疑問以上の）疑問はほとんど上がらないだろう。診断可能な遺伝病をもつ、現在生きている胎児のための子宮内遺伝子治療でさえ、胎児医学の成長分野の延長であるとみなすことができる。

しかし、遺伝子を変化させる力の利用は、論理的にも実践的にも、きちんと制限され得ると信じる理由は何もない。たとえば、生殖細胞系遺伝子の治療や操作が、将来的には、単に生まれる前だけでなく受精前にも行われるのは確実である(原註3)。実施を正当化する理由は無数にあがっている。現代医学の成功によってはからずも生じた、優生学的にみて好ましからざる影響を消滅させたいという望みが、そもそもの発端である。たとえば、昔だったら糖尿病で死んでいたはずの者も、医療のおかげで、病気の原因となる遺伝子を伝えられるくらい長生きできるようになった。

長く議論されてきたことだが、私たちはこれらの不幸な変化を意図的な介入で消したりしてはならないのだろうか? もっと一般化していえば、のちのち高額で厄介な治療を必要とするような病気の発生を未然に防ぐために、病気を運ぶ卵子や精子、初期胚を変化させてはならないのだろうか? 病気に冒された子供の誕生や、優生学的な中絶による心の傷を避けたいと願う親が、生殖細胞系の改変を利用してはいけないのだろうか? 要するに、現在生きている個人への遺伝子治療で取るにたりない経験しかしていないにもかかわらず(どれも成功していないのだが)、まじめな人々が、生殖細胞の変異に関する現在の(自らが課した)タブーを覆すことを、すでに求めている(1)。体細胞改変と生殖細胞系改変のあいだに引かれていた境界は、もはや保つことができない。

多くの人々の素朴な期待にもかかわらず、治療と遺伝子増強のあいだの境界も守りきれないだろう。現在は食べ物から摂取せねばならないビタミンやアミノ酸を体内で作り出せるようなヒトゲノムを、新規に追加することを人々は拒むだろうか? 細菌や寄生虫を破滅させたり、あるいはがんへの抵抗性を向上させたりする組み換え外来遺伝子(たとえ動物のものであっても)の挿入に反対するだろうか？　HIVに対する免疫系の有効性を増すような、あるいは攻撃されないような変更を加えること を拒否するだろうか？　遺伝子の解明によって身長や記憶や知性への遺伝的関与を明らかにできるよ うになったとき、将来の親が子供の可能性を増強する権利を否定するだろうか？　最終的には ——まずまちがいないが——体内の生物時計をコントロールする、あるいは最長寿命の決定の鍵とな る遺伝子スイッチが発見された場合、歳をとる速度、あるいは人の自然な寿命に干渉しないことを選 択するだろうか？　そんなことは絶対にありえない。(原註4)

かくして、私たちはパラドックスに直面している。ある意味において、遺伝子テクノロジーは非常 に特殊なものである。それは私たち人間に授けられた基本的で、遺伝性で、生命としての形を決定す る生物学的能力の根幹に対し、意図的かつ直接的に作用することができ、実際作用するだろう。それ によって健康と治療の現在の基準を超え、そしておそらく人間の本質の基本的特徴さえ変えることが できる。一方、その目標はやはり役に立つうえ、少なくとも最初のうちは、現代の介入好きな医療従 事者たちに使われていくだろうから、私たちはその展望を親しみある魅力的なものと思うだろう。 この矛盾自体、人々の不安の原因となっている。すなわち、遺伝子テクノロジーの特殊性を正しく 認識していながら、その相違に基づいた明確な使用制限基準を作れないと感じているのだ。病気を治 すために一度瓶から出された遺伝子の魔神は、好むと好まざるとにかかわらず、わが道を行くだろう。

遺伝的自己認識は役に立つのか

ごくあたりまえのことだが、遺伝子工学に関する不安とは無関係に、増え続ける遺伝情報そのものも不安を引きおこしている。その不安の大きな原因は、とくに喧伝されている利益の一つ、すなわち個人の遺伝子解読である。個人の遺伝的欠陥の情報がもし外に漏れたとき、就職したり、健康保険や生命保険に加入したりする際、どのような悪影響を与えるかについては多くの議論がなされてきた。そして、そのような危害に対する法的措置も講じられている。しかし、その人自身にとっての遺伝情報の意味については、ほとんど注意がはらわれていない。自分自身の遺伝子の過失と不健康な素因を知ることの根源にある問題は、守秘義務への脅威でもなければ、仕事や保険における遺伝的差別でもない(これらの実際問題も重要だろうけれども)(原註5)。

むしろ危険なのは、人生を生きてゆくうえで、程度の差こそあれ自分の身にふりかかってくるおそれのある病気をあらかじめ知ることにともなう、さまざまな障害と歪みである。たしかに、場合によってはそのような予知は歓迎されるだろう。近い将来の簡単に処置できる病気の予防や治療につながったり、問題になっている疾病が自己のイメージや自己のコントロール力に強く作用したりしないときである。しかし、アルツハイマー病、統合失調症、あるいは他の人格・行動障害の素因、または深刻だが治療不可能な病気をいつか必ず発生させるかもしれない遺伝子をもっているという情報を歓迎するか、そしてすべきだろうか。

大方の人にとっては、不確実な情報をかかえたまま、安心して賢く生きることは依然として難しいだろう。たとえば、複数の遺伝子の特徴がからみあっている場合。あるいは、予想が純粋に統計に基づくもので、「特定の素因」をもっていても当人がどうなるかはわからない場合。最近、ある父親が、一〇歳の娘に卵巣摘出と乳房切除を行うことを主張した。なぜなら、彼女は高確率で乳がんになるBRCA-1遺伝子をもっていたからだった。遺伝情報の悪影響をいかんなく示した例である。

人間の自由と自然さに対する脅威は、劇的ではないにしろ深刻である。これは二五年前に哲学者ハンス・ヨナスによって検討されたテーマである。彼はテクノロジーと人間の将来に関して、もっとも思慮深い洞察を加えた人々の一人である。クローン人間に関する議論で、ヨナスは「無知の権利」を主張した。

あまりにわずかの知識しか手にしていないかもしれない（そして大方はわずかしかない）ということは、いつも認識されてきた。ところが、突然まばゆい光とともに、あまりにも知識が多すぎるのではないかという懸念が、我々の前に立ちはだかってきた（……）ここで、人間の力がみなぎる広い舞台に倫理学の命令が響きわたる。本物の行動をする条件となる「無知の権利」を侵害するな。あるいは、それぞれの人生においてわが道を見つけ、驚きをもって生きる権利を尊重せよ、と(2)。［強調は原文どおり］

自分に病気の素因があるという知識だけが合理的な予防医学につながると確信している科学者にとって、ヨナスの「無知」への弁護は人々の啓蒙主義に反するものに見えるだろう。しかしそうではない。ヨナスが見るところ、「未来の知識は、とくに自分自身に関するものは、［「汝自身を知れ」という命令から］つねに除外されてきた。そして、どんな方法（星占いはその一つ）であれその情報を得ようとする試みは軽んじられてきた――啓蒙家からは無益な迷信として、神学者からは罪として。後者の場合は、哲学的にも納得できる理由がある」(3)。

プロメテウスが人類に火と技術を与えた博愛的な神であることは誰でも知っているが、彼がまた「盲目の希望」――「目の前の破滅を見るのをやめること」（4）――というより大きな贈り物も与えたことは、しばしば忘れられている。それは、自分自身の未来の運命を知らないことが目標の設定や成功には不可欠だと、知っていたからにほかならない。思うに、多くの人は合理的に行われる予防医学より、終わりの決められていない人生から支えを得ており、自分の遺伝子の特徴を知る科学的星占いより、将来に対する無知のほうを好むのではないだろうか。自由な社会では、それは彼らの権利であろう。だが本当に？　これが私たちを三番目の疑問へ導く。

自由はどうか

遺伝子に関する知識やテクノロジーをどちらかといえば歓迎している人々でさえ、遺伝学者、遺伝子工学者、とりわけ遺伝子工学で武装した国家権力が強大化することを危惧している（原註6）。遺伝子は生命の秘密を握っており、遺伝子型〔訳註・生物個体の形質を決定する遺伝子の構成様式〕は私たちの運命でないにしても本質であると当の科学者たちから教えられてきたため、彼らの専門知識や技術が私たちの存在を侵すのではないかと過敏にならざるを得ないのである。また、何か特定の形での力の乱用や誤用とは別の次元でも、「人間の自由」の支持者は、懸念を抱いて当然の理由をもっている。C・S・ルイスは「無知」の支持者ではないが、著書『人間の廃止』でこう鋭く指摘している。

もちろん、これまで人間が科学から授けられた力を悪く、しかも自分たちの仲間のためにならない形で使ってきたと嘆くのはあたりまえのことだ。しかし、私が指摘したいのはその点ではない。

> 道徳的美徳が増せば直せるような特定の堕落や乱用のことを言っているのではない。「自然におよぼす人間の力」といわれている事柄を、人はつねに念頭に置いておかなければならないと考えているのである。（……）
>
> 現実には（……）ある世代が優生学と科学教育によって、望ましい子孫を作る力を得たとしても、それからのちの人間は、すべてその力の犠牲者となる。彼らは弱くなる。強くはならない。なぜなら、我々は彼らの手にさまざまなすばらしい機械を与えるのかもしれないが、それをどのように使用するべきか、我々があらかじめ定めてしまっているからである。彼らの現実は、ある特定の支配的な世代の映し絵にすぎない（……）それより以前のあらゆる時代にもっとも巧みに抵抗し、それより以後のあらゆる時代を否応なしに支配する世代の。したがって、その世代が人類の本当の主人である。しかし、この支配世代（それ自身は人類のなかでも非常に少ない少数派である）のなかでさえやはり、力はさらなる少数派によって行使されるだろう。ある科学者たちの夢が実現されたなら、人間による自然の征服とは、数百の人間による無数の人間の征服を意味することになろう。人間世界ではどのような力であれ単純に増加しないし、またそうなるはずもない。人間によって獲得される新しい力のどれもがまた、人間を支配する力となる。どんな進歩も、人間を強くするだけでなく弱くする。あらゆる勝利において、凱旋将軍となった暁には、その人は勝利の車につきしたがう捕虜にもなるのである（5）。［強調は原文どおり］

遺伝子テクノロジーの担い手のほとんどは、自分とこの話は関係ないと考えるだろう。彼らにしろ、力の乱用や誤用はありえる、とくに独裁政治体制下では起こりやすいと認めるだろうが、彼らは自分たちを予定説信奉者ではなく世話役ととらえている。つまり、知識を次々に供給して、自由に使える選択肢を人々に与え、自分たちの健康や生殖をどうしたいか決定してもらう役割を果たしているにすぎないというのだ。彼らは主張する――遺伝子の力は自由を制限するためでなく、増やすために使われるのだと。

しかし、すでに実施されている遺伝子スクリーニングと出生前診断からわかるように、この主張はよくて自己欺瞞、悪くいえば不誠実である。遺伝子スクリーニングの発達と実践の選択、どの遺伝子を検査対象とするかの選択は、一般社会ではなく科学者によって行われてきた――しかも自由を増やすためでなく、優生学的な見地から。多くの場合、出生前診断にたずさわる医療者は、妊婦が病気の胎児を中絶するという承諾をしなければ、胎児の遺伝子スクリーニングを行わない。一方、依然として出生前診断を望まない妊婦は、検査を強要する医療者からの圧力に耐えなければならない。

ごく一部の人々は、知識をもって自由に遺伝的決定に参加できるだけの教育を受けているかもしれないが、その一方で、ほとんどの人々はつねに専門家の慈悲深い「圧制」に支配されているといってよい。どんな専門家でも、大多数の人々に一方を選択させるのがどれほど簡単かを知っている。単に質問をしたり、予後を説明したり、意見を述べたりしていけばいいのだ。カウンセラーの好みはいつも明白に、あるいは巧妙に、相談者の選択肢を形づくっていくだろう。

それに加えて、医療コストを含む経済的な制約はまちがいなく選択の自由をも制約する。あれこれの遺伝病を保険適用外にしてしまえば、最終的に、遺伝的要因を原因とする人工妊娠中絶の強要や介入につながるかもしれない。国家が義務づけたスクリーニングが、すでにフェニルケトン尿症（ＰＫＵ）をはじめ、さまざまな疾患において行われている。数々の怪しげな遺伝子スクリーニングの企てが現れつつある。いったんこれがはじまると、生殖の自由を制限する経済的な圧力が強まる可能性が高い。そしてもちろん、それはすべて子供の健康のためという名目で行われるだろう。

すでに一九七一年、遺伝学者ベントリー・グラスは、科学の発展のためのアメリカ協会での会長演説のなかで、「あらゆる子供には、健全な遺伝子型に基づいて、健全な身体と精神構造をもって生まれてくる権利がある」と宣言した。今日、続々と登場する生殖技術と遺伝技術の先を見越して、グラスはこう宣言した。「将来において、いかなる親も、奇形もしくは精神的に不完全な子供という重荷を社会に負わせる権利をもたないであろう」(6) そのような予言がどこまで実現されるかはまだわからない。しかし、あからさまな強要がなくても、私たちのような自由主義社会でも、人間の自由の制限について真剣に心配しなければならないじゅうぶんな理由を、彼らは生み出しているのである。

人間の尊厳はどうか

自由に対する脅威以上に深刻な、大きな懸念がある。しかもそれは当然なものといえる。遺伝子操作技術を、どれほど自由かつ人道的に、「賢明に」用いたとしても、十中八九避けられないと思われる人間の尊厳に対する脅威である。遺伝子テクノロジー、その技術の使用、そして何よりもその基礎となる人間の生命に関する科学教育は、道徳的にも人間の本質に照らしても中立なものではありえないことは、大多数の人が同意してきたとおりであろう。どのように実施され教えられようと、その科学教育自体に含まれている道徳的な意味が、いつか必ず私たちの行動、制度、規範、信条、自己認識を変化させずにはおかないだろう。私がいいたいのは、遺伝子科学と技術に対する懸念の根源にあるのは、尊厳や人間性への挑戦だということだ。この最大の問題について、四つの側面から簡単に論じてみよう。

●「神を演ずること」

一見相反するようだが、人間性の喪失についての不安は、ときとして超人主義に対する恐怖として現れる。つまり、人間が「神を演ずる」という事態だ。科学者や無神論者にはこのような不安など取るにたりないかもしれないが、実は神を信じようと信じまいとこれは重要な問題なのである。その例を次にいくつか示そう。人間が、あるいは特定の誰かが生命の創造主となること。しかも個人の人間の創造主となること（体外受精やクローニング）。また、彼らがあらゆる存在の生死の価値を判断すること（遺伝子スクリーニングと中絶）——神の審判といわれるような道徳的見地からではなく、もっぱら身体的、遺伝的な見地によって。また、遺伝子の罪や障害からの救済という名目もある（遺伝子治療と遺伝子工学）。

人間が「神を演ずる」などという自惚《うぬぼ》れた表現は大げさすぎるというかもしれない（人間がいかに力を得ようとも、所詮せいぜい神を「演ずる」にすぎないのだ）。誰も他人に創造主や裁きの神としての権限を与えようなどと考えるわけがない、と笑う人もいるだろう。あるいは、病気や人々の苦しみを克服するために神の共同創造者として努力することは神学的にみても正当だ、という反論もあるだろう。しかし、もし科学者たちが造物主や裁きの神、救世主という、神のような役割を帯びるとき、（科学者ではない）一般人は、よるべなきみすぼらしい生き物として彼らの前に立たなければならない、ということを考えてみてほしい。いい方は大げさだったかもしれないが、真剣に考える価値はあろう。

出生前診断の専門家は、今のところは遺伝情報の断片を使っているだけだが、まもなくヒトゲノム解読計画によって遺伝情報の全貌を手にする。彼らはすでに、ダウン症から小人症にいたるまでの、さまざまな遺伝病や障害の長いリストの一つを検討している。そうした欠陥の一つでももっていようものなら、その胎児は生まれる価値がないと彼らは信じている。遺伝的病気を見つけ出し、優生学的に中絶するために広げた網からどういうわけか逃れ、たまたまそのような病気をもって生まれてきた人々は、「まちがって生まれてきた」、生まれてくるべきではなかった劣った人間とみなす風潮が強まっている（原註7）。そんなに昔のことではないが、私の大学で、ある医者が医学生たちと一緒に、二分脊椎〔訳註・発生初期の段階で、脊椎の椎弓癒合不全によって生じる先天性の疾患〕であること以外はごく普通の一〇歳の聡明な男の子のベッドのまわりを囲んでいたとき、「もしこの子が今、胎児だったら」と何気なく周囲の学生に言った。「中絶されていただろうな」誰が生き、誰が死ぬべきかを――遺伝形質の良し悪しによって――判断するという神のような力は、すでに遺伝子医学によって実現されている。その力は強まる一方だ。

●生命の製造業化と商品化

遺伝子テクノロジーは一生続く障害や生命にかかわる疾病に救いをもたらすではないか、と反論する人もいるだろう。それは大変結構だ。しかしそのような救済を実現するためには、遺伝子技術者たちは、単純なスクリーニングや削除の域をはるかに超える操作や介入を行わなければならないだろう。なるほど、ある場合には、遺伝子検査やリスク管理による予防措置が、実際のハイテク遺伝子治療の必要を減らすかもしれない。しかし多くの場合、遺伝子精査を行えば行うほど、必然的により多くの遺伝子操作の必要に迫られるだろう。さらに遺伝学者ベントリー・グラスの主張どおり、健康で立派な赤ん坊を作り出すとなれば、遺伝子増強を施された赤ん坊はいうにおよばず、新しい科学に基づいた産科学が必要になるだろう。それは、人間の生殖の製造業化に非常に近いものになるだろう。

このプロセスは体外受精という素朴な形ではじまった。今やそれは着床前の受精卵を試験管内でスクリーニングする技術（いわゆる着床前診断）によって大きく前進しようとしている。さらに、クローニングのような介入や、最終的には精密な遺伝子工学によって完成をみることになるだろう。現在実践されている論理や努力に漫然としたがっていけば、ついにはデザイナー・ベビー〔訳註・親の望みどおりの容貌、性格、能力をもって生まれてくるように遺伝子操作された子供のこと〕の世界にいたる——それは専制的な命令によってではなく、慈悲に満ちた人道主義によって実現する。一般市民はそれに声援を送りながらも、内心では自分たちが人間の作った最新型の製品になってしまうのではないかとおののいている。

「最高傑作」のみならず、単に遺伝的に健康な赤ん坊を作り出すためだけでも、その代償として、生殖を家庭から研究室へ売り渡さなければならない、という譲渡証書になるだろう。これはそういうことなのだ。製品の管理を強化することは、プロセス全体を非個人化し、同時に製造業化してゆくことでしか得られないだろう。その結果生まれた子供たちが遺伝的にいかに優れていて健康であっても、そのような処理過程は著しい非人間化の進行をもたらすだろう。さらに、この分野に影響を与えることが確実な、大きな経済的利益があることを忘れてはならない。これによって、発生期の人間の生命の商品化には歯止めがかからなくなるだろう。

●基準、規範、目的

創世記によると、神は創造の際、その造り給うたものを見て「よし」とされた——神によって創造されたものは、瑕《きず》がなく、完全で、よく動き、彼らの造物主の考えに忠実であった。では、遺伝子工学の場合はどんな基準によって導かれるのだろうか。

それは今のところ、「健康の規範」であるといえるかもしれない。しかし、「遺伝子改良者」が登場する以前から、健康についての基準は崩されつつあった。もし、今は症状がないものの、将来必ずハンチントン病を発症させる遺伝子をもっていたら、あるいは糖尿病、乳がん、心臓冠動脈疾患になる遺伝子をもっていたら、自分は健康といえるだろうか？ また、たとえばアルツハイマー病の出現に関係する遺伝標識の四〇パーセントをもっているとしたら？ 自分にアルコール依存症、麻薬乱用、男色、暴力などの遺伝的傾向があると知ったら、「健康」や「正常」はどんな意味をもつことになるのだろうか（原註8）。健康の概念は、たちどころに壮大かつ曖昧なものになってしまう。すなわち、従来は精神や道徳の問題であったことを医学化してしまうと、逆説的なことに、健康という概念の明確な基準の消失が起こる。

遺伝子「増強」が実現すると、人間の健康、完全性、適性といった基準が今まで以上に求められるが、まさにその実現の瞬間にあらゆる「基準」なるものが消え去ってしまうことになるだろう。遺伝子の「増強」という言葉は「改良」を婉曲に表現したものだが、改良という概念には、よい、よりよい、おそらくは最良といった意味までが必然的に含まれている。従来は不動のものであった人間の本質が善悪の判断基準にならないのなら、何が「改良」なのか誰にわかるのだろう？ どのような自分が好きか、ということから推定できるという主張は成りたつまい。記憶力が望ましいものだからといって、あとどれくらい記憶力があればいいなんてわかるのだろうか。性欲が望ましいものだとしたら、どれくらいあればいいのか。命が大事なら、われわれの寿命はどれくらい延ばすのがいいのか。こんな質問なら簡単に答えられると信じられるのは、よほど単純な人間だけだろう（原註9）。

もっと控えめな「改良者」、つまり穏健派の遺伝子治療医や技師のような人々は大仰な目標を避けるものだ。彼らは病気を問題にしているのであって、優生学推進論者ではない。彼らは何か究極の理想を追い求めているのではなく、病気、苦痛、苦悩、死にかかわるものなど、悪を排除しようとしているのだ。しかし、惑わされてはいけない。この「悪の排除」に隠されているものは、痛みも、苦しみもない、そして最終的には死もないというなかば救世主的な理想にほかならない。このような目的の存在こそ、あらゆる反対意見を排除して医学が容赦なく進軍することを正当化する。このような目的こそ、「病気を治し、苦しみから救う」という原則に力を授ける道徳の切り札となる。

「では、クローン人間作りは非倫理的、非人間的なのか？　気にすることはない。不妊治療、遺伝性疾患の予防、臓器移植用の完璧な素材に役立つではないか」これは実際のところ、一九九七年六月に出された国家生命倫理諮問委員会の報告『ヒトに関するクローニングについて』の原文の写しである。クローン人間の一時的全面禁止を求めたものの、委員会が示した唯一の道徳的見地からの反対理由は、クローニングは「現時点ではヒトに対する利用の安全性は確立されていない」、なぜなら技術が未完成だから、というものだった（原註10）。言い換えれば、この優秀な倫理委員会をもってしても、クローニングに期待される健康上の利益を放棄するに足りるだけの、倫理的理由をこれ以外に見いだすことはできなかったのだ（原註11）。

ヒト胚を実験のために作って育てたり、移植用臓器の供給を増やすために死の定義を変えたり、動物の腹腔内でヒトの身体の一部を育てたり、生物学的に有効に使える素材にするため死亡直後の遺体から血液を洗い流したり、遺伝子工学や神経生物工学によって人間の体や心を再プログラミングしたりといった行為も、同じ論旨で正当化されるだろう。人間の寿命を延ばし、苦痛を取り除くのであれば、誰が反対論を貫けるだろうか?

結局、穏健派の生物発生工学者であっても、自覚していようといまいと、不死のビジネスに参加しており、ほとんど宗教的な信条にのっとって前進している。すなわち、あらゆる革新を進歩と位置づけ、その達成にいかなる犠牲をはらおうと問題にはならないと信じているのである。

●成功の悲劇

遺伝子工学の信徒は、彼らのユートピア計画が、実は苦しみを除去するのではなく、単に別の苦しみに差し替えるだけだということを認めない。人が満ち足りるための条件は、欲望が能力を超えないことであるということを忘れ、最近五〇年間の長足の進歩をもってしても医療が現代人を満足させられていない事実に、目を向けようとしない。実際、私たちは医療分野への期待の高まりの裏で、世間の不満がかなりくすぶっていることを知っている。人々の実際の健康状態はここ何十年かで大幅に改善しているが、人々が健康の現状について抱く「満足感」は変わらないか、あるいは低下した。しかし、これは医学や人道の名のもとに行われた企てにおいて、成功のために支払った代償のなかでは小さいものだ。

オルダス・ハクスリーがその予言的作品『すばらしい新世界』のなかで明らかにしたとおり、バイオテクノロジーで舗装した道を人道主義的情熱でつき進んでいけば、その道の果てにあるのは人間の満足ではなく、人間の基盤喪失である。肉体の完成の代償は精神の停滞である。愛着や達成感がもたらす人間らしい喜びや悲しみは、薬物による人工的な快感にとってかわられる。生殖は「製造」となり、家族の絆は失われ、人々は無意味な仕事と無意味な娯楽に時間を費やす。トルストイが「実人生」と呼ぶところのもの——直接的で、鮮明で、大地に根ざした営み——は、完全に操作され、実りのない、孤立したものにおきかえられていく。ひとことでいえば、それは非人間化である。自然を人間の財産と考え、その解放のために「自然を征服」することを究極の目標にすえるだけでなく、それこそ人間の性質の根幹だとしてしまったことからくる必然的結果なのだ。

神から物を黄金に変える力を授けてもらったミダス王のように、生体工学処理された人間も、望みどおりのものを手に入れたことで呪いをうけるだろう。やがて、それが実は自分が真に求めていたものではなかったことに気づくだろう——悲しいかな遅すぎるが。ミダス王よりも悪いことに、生体工学処理された人間は完全な者になろうとの欲望にとりつかれて、自分がもう真の意味で人間ではなくなっていることにすら気づかないほど、非人間的になってしまうかもしれないのだ。哲学者バートランド・ラッセルの言葉に基づいて言うなら、「技術的人道主義はゆっくりと煮立ってゆく風呂のようなもので、いつ悲鳴をあげたらいいのかわからない」のである。

今問題にしているのは、あれこれと想像されたシナリオのどれが当たっていて、どれがまちがっているか、ということではない。たしかに、これらはすべて推測の域を出ない。私は自分の最悪の予想が的中するなどと断言はできない。しかし誰であれ、予想が外れると断言することもできないはずだ。ポイントは、遺伝子テクノロジーについて起こりそうな事態を考えることだ。考える「知恵」をもつといってもいい。このテクノロジーを（第一章で述べた）あらゆる技術的冒険と同じように、成功と失敗は凹凸と同じく表裏一体となって育っていくものだとした、悲劇に関する古代の深甚な思想に照らし合わせながら考えてみることだ。遺伝子テクノロジーを用いて人間の生命にアプローチする方法は、現代思想とその科学部門がかかげるユートピア的な約束や完全主義的な目標に基づいて推進されているが、それが避けがたく、英雄的ではあるが、絶望的でもあることが、いずれ必ず明らかになるだろう。もしこの予想があたっているなら、遺伝子技術をめぐって問われるべきは、「勝利かしからずんば悲劇か」ではない。答えは「どちらもともに」なのだから——必然的に。

生命をテクノロジー的にあつかい、それを生命の「あり方」にしてしまうことは悲劇だといっても、「私たちの」人生まで必然的に悲劇になってしまうということではない。繰り返すが、すべてはテクノロジーの性質にまかせて行きつくところまで行ってしまうのか、それとも制御して、知的、精神的、倫理的、政治的なルールの下に置くことができるのかにかかっている。しかし残念ながら、現在までのところ事態は楽観できない。今日の社会がもつ知的、精神的、道徳的財産は、市民が苦労して獲得し、長く保ち続けてきた伝統の遺産なのだが、それが今や打ち負かされようとしている——その最大の原因は、現代科学の発見によって、その遺産に疑いが突きつけられていることにある。テクノロジーは厄介な倫理的ジレンマをもたらすが、科学的概念の下に潜むものは、私たちの倫理の基盤そのものに疑問を投げかける。

一九世紀から二〇世紀の初頭に、この論争は、聖書信仰に敵対するダーウィン主義という形で生じた。闘いをはじめたのは科学者の側というよりは、脅威を感じとった正統教義の擁護者の側だった。現代では、脅威をもたらしているのは分子生物学や、行動遺伝学、進化心理学であり、生命現象や人間のすべてについて、還元主義的な説明でこと足れりとする科学者たちの自信過剰が問題をあおっている。「人間が神の似姿に創られた」ことなど気にするな、と彼らは言うだろう。人間は分子の集まりにすぎず、進化の一段階の偶然の産物であり、意識のない宇宙のなかにあって意識があるという点で少々変わっている存在だけれども、基本的には他の生物や無生物となんら異ならないという、生物学の予言めいた公然たる主張の前には、人間の生命や人間の善性についての「人間主義的な」気高い価値観は太刀打ちできないのだろうか？　生命の本質はDNAだとする「利己的な遺伝子」（もしくは「利他主義の遺伝子」と言い換えてもよい）の還元主義的な概念（訳註・リチャード・ドーキンスの同名の著作より。「遺伝子の利己性」という概念を打ち出し、その視点から個体の利己主義と利他主義を論じた）や、人間のあらゆる行動や豊かな内面世界は種の保存と生殖の成功への貢献という点からのみ知的に解明できるとする教えの前で、私たちの宝である自由と尊厳の理念を守ることはできるのだろうか？

社会学者のハワード・ケイがいうように、

四〇年以上にわたって、我々は生物学的かつ文化的な革命のなかで生きてきた。だが、ドナー精子を使った人工授精、体外受精、代理出産、遺伝子操作、クローニングなどの革新は、単にテクノロジーの支流にすぎない。目的においても影響度においても、この革命が完成するときには、人間としての自己認識や正しい人生の本質や目的についての理解が、根本的に変わることになるだろう。フランシス・クリック、ジャック・モノ、E・O・ウィルソン、リチャード・ドーキンスらの生物学的預言者や、人種、性別、民族性の本質的要素を声高に主張する人道主義者、社会科学者たちに促されて、我々は自らを文化的、道徳的存在から生物学的存在へと再定義しつつある。「GENES-R-US」（遺伝子・新生児スクリーニング資料センター）など遺伝教育研究所の純白にコーティングされた主張に猛爆撃されながら、そうした主張が我々の欠点や罪に与えてくれる赦《ゆる》しに感謝しながら、まったくあてにならない道徳や政治の解決策ではなく、願望を効率よく満たしてくれる技術的手段を使ったときの約束に魅せられながら、我々人間の本質は自己を複製する機械なのだと、進化の過程で生存と生殖を目的にデザインされて作られ、一時も休まず増え続ける遺伝子に駆り立てられているのだという概念にたどり着く（7）。

こうした概念の変換は、実際、多くの指導的な科学者や知識人に歓迎された。一九九七年には、クリック、ドーキンス、ウィルソンといった生物学者や、アイザイア・バーリン〔訳註・ロシア生まれの英国の哲学者、著述家（一九〇九―一九九七）〕、W・V・クワイン〔訳註・アメリカの論理学者、哲学者（一九〇八―二〇〇〇）〕、カート・ヴォネガット〔訳註・アメリカの作家（一九二二―）〕といった人道主義者など、国際ヒューマニズム・アカデミーの著名メンバーたちが、高等哺乳類や人間のクローニング研究を擁護する声明を発表した。これらの理由は、何をかいわんやというものであった。

ヒト・クローニングが引きおこす道徳的問題とは何だろうか。ある世界的な宗教は、人間は他の哺乳類と根本的に異なると教える――人類だけが永遠の霊魂のよき力で満たされており、他の生物とは比べられない価値をもっている、と。人間の本質はほかに類がなく、神聖だ、と。この「本質」を変化させかねない危険をはらんでいるように見える科学的進歩は怒りをもって反対される（……）「しかしながら」科学的探究が判定できるかぎりにおいて（……）人間の能力と他の高等哺乳類に見られる能力との違いは、程度の差であって、質の差ではない。人間性の豊富なレパートリーである、思考、感情、欲求、そして希望などは、脳の電気化学的過程によって生じているのであって、いかなる装置をもってしても解明できない非物質的な存在である霊魂から来ているのではないようだ（……）人類という種族の過去に根ざす人間の本質についての見解をもって、クローニングに倫理的判断をくだす際の最重要基準とすべきではないだろう（……）古代の神学的疑念がクローニング反対のラダイト運動〔訳註・産業革命時代に起きた改革反対運動〕を引きおこすとすれば、それは悲劇である(8)。

この知識人たちは、現在の研究の継続を正当化するために、伝統的な宗教的価値観だけでなく、彼ら自身も含めて人間には特別な価値や尊厳があるという「いっさいの」価値観を進んで捨て去ったのだ。彼らは、自らが賞賛している科学主義的人間観が、私たち人間の「はかなさ」を侮辱するだけにとどまらないことを見落としている。それは、自由で、思慮深く、責任ある存在、多くの動物のなかにあって唯一精神と心をもっていて、単なる遺伝子の保存以上の価値をめざすことができる尊敬すべき存在としての私たちの自己認識を侵食してしまうのだ。そして同様に、私たちの文明、行動、社会といったものを――科学的活動そのものを含め――支えている信念を蝕むのだ。

私たちは何のために、人間の思考の「豊富なレパートリー」を急進的な還元主義にあてはめて理解し、「彼ら自身の」脳の電気化学的な過程の結果にすぎない主張を聞いて、それを自分の思考よりも正しいものだと進んで受け入れなければならないのか？　自分自身で正しい道を選び、自分自身がまちがいを犯す。人間の自由と尊厳にほかならないこのことも、魂が化学物質に還元されてしまえば、やがて空虚な概念になってしまうだろう。

科学的進歩ほどではないが、科学以外に真実を認めない浅薄な哲学や、生物学的預言者たちの傲慢な主張にも問題がある。たとえば、有名な進化心理学者で一般にもよく知られているスティーブン・ピンカーは、彼の著書『心の仕組み』の書評を書いた編集者に反論する小文を送り、そのなかで人間の霊魂についての主張をことごとく否定した。

その説に対しては残念ながら、脳科学によって人間の精神は脳の活動だということが示されている。霊魂は物質的な存在ではないと考えられているが、実はナイフで分断したり、化学物質で変化させたり、電気的に活動させたり停止させたり、鋭い衝撃や酸素欠乏で沈黙させたりすることのできるものなのだ。何世紀も前、地球は宇宙の中心にあって動かないという教義を道徳の基礎にすえたが、それは賢明ではなかった。霊魂は神からの賜物だという教義を道徳の基礎にすえることもまた、現代にあっては同じく賢明ではないだろう(9)。

ピンカーの傲慢さと浅薄さはどちらも負けず劣らずひどいものだ。ピンカーは科学の権威をまとって発言しているため、彼の専門の土俵で彼と論争する気力と能力を兼ねそなえた者はほとんどいない。ここにあげたような還元主義、物質主義、あるいは決定論に目新しいものは一つもない。どれも大昔にソクラテスが論破したものばかりだ。新しいのは、それが科学の進歩に裏づけられた哲学のように(多くの人には)見えることだ(原註12)。結局、科学の進歩がもたらす危険のなかでもっとも有害で、現在または将来行われる実際の操作や技術などよりも非人間化を進めるのは、人間とは高貴で、尊厳があり、貴重で、神性を帯びたものだという価値観が永遠に失われて、人間もまた他の生物と変わらない存在でしかなく、技術的に操作したり均質化したりできる対象なのだという考え方にとってかわられてしまうことだろう。

かくして、私たちは未曾有の道徳的危機にある。指標もなく荒れた海を漂っている。なぜなら、私たちは人間の本質についてのある種の見解にはまりこみすぎて、巨大な力は授けられたものの、それと同時に、力の使用法を示す不変の基準につながるものを次々と奪われているからだ。しっかりした装備はもっているのに、自分が何者で、どこに行くのかわからない。自然がもたらす不確実性との戦いに、自分たちに関係のある領域では勝利したものの、悲劇的なことに、自分たちの気まぐれや適当な意見がもたらす不確実性は増え続けていく。機関ばかりか機関士までも細工して、目的地もわからないまま機関車のスピードをあげている。この苦境に気づいていないこと自体、科学の進歩への心酔や、人道主義的な衝動の充足を無批判に肯定することが、いかに浸透しているかの証である。

それでは、私は（科学の進歩よりも）無知や、苦しみや、死のほうを選ぶのだろうか？　遺伝子テクノロジーというガチョウを、金の卵を生む前に殺すことに賛成するのだろうか？　もちろんそんなことはない。しかし、勇気をもって四方をよく見渡し、生命医学テクノロジーや遺伝子工学の新たな進展の人間的意義をじゅうぶんに考え抜かなければ、人間は遺伝子テクノロジーの作り出す製品になるか、奴隷になる運命が待っている。道徳の限界をここに設定したり、あそこに規制を加えたりすることも大切だが、それに望めるのはあちこちの支流の氾濫を食い止めることくらいでしかなく、より大切なのは洪水そのものの本質と真の意味について真剣に考えることである。

勢いづいた新生物学者たちや彼らにしたがう技術者たちを納得させることは、どうみても無理だ。彼らには才能があるにもかかわらず、人間が人間の命を守り続けるための知識にいたるような英知を探し求めることすらしないだろう。しかし、ほかの者にとっては、用心すべき危険――プライバシーや保険が適用できるかということだけではなく、人間性そのものについても――に気づくのに遅すぎることはない。それに気づけば、私たちは、遺伝子テクノロジーが必然的にもたらす大きい利益を収穫し続けながらも、加速度的に消えうせようとしている、人間の尊厳のかすかな痕跡や本質をよりよく守ることができるかもしれない。

＊原註1（一六〇ページ）——また、生命に対する科学者たちの還元主義的な理解や、豊かな生命活動を単なる遺伝子（およびその他の生命をもたない分子）の相互作用の点からとらえる方法についても、論じるつもりはない。しかしながら、本章の終わりのほうで、そうした還元主義の道徳的意味について検討する。

＊原註2（一六一ページ）——論説者のなかには、この議論に反論する際、人間がこれまで千年間続けてきた行動と遺伝子テクノロジーとの違いは、単に程度の差だけだと主張する人もいる。たとえば、言説や象徴的な行為を通じて次世代に働きかける教育の「社会工学」と、人間の構造に直接的かつ不可逆的に影響を刻みつける「生体工学」のあいだにも、彼らは違いを認めない。また、伴侶の選択による間接的な遺伝子の影響と、正確な生物学的能力をもった子供を作る目的で行う意図的かつ直接的な遺伝子工学のあいだにも、違いを認めない。

恐ろしいことに、こういった主張は、すでに人間の生命と世代間の関係についての還元主義的な見解を受け入れている。彼らは子供を、私たちが「善」の観点から話をしたり手本を見せたりしながら責任をもって人間性を教えていくべき贈り物としてではなく、私たちの主観的な偏見だけに基づき、身体を操作することで質を決定しうる生産物だと表現する。教育とは精神を介して、つまり言説や行為によって伝達される「意味」（必然的に形がない）を介して機能するものであることに、彼らは気づいていない。そしてまた、ほとんどの人は種馬の飼育と同じ理由から配偶者を選んでいるのではないという事実を無視している。配偶者を選ぶとき、遺伝するかもしれないことに注意をはらうにしろ、人々は、性格、好み、相手が人生で大切にしていること、望んでいることに関心を向けるのであり、単に道徳的な中立性とか遺伝的に決定づけられた能力のみを問題にしているのではない。「人間」の子供を養育する場合は、後者よりも前者のほうが大切なのである。

＊原註3（一六二ページ）——遺伝的に異常な卵子や精子すなわち生殖細胞の修正は、たとえ実施する価値があるとしても、「治療」の意味を通常の適用範囲外まで広げてしまう。いったい「治療」される「患者」とは誰なのか？　そのような卵子あるいは精子から形成される可能性のある胎児の存在は、治療の時点では、せいぜい単なる希望や仮定にすぎない。存在しない患者の治療に類する医療行為は成りたたない。

＊原註4（一六三ページ）——たしかに、能力増強におけるすべての試みが遺伝子変化を必要とするわけではないだろ

う。たとえば成長ホルモンの補足的投与によって身長が伸びること、ステロイドや「血液ドーピング」によって運動能力が高まることなどは周知のとおりである。とはいえ、「一般人」でいちばん行われる可能性が高い改変は、遺伝子変化の助けを借りるか、機械（たとえばコンピュータ）を人間に接続させるか、そのどちらかだろう。

*原註5（一六四ページ）――これらの問題が、遺伝子テクノロジーとヒトゲノム解読計画にかかわる重要問題の筆頭にあげられているのは、おかしなことだと思う。医学的状況に関連したプライバシーや差別の危険性の問題は、その医学的状況が遺伝するものなのかどうかとは、まったく関係がない。その遺伝性疾患であることが非常な不名誉になる場合のみ――たとえばサラセミアや鎌状赤血球貧血〔訳註・いずれも遺伝子の異常による先天性の貧血〕であることが、淋病や肺がんよりも恥となる場合のみ、その疾患の遺伝的特徴は、職場における守秘義務違反や差別違反から守られる対象として特別もしくは補足的な理由をもつことになるだろう。しかしながら、遺伝性疾患をもつ患者には、秘密性と発覚という特別な問題が生じるのも事実だろう。なぜなら、遺伝していくという病気の性質のため、患者の親族も同じように被害をこうむるかもしれないからである。患者のプライバシーの権利への圧力になるかもしれないが、親族には「知る必要性」があるともいえる。だが、ここでも、そのような情報を知らされることが家庭内にトラブルを引きおこす可能性のほうが、プライバシーへの脅威をはるかにしのぐ。

*原註6（一六六ページ）――九月一一日の出来事とそれに続く炭疽菌による脅迫事件が起こるまで、彼らはさほど心配していなかった。遺伝子テクノロジーに関する生命倫理学的議論のほとんどが、これを使えば生物兵器を作り出せる事実を無邪気に見過ごしていることは驚きといえる。たとえば、抗生物質耐性の伝染性細菌からはじまって、がん誘発性もしくは精神攪乱性ウイルス・ベクターの噴霧にいたるまで。超一流の分子遺伝学者たちは、とりわけこの分野への意識が低かった。一九七五年、アメリカの分子生物学者が組み換えDNA研究に関するアシロマ会議を開催し、この席上で、生物災害の評価が行われるまで実験を自発的に中止する動議が出された。ところが彼らは、発言などはほとんどせずに発表されたスライドの写真をひたすら撮り続けるようなソビエトの生物学者を、この会議に招待していたのである。

*原註7（一七一ページ）――一九七〇年代初頭、私はある小論でこの問題について検討した。その“Perfect Babies:

Pre-Natal Diagnosis and the Equal Right to Life" は、拙著 *Towards a More Natural Science: Biology and Human Affairs* (New York: The Free Press, 1985) の第三章に所収してある。新しい遺伝学による神のような力の、もっとも厄介でありがたくない一面は、遺伝子の観点から人間を定義し直そうという風潮だ。遺伝形質だけで人間を割り切ってしまうことは、遺伝的な罪ゆえに生きるに値しないと決めつけることと紙一重の差しかない。

*原註8（一七三ページ）――多くの科学者が、さまざまな問題行動にはそれぞれなんらかの遺伝的傾向があると疑っているが、ある特定の「問題行動Xを起こす遺伝子」などというものが存在しないことにはほとんど疑問の余地はない。

*原註9（一七四ページ）――このことは私に、積極的優生学のもつ深刻な問題について気づかせてくれた。自然からの強制力の度合いが薄くなるほど、自分たちは遺伝子操作で人類を「改良」できるほど賢いと考える者が増えてくるのである。

*原註10（一七四ページ）――国家生命倫理諮問委員会の報告『ヒトのクローニングについて』、一九九七年、iiiより。もちろんこれは、クローニング自体にではなく、子供の複製を作る技術にともなうさまざまな危険に対して反対を表明したものだ。クローニングに対するより総合的かつ広範な評価については第五章を参照されたい。

*原註11（一七四ページ）――最近急速に喧伝されている別の主張については言及をさしひかえる。科学者が属しているバイオテクノロジー企業と株主の利益が増加していくと、議論はしばしば公的な化粧を施される。自分たちがやらなければ、他国がやるだろうし、そうなったら私たちはバイオテクノロジーの競争力を失ってしまう、というのである。

*原註12（一八一ページ）――いうまでもなく、私はこのような人間観には与しない。逆に、形、全体像、意識、食欲、目的をもった行動など、物質の動きやDNAに還元できない要素に言及しなければ、動物についてでさえも真実を語ることはできないだろう、と考えている（第一〇章参照）。しかし、文化に対する科学的物質主義や還元主義の影響力はまちがいなく増え続けている。

仮説をたて発見していくという手段として有用な科学的物質主義の考え方は、新世代の生物学的預言者たちによって、人間の生命に関する唯一の説明としてさかんに売り出されている。つまり彼らは、生命への還元主義的アプローチから得られる力の証拠として、それを引き合いに出すのである。ほとんどの素人は、物質主義に対抗できる科学的選択肢を知らないので、これらの浅薄で魂の欠けた言説を鵜呑みにし、オウム返しするようになる。なぜなら、私が述べたように、それは「科学的進歩に飾られて見える」からだ。その結果、人間の自己理解やよき人生についてのあらゆる高邁な思想は、ひどく損なわれてしまうだろう。

第五章　クローニングと人間後《ポスト・ヒューマン》の未来

人間後《ポスト・ヒューマン》の世界を選択するか否かについて、信任投票で結論を出そうとしない私たちは、生物学の行きつく先に広がる世界をコントロールしようとする際、少なからず困難に直面する。その世界をもたらす科学的な発見や先端技術は、断片的に、一つずつ、一見それぞれが無関係に現れ、「(人類を)病から救う」ための手段として歓迎されているように見える。

だが、ときに私たちは、決断をくだす曲がり角にさしかかる。その決断しだいで、人間は、それまでと異なる世界——二度と後戻りできない、まったく異なる世界に足を踏み入れることになる。幸いにも、私たちは今、まさにその重大な曲がり角に立っている。さまざまな出来事を経て、私たちは、そのイニシアティブを握り、生物工学の企てを多少なりともコントロールする機会を得るにいたった。すなわちそれは、オルダス・ハクスリーの小説世界の要となる手法、クローン人間創造の可能性に関してである。事実、研究室のなかで行われる生命の創造と操作は、小説のみならず現実世界においても、「すばらしい新世界」への扉を開こうとしている。

クローン人間の創造への準備

クローニングが初めて世間の注目を集めたのは、約三五年前、イギリスで、核移植技術によるオタマジャクシの無性生殖が成功したあとのことだ。クローン人間誕生の可能性を世間に知らしめた功労者は、広い視野の持ち主であり、ノーベル生理医学賞を受賞した遺伝学者ジョシュア・レーダーバーグである。一九六六年の『アメリカン・ナチュラリスト』誌に寄せた優れた論文で、クローン人間の創造やその他の遺伝子工学の手法の優生学的な利点について詳述したレーダーバーグは、『ワシントン・ポスト』紙に連載中の科学や社会に関するコラムのなかで、クローン人間への期待について語り、それが、人間の生殖を支配する予測不可能な多様性を克服し、優れた不滅の遺伝形質の恩恵にあずかるための一助になるのではないかと述べた。彼の論文や記事は、ごく一部の人々のあいだで反響を呼んだ。当時、国立衛生研究所（ＮＩＨ）で分子生物学を研究していた私は、その記事への投書を送り、重大な道徳的問題を反道徳的に論じたレーダーバーグに異議を唱え、早急に新聞紙上で議論を戦わせるべきだと主張し、「プログラム化された人間の生殖は、人間から人間性を奪うことになる」と提言した。

クローニングに関するこの紙上討論をきっかけに、やがて私は、生物学を離れ、クローニングが人間の生き方にとって何を意味するのかを熟考する人生を歩むことになる。初期の著作のなかで(1)、私は体外受精とクローニング――いずれもまだ行われていなかったが――という、倫理上の問題についてそれぞれ詳細に論じ、これらの問題は、発展の一途をたどる技術とひきかえに、私たちが人間性と尊厳というコインを通行税として支払う「滑りやすい坂道」に作りつけられた階段であり、私たちが支払う最大の代償は、個々の人間におよぼす具体的な危害ではなく、人間の生活の繁栄の核として長きにわたって認められてきたさまざまな概念、習慣、制度を支える土台の腐食だと主張した。

この三五年間、技術的、文化的に、実に多くの出来事があり、なかには、道徳上の善悪の判断がつかないこともあった。だが、これだけははっきりしている――私たちは、すでに代償を払いはじめているのだ。クローン人間作製の真の意味を見極めることは、次第に困難になっている。クローン人間の話題は、映画や漫画だけでなく、ときには深刻な場合もあるが、たいがいは楽観的な論調でメディアにとりあげられているので、人間のクローニングに対する私たちの態度もやや軟化してきた。体外受精だけでなく、胚操作、胚の提供、代理出産、着床前遺伝子診断といった人間の生殖にかかわる新しい手法も身近なものになってきた。動物のバイオテクノロジーの分野ではすでに形質転換動物が誕生し、めざましい進歩を続ける遺伝子工学が人間に応用される日も遠からずやってくるだろう。

さらに重要なのは、広がりつつある文化の変容によって、性的特質《セクシュアリティ》、生殖、初期の生命、家族、母性と父性の意味、世代と世代の絆に対する敬意に満ちた共通の理解を示すことがきわめて困難になっていることだ。三〇年前、中絶は多くの国で不道徳な違法行為とみなされ、ピルの婚外使用によってもたらされた性革命〔訳註・一九六〇―七〇年代を中心に生じた、性意識・性行動の変化。既存の道徳基準にとらわれずに性を解放することをめざした〕は産声をあげたばかりで、独身女性や同性愛者の生殖の「権利」の知名度はないに等しかった。（恥ずかしげもなく自分の近親相姦を綴った自伝などもちろんだが！）

当時の私はためらうことなく、新しい生殖技術――セックスを介さずに生まれる子供や、通常の血縁関係の混乱（真の母親は卵子の提供者《ドナー》なのか、子供を子宮に宿して分娩する代理母なのか、はたまた育ての母なのか？）は、「生物学上の親が一夫一婦制の結婚にもたらす正当性と支柱を揺るがす」

ことになるのではないかと主張した。今日、一夫一婦制の結婚の擁護者たちは、「それ以外の新しい家族形態」を営む人々や、たとえ補助生殖の恩恵にあずからなくても、三人以上の親、ないしは二人未満の親をもつ子供たちの怒りを買うリスクを背負っている。しかも、これらの問題に関する一夫一婦制の主張が、三〇年前には文明社会の英知の中枢であるとほぼ全世界的にみなされていたことを謝罪しなければならないのだ。かつて当然とされた自然界の境界線が、技術の変化によってぼやけ、道徳の境界線を容易に動かしうる今日の世界において、説得力をもってクローン人間の作製に反対することは、ますます困難になっている。

クローン羊ドリーの誕生のニュースの直後に巻きおこった議論のなかで、もっとも憂うべき特徴は、「乳房から羊を作る方法」(『ネイチャー』誌)(訳註・ドリーのクローニングは乳腺細胞から行われた)、「クローニングの新たな局面に投資するのは誰か?」(『ウォールストリート・ジャーナル』紙)、「クローニングはそんなに悪いこと?」(『シカゴ・トリビューン』紙)といった、各メディアに共通して見られる皮肉な論調と道徳的な関心の薄れだった。そして、三〇年前にクローン人間作りに対して道徳的な見地から強硬に異議を唱えていたテオドシウス・ドブジャンスキー(遺伝学者)、ハンス・ヨナス(哲学者)、ポール・ラムジー(神学者)といった思慮深く勇敢な識者たちは姿を消した。今日、私たちはこのような議論にうんざりして、絶対主義者の見地はもちろんのこと、道徳的な見地からも公然と意見を交わそうとはしない。誰もが——あるいは、大半の人々が——ポストモダニストになってしまったのだ。

クローニングは、来るべき新たな時代において大勢を占めるであろう意見を、見事に表したものになりつつある。性革命によって、実践の面で、そして徐々に思考の面でも、人間の性的特質自体に内在する生殖の意義を否定できるようになった。だが、セックスが子供を生むことに本質的なかかわりをもたなくなれば、子供は性と無関係に存在することになる。フェミニズムと同性愛者の権利を求める運動によって、次第に、男女の生まれつきの性差と優位性を「文化的な構造」の問題としてとらえることを迫られるようになった。だが、男性と女性が互いに補完しあう基準としての存在ではなく、生殖面で重要な存在でもないとすれば、子供が精子と卵子の結合によって生まれる必要はない。離婚が増加し、社会的に受け入れられるようになったために、安定した一夫一婦制の結婚が子供をもうけるのに理想的な家庭像であるという考え方は、もはや万人が認める文化的な基準ではない。こうした新たな摂理によって、クローン人間は理想の象徴、究極の「片親の子供」となったのである。

大多数の人々がクローニングへの反対を公言しているにもかかわらず、現在私たちが生きている「道徳後《ポストモラル》」の時代の環境に、クローニングによって生まれた子供がしっくりおさまることについては、誰も気づいていないし認めようともしない。すべての子供たちは「望まれて」生まれるべきだという信念（避妊と中絶を正当化する際に使われる「高潔な」道徳基準）のおかげで、遅かれ早かれ、私たちの希望にかなう子供たちだけが無条件に受け入れられる時代がやってくるだろう。クローニングによって私たちは、自らの希望と意思を子供のアイデンティティに反映させ、かつてないほど強力に支配権を行使できるようになる。現代の個人主義の概念と文化変容の進展のおかげで、私たちは自分自身を祖先とつながりをもつ、伝統によって特徴づけられた存在としてではなく、自己創造の企てとしてとらえ、自力で成長する人間としてだけではなく、人造人間として認識している。自己のクローニングは、このような根無し草的でナルシシスティックな自己の再創造の延長にすぎないのだ。

過去への恩義を認めようとせず、未来の不確実性や限界を受け入れようとしない私たちは、そのいずれに対しても誤った関係を築いている。クローニングは、制約から自由になって未来を完全にコントロールしたいという私たちの欲望を具現化する。テクノロジーの魔力に魅せられ、虜《とりこ》になった私たちは、自然と生命の深い神秘に対する畏敬の念と好奇心を失ってしまった。嬉々として、人間の生命のはじまりを自分の手に委ね、ニーチェの「最後の人間」（六六ページ参照）のように、得意げにまばたきするのだ〔訳註・『ツァラトゥストラはかく語りき』の「われわれは幸福を発明した。最後の人々はそういってまばたきする」の一節より〕。

私たちの自己満足の原因の一端は、不幸にも、生命倫理学そのものと、そして生命倫理学がこれらの道徳的な問題にかかわる専門知識を有するという主張にある。もともと生命倫理学は、最先端の生物学が人間性のいちばん奥深くに潜む問題、肉体の完全性、アイデンティティと個性、血のつながりと家系、自由と自制、性愛と願望、肉体と魂の関係と葛藤にかかわり、それを脅かすことを懸念する人々によって生み出されたものだ。だが、分析哲学による理解と、避けては通れない慣例化と専門化によって、この分野は新たなテクノロジーの発達に呼応し、次々に浮上する公共政策の問題をはらみながら、往々にして道徳的な議論を小難しく分析することに甘んじてしまい、そのすべてが、私たちがおそれる邪悪な事柄は同情と規制と自律性の尊重によって回避できるという幼稚な思いこみによって片づけられてきた。たしかに生命倫理学は、人類を守るために、さらには、個人の自由が脅かされている他の分野において、多少なりとも寄与してきた。ところがごく一部の例外を除けば、この分野の専門家たちは、人類のゆゆしき問題を味の薄いオートミール粥に変えてしまったのだ。

その理由の一つは、徐々に構築された公共政策が、道徳に関する大きな問題を、細かい手続きの問題にまで矮小化してしまうことにある。アメリカを代表する生命倫理学者の多くは、国や州のさまざまな特別委員会や諮問委員会の委員をつとめており、いわずもがなではあるが、彼らはそういった場所においては、功利主義（リスクと利点を計測し、最大多数の最大幸福のために役立つ）こそが、法規制と公共政策を論じる人々が認めてくれる唯一の倫理的なボキャブラリーであることに気づいた。委員会の大半は、国立衛生研究所や保健社会福祉省、あるいは科学の進歩の強硬な提唱者が牛耳る組織の傘下にあり、生命倫理学者たちは、ある程度の「価値の解明」と罪悪感の表明をしたあとは、必然的運命を受け入れることにおおむね甘んじてしまうのだ。

実際、クローン人間を明確に擁護しているのは、科学者ではなく、生命倫理学者である。一九九七年、生命倫理諮問委員会がクローニングに関する報告書を作成した際、クローン人間に賛成を表明した二名はいずれも生命倫理学者で、彼らは、反対の立場をとる私たちの主張を、ばかげた懸念だと一蹴しようとやっきになっていた。もしこれが「倫理学者」の教義だとすれば、似通ったメンバーで構成される公的な委員会が、「他のすべての善良な人々は、よりよい健康と科学的進歩という名の神々に屈するはずだ」という誤解のもとであらゆる技術革新を追認する日和見主義的なパターンから逃れられるとは考えにくい。

生命倫理学者のあいだに混乱が見られた一方で、科学者たちはまったく逡巡しなかった。クローニングの企ては急速に進行した。「クローン人間を作るか否か」は、もはや非現実的な懸案事項ではない。羊、牛、マウス、豚、山羊、猫のクローニングの成功によって、今、私たちが、クローン人間作りを歓迎、あるいは黙認すべきなのかという重大な決断を迫られていることは火を見るよりも明らかだ。最近の新聞記事が信頼するに足るものだとすれば、高名な科学者や医者は、ごく近い将来、史上初のクローン人間を作る意向を示している。その動きは、すでに進行中だ。

例によってメディアは周囲をうろつき、私たちの好奇心をくすぐりながら、浮世離れしたニュースを身近な話題に転換することによって、クローン人間誕生の可能性に対する抵抗感をやわらげようとしている。クローン羊ドリーの誕生から五年のあいだに、クローン人間に対する論調は、「オエッ」という嫌悪感から「へえ」という軽い驚き、「凄い!」という感嘆、そしてついには、「別にいいじゃない」という感想へと変わっていった。著名な生命倫理学者の後押しによって、感覚的に物事をとらえたがるメディアは、「優生学的なクローニングは、すばらしい最高最良なものだ」という主張を軽々しくあつかってきた。彼らは、「ほかに選択肢がない」と言われる不妊に悩む夫婦を救い、重い遺伝病にかかるリスクを回避し、亡くなった子供の「身がわり」を求めるといった人道主義的、同情的な理由から、クローン技術による生殖を擁護する主張にすり寄るようになり、このようなごく一部の利益のために、クローン人間作製という行為、それがもたらす忌まわしい結果を黙認させようとしている。

だが、これはきわめて大きな賭けなので、私たちは、この重大な問題を目の前にして、決して安閑としてはいられない。部分的には既存の生殖技術の延長線上にあるとはいえ、クローン人間の作製は、それ自体が革新的な技術であり、とりわけ、最近のヒトゲノム解読計画の完了を受けて、遺伝的な「増強」と、近い将来可能になるであろう生殖細胞遺伝子の改変が組み合わさるとき、それがもたらす結果は容易に予測できる。多少、誇張に過ぎるかもしれないが、以下のような決断を迫られるようになるのはまちがいない――私たちは人間らしい人間の生殖をとどめておけるのか、赤ん坊は授かるのではなくオーダーメイドで手に入れるものになるのか、『すばらしい新世界』に描かれた、「人間をデザインする世界」に通じる道を歩むことを基本的によしとするのか。

たしかに、クローン人間の可能性は、このような決断をくだし、生物学の行き着く先をある程度コントロールするまたとない機会を私たちに与えてくれた。クローニングは、独立した明確な技術であり、高度な技術的ノウハウと熟練を必要とするので、それにたずさわる専門家は、その世界の著名人がほとんどだ。とはいえクローニングの需要はきわめて低いので、ほとんどの人が迷うことなく反対の立場をとっている。クローニングによる生殖を禁じたからといって、科学的、医学的に重要な知識が失われることはないだろう。それにとってかわる問題の少ない万人が認める手段を利用すれば、無性生殖のクローン人間作りから期待されるもっとも重要な医学的恩恵の一部は得られるだろう。現時点では、クローン人間への商業的な関心はきわめて限られており、世界各国が、それを禁止する方向に動いている。人間後《ポスト・ヒューマン》の世界へ向かって暴走を続ける列車のブレーキに手をかけ、尊厳ある人類の未来に方向転換させるには、今が最後のチャンスかもしれない。

最先端技術としてのクローニング

クローニングとは何か？　それはつまり無性生殖であり、既存の個体と遺伝的に同じ個体を作り出すことである。その手順には、「体細胞核移植」という大仰な呼び名がついているが、発想は単純だ。成熟した未受精の卵子を取り出し、その核を取り除くか機能を停止させ、かわりに成人の体細胞の核を移植する。卵子が分裂を開始したら、その小さな胚を女性の子宮に入れて妊娠させるというものだ。体細胞の遺伝因子はほぼすべて核のなかに含まれているので、核を移植された受精卵と、そこから成長する個体は、移植された核の提供者と同じ遺伝子をもつことになる。

遺伝的にまったく同一の個体を——個々の個体だけでなく、その全体も「クローン」と呼ぶ——核移植によって作ることができるのだ。原理的には、老若男女を問わず、どんな人間からも、無数のクローンを作ることができる。体細胞は冷凍すれば単独で保存できるので、故人のクローンを作ることも可能かもしれない。クローニングは、遺伝物質の提供者の個人的な関与を必要としないので、存命の個人または故人の同意なしに体細胞を利用することも可能だ。生殖の自由を脅かすおそれは、さほど重視されていない。

ここで、誤解を解いておかなければならないことがある。クローニングはコピーではない。ビル・クリントンのクローンは、遺伝子が同じでも、他の人間と同じように、髪も歯もない赤ん坊としてこの世に誕生し、おむつをつけて這いまわる。自然妊娠を経て生まれた双子も、クローン人間とは違う。成人のクローンとして生まれた子供は、成人と遺伝的に同じだが（原註1）、これは偶然の産物ではなく、計画的なデザインであり、その遺伝子構造は、両親と（もしくは）科学者があらかじめ選んだ材料によって作られたものだ。また、クローニングの成功率は、少なくとも最初のうちは、あまり高くはないだろう。クローン羊のドリーが誕生するまでに、スコットランドの科学者たちは二七七個の成体の核を羊の受精卵に移植し、二九個のクローン胚を得たが、その結果生まれたクローン羊はわずか一頭だった。彼らの多大な努力にもかかわらず、クローニングの動物実験で、成功率が三パーセントから四パーセントに達した例は一つもない。

したがって、少なくとも現時点では、クローニングが一気に普及するとは考えにくいし、近い将来にクローンの大量生産が現実化するおそれはない。卵子採取の手術、または、それよりもさらに困難な代理母の借り腹（あるいは貸し腹）のニーズに関していえば、費用も用途も限られるだろう。それでも、アメリカに三〇〇以上ある補助生殖クリニックを支える何万人もの人々や、すでに体外受精やその他の不妊治療を行っている人々にとって、クローニングは、とりたてて大騒ぎする必要のない選択肢になるだろう。クローン人間出産の計画を発表したケンタッキー州の生殖医療の専門家パノス・ザヴォスのもとには、失敗や子孫への悪影響のリスクを承知のうえでクローニングによる子供を望む人々から何千通もの電子メールが寄せられているという。

精子バンクや卵子バンクのように「核バンク」の商業的ニーズが高まり、有名なスポーツ選手や各界の著名人が、直筆サインやその他のあらゆる私物と同じように自分のDNAを商品化し、胚や生殖細胞遺伝子の遺伝子診断や遺伝子操作の技術が期待通りのレベルに到達し、「よりよい」赤ん坊を手に入れるために研究所の支援をより多く得られるようになり、これらすべてが現実になり、クローニングが認可されるようになれば、クローニングは生殖の選択の自由に基づく単なる治療の域を超えるものになるかもしれないのだ。

人間のクローニングへの期待が高まるなかで、クローン擁護者と提唱者たちは、感傷的で同情的なものから誇大なものにいたるまで、完璧なテクノロジーが利用できる可能性を明らかにしている。不妊に悩む夫婦に子供を授けたり、死にかけているか、もしくはすでに故人となった配偶者や子供の「身がわり」を授けたり、遺伝性疾患のリスクを避けたり、独身者や同性のカップルに生殖のチャンスを与えたり、移植に最適な遺伝子を同じくする生体や組織を確保したり、自分自身のそれを含め、自ら選んだ遺伝子をもつ子供を作ったり、すばらしい頭脳や能力や美貌をもった個人を複製して、「マイケルのような」子供を手に入れたり、遺伝なのか環境なのかという論争の調査対象にしたり、平時あるいは戦時中の特殊な共同事業（スパイも例外ではない）にふさわしい遺伝的に同じ人間を何組も作ったりすることが可能になるというのだ。遺伝形質は必ずしもその人間の運命を決めないが、そんなことはたいした問題ではないらしい。アメリカをはじめとする世界各国で、少なからず見込まれるユーザーたちは、クローニングを通じて「人間そのもの」を支配しようとする欲望に魅せられている。

このような将来予測から、私たちはどんな印象を受けるだろうか？　喜ばしいことは何ひとつない。実際、多くの人々が、人間のクローニングのあらゆる側面に嫌悪感を覚えている。個性を放棄した無数の生き写しの人間の誕生、「双子」の父と息子あるいは母と娘という発想、女性が自分や、配偶者や、故人となった両親の遺伝子のコピーを生み育てるという奇怪な可能性、故人の「身がわり」として子供を作るというグロテスクな着想、移植用の同種組織や同種生体のニーズにそなえて胚のコピーを事前に作ったり冷凍保存したりすること、自分自身のクローンを求める人々のナルシシズム、自分はクローンするにふさわしい人間だと考える人々の傲慢さ、人間の命を作り出し、その運命をも支配しようとするフランケンシュタイン的な自信過剰、神になったつもりでゲームを楽しむ能天気さに、拒否反応を示しているのだ。クローン人間を肯定するこれらの根拠に納得する人々でも、クローン技術が誤用や悪用にいたらないと確信する者は皆無に等しい（原註2）。そして、クローン人間作りに歯止めはきかないという世間の通念に後押しされて、私たちの嫌悪感はいや増すばかりだ。

嫌悪感があることは異議を唱えることではない。昨日まで嫌がられていたことでも一夜明ければすんなり容認される場合があるが、それがよい方向に向かうとはかぎらない。しかしいくつかの重要な事例においては、嫌悪感は、理性の力を超えた深い知恵の感情的な表現である。父親と娘の近親相姦（同意に基づくものであっても）、獣姦、遺体の切断、食人《カニバリズム》の風習、レイプや殺人の恐怖に対して、完璧な異議を唱えることができるだろうか？　だが、それらの行為に対する嫌悪感を論理的に正当化できなかったからといって、その嫌悪感が倫理的に疑わしいと思われるだろうか？　断じてそんなことはない。それどころか、恐怖心を容易に合理化できると考える人々、いわば近親相姦の非道さを、近親交配による遺伝的な危険性の理論でしか説明しようとしないような人々に、私たちは疑いの目を向けるのだ。

思うに、クローン人間に対する私たちの嫌悪感は、ここに分類されるのではないだろうか。私たちは、この企てに不思議さや目新しさを感じるからではなく、こよなく大切に思うものへの侵害だと、即座に異議なく、直感的に感じるからこそ、人間のクローニングに嫌悪感を抱くのだ。私たちは、クローニングは、生殖力という神から賜った特質と、その特質をふまえて築き上げた社会的な関係への冒瀆であり、また、究極の児童虐待であると認識している。自由に行われるかぎりあらゆるものが容認され、肉体が自律的な理性の意思を奏でる楽器としかみなされていない時代において、嫌悪感は、私たちの人間性の核を守ろうと主張する最後に残された声なのかもしれない。震えることを忘れた魂ほど、薄っぺらなものはない。

クローニングを評価する文脈

しかし嫌悪感によって守られた美徳は、たいがい、最新の生命医学テクノロジーに対する私たちの通常のアプローチのせいで見逃されている。私たちがクローニングを倫理的に評価する方法は、実際には、クローニングのおかれた文脈や、クローニングに対する私たちの見方や描写の仕方によって形成されるだろう。倫理学が最初になすべき務めはその対象を適切に描き出すことだが、そこに、私たちが足をとられる最初の落とし穴があるのだ。

概して、クローニングは一つ、二つ、あるいは三つのなじみ深い文脈のなかで議論される。それは、テクノロジーの文脈、リベラル派の文脈、改善説の文脈だ。

まず、クローニングは、生殖を補助し、子供の遺伝的素質を決定するための既存の技術の延長としてとらえられるだろう。それらの既存の技術と同じように、クローニングは、固有の意味や善性をもたないが、善し悪しにかかわらず多様な用途に利用されやすい中立的な技術としてみなされる。したがって、クローニングの倫理性は、クローン技術の利用者の動機の善悪のみによって判断される。クローニング擁護派のある生命倫理学者はこう言っている。「倫理性は、両親がクローニングによって生まれた子供をどのように慈しみ、育てているかによって、また、普通の（！）方法で誕生した子供に注ぐのと同じ愛情を、補助生殖で生を享《う》けた子供に注げるかどうかによって（のみ）判断するべきだ」

リベラル派（あるいは自由意思論者、女性解放論者）の人々は、クローニングを権利、自由、個人の能力開花《エンパワメント》という文脈のなかでとらえている。彼らにとってクローニングは、男性もしくは女性が希望するタイプの子供を生んだり手に入れたりする個人の権利を行使するための新たな選択肢にすぎず、クローニングは、自然の限界、時の運、異性の交配の必要性からの解放（とくに女性の解放）を後押しするのである。たしかに女性は、男性の力を借りなくても、卵子と核と（当面のところは）子宮、それに、当然のことながら、母なる自然もしくは自然の母たちに対してこのようなことをやりたがる（「男性的」とされる）策略にたけた科学を適切に介入させさえすれば、子供をもつことができる。

このような考え方をする人々にとっては、インフォームド・コンセントと人体に危害がおよばないことさえきちんと保証されれば、クローニングに関する道徳的な問題はクリアされる。本人の同意を得てクローニングが行われ、肉体にダメージが与えられなければ、クローニングの正当性、よって道徳的な行為の条件が満たされるのだ。当人の意思に背くとか、肉体に障害が残ること以外の懸念は、すべて「象徴的」、言い換えるなら非現実的だとして無視される。

二つ目の改善説論者の見解は、病弱な人々や優生学推進論者のそれを含んでいる。優生学推進論者は、三〇年前こそ、この手の議論で雄弁をふるっていたが、最近では、以前よりも威嚇色の薄れた自由の旗印とテクノロジーの発展のもとで、自分たちの運動が前進していることに満足している。彼らは、少なくとも人々が、セックスのくじ引きで遺伝病を引き当ててしまう危険性を回避し、健康な個人として確実に生きながらえること、そして理想的には、傑出した遺伝物質を保存する「最高の赤ん坊」を産み、(近い将来現実のものとなる精密な遺伝子工学のテクニックの力を借りて)あらゆる意味での先天的な能力を高めることによって、クローニングが人類を向上させる新たな可能性になると考えている。手段としてのクローニングの道徳性は、クローニングがめざす目標の美徳、つまり、傑出した特徴や、クローンとして生まれた個人の美しさ、体力、頭脳によってのみ容認される。

上記の三つの見解は、いかにもアメリカ的で、それぞれの立場においては完璧だが、人間の生殖へのアプローチとしてはあまりにも不完全だ。控えめにいってもそれらは、誕生、再生、個性の神秘、親子関係の深い意味を、おもに還元主義の科学とその強力なテクノロジーのレンズを通じてはなはだしく歪んだ視線でとらえている。

同様に、まず政治的・法律的な権利の概念、すなわち対立する個人的な見解、敵対的、個人的な権利の概念のもとに生殖（および家庭生活の親密な関係）を考えることは、出産、育児、家庭生活が私的な事柄とはいえ、根本的には社会的であり、協同すべきものであり、義務をともなうものであるという特徴と、夫婦の絆とをないがしろにするだけだ。自然から完全に逃れようとすること（生殖のごく「自然」な欲望と権利を満たすために！）は、理論的に自己矛盾しており、実質的には自己疎外を引きおこしている。人間は、単に知性と意思が不幸にも肉体に閉じ込められているからではなく、肉体をもっているからこそエロティックな生き物なのだ。健康と体力はかけがえのない財産だが、遺伝子工学によって完成しうる、意図的に押しつけられた「設計」「仕様」「許容範囲内の誤差」との結びつきを強めた人工的な産物として誕生する子供たちについて考えるとき、私たちは強い懸念を抱くのである。

テクノロジー、リベラル派、改善説のアプローチはどれも、新しい生命を生み出すことのより深い人類学的、社会的、さらにいうなら存在論的な側面と意味を無視している。そうした適切で深遠な観点に対して、クローニングは、肉体と性別と生殖能力を与えられた生物としての人間の生来の特徴と、これらの特徴に基づく社会的な関係の（侵害であることはいうにおよばす）大がかりな改変として、その実態を現しつつある。このような見地が認められれば、クローニングに対する倫理的な判断は、もはや、動機と意図、権利と自由、利点と損害、あるいは手段と目的にかかわる問題にとどまらず、何よりも意味の問題とみなされなければならない。クローニングは、人間が子供をもち、人間に帰属することの実現を意味するのだろうか？　あるいは、私が主張するように、人間の腐敗と堕落を意味するのだろうか？　腐敗と堕落に対するふさわしい反応は、不快感と嫌悪感しかない。逆に、人々のあいだに広がった不快感と嫌悪感は、不正と侵害の明白な証拠になる。世間の嫌悪感はとるに足らないものだとか、迷信だと決めつけたがる人々は、道徳に関する議論を引き受けなければならない。反感は、無防備なままで理性の裁きを受ける必要はない。たとえこれが、心には理性が完全には知りえないさまざまな理由がひしめいていることを示す事例になるとしても、私たちは人間のクローニングに恐怖感を覚えるという自らの英知を、少なくとも部分的には、明確に表現してよいのだ。

性の深遠さ

クローニングを適切な文脈からとらえる場合、私たちは最初に、研究室のテクニックではなく、有性生殖の人類学——自然人類学と社会人類学——からはじめなければならない。これは壮大なテーマなので、ここでは明白な事柄に関する深い意味を指摘することによって、そのアウトラインを示すにとどめたい。

有性生殖——ここでは、(まさしく)二つの補完しあう要素、つまり女性と男性が、通常、性交によって新たな生命を生み出すことをさす——は、人間の決断や文化や伝統によってではなく、自然によって「達成(establish)」(これが正しい用語であれば)される。それが、すべての哺乳動物の自然な生殖の方法である。それぞれの子供は、本来、二つの補完しあう生物学的な先祖をもっているので、二種類の血統に由来し、それらの血統を結びつける。さらに、生まれる子孫の正確な遺伝子構成は、人工的なデザインによってではなく、自然と運とのコンビネーションによって決定される。人間の子供は、普通の、自然な、人間の遺伝子型を共有し、どの子供も遺伝的に親(両親)に同等に血がつながっているにもかかわらず、それぞれが遺伝的に唯一無比な存在でもある。

人間の起源に関するこれらの生物学上の事実は、私たちのアイデンティティに関する深遠な真理と人間の条件を示唆している。私たちは誰もが例外なく、同等に人間であり、特定の家系というつながりの網の目に属し、生まれ落ちてから死ぬまでの軌跡のなかで個別化され、そして、うまくいけば、（いつか死すべき運命にあるにもかかわらず）補完しあう他者と、生殖を通じてそういった人間の可能性を同じように再生させる作業に参加することができる。

私たちが共有する人間性ほど重大なものではないが、私たちの遺伝的な個性は人間たるうえで取るにたらないものではない。それは、一目でわかる私たちの特徴的な外見として認識され、私たちの「署名」がわりの指紋や自己を認識する免疫システムに現れる。それらは二度と繰り返されることのない、個々の人間に特有の人生の性質を象徴するものであり、また、前もって与えられた兆しなのである。

人間の社会はほぼ例外なく、これらの深遠な自然界の生殖の真実に基づき、育児の責任とアイデンティティと人間関係のシステムを築いてきた。神秘的だが普遍的なものでもある「わが子への愛情」は、いたるところで文化的に用いられ、子供は単に産むものではなく、慈しむものだということを確認し、万人にわかるような意味と属性と義務を結びつける絆を作り出す。けれども、このような自然に根ざした社会的な行為を、人間がほとんど犠牲をはらわずに変えうるような、単なる文化的な構造（右車線なのか左車線なのか、火葬なのか土葬なのかといった違い）とみなすのは誤りである。自然界の土台を失ったら血のつながりはどうなるのか？　アイデンティティから血のつながりが消滅したらどうなるのか？　私たちは、有性生殖を生殖の「従来の方法」と呼ぶ人々、実際には自然の営みであるだけでなく、実に深遠な意味をもっているにもかかわらず、それを単なる従来の任意の方法だと認識させようとしている人々に抵抗しなければならない。

「片親」によって子孫を生み出す無性生殖は、本来の人類の営みからの過激な逸脱であり、父、母、兄弟、祖父母といった通常の理解、そこに根ざす道徳的な人間関係を混乱に陥らせるものだ。誕生した子供が、胚ではなく、一卵性双生児ともいえる成人から生まれたクローンである場合、そして、そのプロセスが偶発的(双子ができるのと同じように)なものでなく、人間の設計と操作によって故意に生み出されたものである場合、また、その子供(たち)の遺伝子の構造が親(あるいは科学者)によってあらかじめ選択される場合、その逸脱の度合いはさらに大きくなる。

その結果、詳細は後述するが、クローニングは、これらの三つの条件に関連して、三種類の懸念と異議にさらされることになる。(一)クローニングは、たとえ限定された範囲で実施されるとしても、アイデンティティと個性の混乱を招くおそれがある。(二)クローニングは(これが最初ではないが)生殖を製造に変容させる。つまり、出産にいたるプロセスをますます非人間的にさせ、人間の意思と設計による人工的な産物としての子供の「生産」が進む。(三)ほかの形式での次世代の人種改良と同様に、クローニングは、クローニングを行う者がされる者を絶対的に支配するという形になり、その結果、(好意的なケースにおいても)親子関係に内在する意味、子供をもつということの意味、自分自身の消滅と「後継者」を肯定することの意味を著しく侵害する。

これらの倫理的な異議に目を転じる前に、まず、ある友人が私に投げかけた疑問をとりあげることによって、自然な生殖の深遠さを説く私の主張を考察してみたいと思う。友人の疑問は次のようなものだ。なぜあなたは「自然な人間の営み」についてことさらに騒ぎ立てるのか? なぜ人間のセックスによる生殖を、進化の歴史の偶然の産物以上のものとしてとらえようとするのか? 進化の歴史のなかで偶然に生まれたほかのあらゆることと同じではないか？　かりに現在の自然な生殖が（有性ではなく）無性だとしたら、また、有性生殖には雑種強勢〔訳註・生育、生存力、繁殖力などの点で、雑種の子供が両親をしのぐこと〕や大幅に増強された個性といったあらゆるメリットが約束されていると自信満々で主張する人々が考案した「最新の技術」――人為的に男女という性的二形を誘発すること、補完的な二つの配偶子を融合させること――と折り合いをつけなければならないとしたら、どうするのか？「自然な」営みだからという理由で、自然な無性生殖を擁護せざるを得なくなるのか？　それが人間的な深い意味をはらんでいると主張できるのか？

これは願ってもない質問状だ。彼の疑問に対する回答は、有性生殖の存在論的な意味を示し、今、何が危機に瀕しているのかを私たちに気づかせてくれる。なぜなら雌雄性や有性生殖なしに、人間――あるいは高等動物の――生命は存在しえないと私は考えるからだ。

無性生殖は、バクテリア、藻類、真菌や一部の無脊椎動物といった最低レベルの下等動物にしか見られない。雌雄性は、新しい豊かな関係をこの世界にもたらす。有性動物だけが、補完しあう他者を探し求め、自らの存在を超える目標を追求することができる。性をもった生物にとって、この世界はもはや、無関心でほぼ均質な「他者」ではなく、あるときは食料を供給してくれる場所でもあり、あるときは危険な場所でもある。そこにはまた、特別で関連性のある補完的な生物、すなわち同種だが性別は異なり、一方が他方に対して特別な関心と情熱を寄せる生物も存在する。鳥や哺乳類といった高等動物は、食料や外敵に目を光らせるだけでなく、将来の伴侶を探し求めている。光り輝くこの世界をみつめる彼らは、結合への欲求、人間のエロスの原形、社交本能の萌芽に満ちている。人類がもっとも性的な動物であり――女性は発情周期にしたがって発情することはなく、受け身の姿勢にあるため、男性は生殖を成功させるために女性よりも強い性欲とエネルギーをもたざるを得ない——もっとも野心にあふれ、社交的で、開放的で、知的な動物であることは、決して偶然ではない。

精神を高揚させる雌雄性の力は、実は、その死すべき運命との奇妙なつながりに根ざしている。雌雄性は、死すべき運命を受け入れると同時に乗り越えようとする。無性生殖はおそらく、自己保存活動の延長にあると考えられるだろう。ある生物が芽吹き、あるいは分離して二つになるとき、分離する前の本体は（二重に）保存され、何も死にはしない。一方、死滅や交替を意味する雌雄性、交わることによって一つのものを生み出した二者は、いつか死に絶える。したがって、動物たる人間のもつ性的欲望は、自己の利益を追求する当人から自らの終わりである死を部分的に隠す目的を果たしている——最終的には葛藤が表面化するのだが。私たちはそれを知ろうが知るまいが、性的能力があるかぎり、自分の性器を使うことによって、自らの消滅に賛成の意思表示をしている。産卵のために川をさかのぼり、死んでいくサケは、ある普遍的な事柄を明らかにしている。すなわち性は死と密接に関係し、生殖によって死に対する部分的な回答を示しているのだと。

サケやほかの動物は、無意識のうちにそれを明らかにする。しかしその意味を理解できるのは人間だけだ。エデンの園の物語をよく読めばわかるように、人間が人間になっていく過程は、性の意識の目覚め、性的な無防備さとそれが意味するものの認識と同時に進行する。たとえば、貧弱な不完全さや、自分の力ではどうしようもない男女の別や有限性に対する恥ずかしさ、永遠なるものに対する畏怖、子供たちの自己超越の可能性や神につながることの希望といったものと一緒に。性を意識する動物である人間は、性欲をエロスに、情欲を愛情に変えることができる。したがって人間が意識する性欲は、完全さ、完成、不死に対するエロティックな憧れに昇華され、行動し、発言し、歌をうたうといったあらゆる高度な人間の可能性を私たちに追い求めさせるのと同じように、意図的に私たちを性交へと導き、繁殖力のある子孫を産ませるのだ。

　夫と妻の共通の財産である子供を通じて、男性と女性は、（単なる性的な「結合」を超えた）ある種の真の統合を達成することができる。二人の男女は、三番目の存在である子供に対して注ぐ惜しみない（つきることのない）愛情を分かち合うことによって一つになれる。両親の分身である子供は、彼らの融合が形となったものであり、単独で存在していく実体としてこの世に生を享《う》ける。さらに、育児という二人の共同作業によって、統合は強まっていく。墓場の向こうに未来への入り口を作り、種だけでなく名前や気質や希望をも引継ぎ、親をしのぐ美徳と幸福を期待された子供たちは、超越の可能性の証である。「性」の二重性と性欲は、私たちの愛情を高みに押し上げ、外に引き出し、そして最後には、滅びゆくものの化身としての限界をある程度乗り越えるための道をつけていく。

　ハクスリーの『すばらしい新世界』が、有性生殖が消滅しクローニングにとってかわられるところからはじまるのも、「誕生」と「母親」が汚れた概念としてみなされているのも偶然ではない。無性生殖と赤ん坊の「製造」を肯定し、すべての自然な人間関係を否定するには、男女の結合の深い意味、いうなれば、人間のエロティックな憧れをも否定しなければならない。人間にとってエロスとは、一つの生きた肉体のなかにある二つの相反する願望、自身の永続性と充足に対する利己的な関心と、自身の限りある存在を超越するものへの、そのためなら自分の人生を捧げてもいいと思えるような無私の憧れ、この二つの願望の奇妙な結びつきや競争の結果なのだ。人間の願望の源を破壊した社会からは、人間にとってすばらしいことはおろか、よいことは何ひとつ生み出されないだろう。人間の願望の源は、統合と完全と神聖さを追い求める性的に補完しあう二者の意味にこそ見いだすことができるのだ。

要するに人間の生殖は、人間の理性的な意思の営みほど単純なものではない。生殖の営みは、理性的な意味だけでなく、肉体的に、エロティックに、そして精神的にも私たちを魅了するものなのであり、意思の営みよりも完成されたものだ。人間としての存在を次代につないでいき、人間のもつ可能性を更新していく営みのなかで、セックスの悦び、結合への言葉にならない願望、抱擁による愛の交歓、子供を得たいという、強固で表現しがたい欲求がからみあった自然の神秘には、英知が潜んでいる。私たちが知ろうと知るまいと——実際、私たちはすでに忘れかけているのだが——セックスと愛情と共感から生殖を切り離すことは、その結果生まれるものがどんなに優れていようが、本質的に人間性を奪う行為なのだ。

次に、クローニングに対する具体的な異議を検討してみよう。

クローニングが悪である理由

まずは、「クローン人間を作ろうとする試みは倫理に反する実験になる」という、月並みかもしれないが重要な異議について検討したい。動物実験におけるクローニングの成功率は三、四パーセントにも満たない。しかも、胎児や乳児の死産だけでなく、いわゆる「成功例」の多くも、実際には失敗の部類に入っている。最近ようやく明らかになったことだが、クローン動物は、重い障害や奇形をともなって生まれる確率がきわめて高い。クローン牛は心臓や肺に障害がある場合があり、クローンマウスはのちに病的な肥満にいたり、その他のクローン動物も、正常なレベルまで発育しない。

科学者たちはこう指摘する。問題は、別の個体の体細胞の核を移植された卵子が、数十分ないし数時間のあいだに自らのプログラムを作り直さなければならない（通常、卵子の核は、長い年月をかけて成長する）ことにあるのではないかと。となれば、遺伝子の指示を誤って伝達する可能性が非常に高くなり、その結果、発育不全を引きおこす。なかには、ずっとあとになって症状が出る場合もあるだろう。（これらの人為的に引きおこされた異常は、科学者たちがクローン胚から採取しようとする幹細胞に悪影響を与えかねない点にも注意が必要だ。質の悪い胚からは、質の悪い幹細胞しか採取できない。）

現在、科学者の大半は、クローン人間を作る試みは、不健康で異常で不恰好な子供ができる大きなリスクをともなうことを認めている。私たちは、どう対処すればいいのだろうか？　期待にそわない赤ん坊が生まれたら、見捨てるのだろうか？　検討の末に出た結論は、科学者のあいだでさえもほぼ意見の一致を見ている。人間のクローニングを試みることは、無責任で倫理に反する、というものだ。倫理的な観点からは、人間のクローニングが実現可能か否かは判断の対象にさえならない。（当然のことながら、これはクローニング自体に対する棄却というより、ヒトのクローニングを成功させる方法を入手しうるような実験に対する棄却である。）

二番目の異議は、クローニングが成功すれば、アイデンティティと個性に関する深刻な問題を引きおこすだろう、というものだ。クローンとして生まれた人間は、自らの特殊なアイデンティティに不安を覚えるかもしれない。それは単に、別の人間と同じ遺伝子型や外見をもつことだけでなく、自分の「父親」や「母親」（そう呼ぶことが許されるなら）である人間と「双子」の関係になる可能性があるからだ。不可解なことに人々は、身内で行われる、たとえば夫や妻（あるいはシングルマザー）のクローン作製を無害なものとしてとらえている。親子関係と双子の関係との混合が、特異な危険性をはらんでいることを忘れているのだ。（この場合、同世代の双子の関係は何の参考にもならない。さほど問題はないように思えるこの状況は、もっとも強い親近感を覚える人間から自立することの難しさを私たちに教えてくれる。）

実際には、自分自身のクローンを、セックスの運のめぐり合わせで生まれた子供と同じようにあつかうことはできない。どんな家族も、クローニングによって生まれた子供が自分の父親もしくは母親とのみ特別な関係にあるという事実に影響を受けずにはいられないだろう。たとえば、母親のクローンとして生まれた女の子が、かつて父親が恋に落ちた、若かりし日の母親と生き写しの娘に成長したら、何が起こるだろうか？　また夫婦が離婚する場合、二度と夫の顔を見たくないと思っている妻が、夫のクローンである子供に愛情を注ぐことができるだろうか？

クローニングは、それを選択する親の観点から語られる場合が多く、クローンとして生まれる子供の観点からクローニングを語る人は皆無に近い。まちがいなくその子供の人生は、従来の子供たちのそれとたえず比較されることになるだろう。両親の異常な期待――たとえば、自分が犯した失敗だけはせずに、同じ人生を生きてほしいと願うこと――がなかったとしても、クローンとして生まれた子供は、つねに好奇の目にさらされ、人々の奇妙な既視感《デジャ・ヴ》の源になりうるだろう。「正常な」一卵性双生児とは異なり、誰かを複製し、クローンで生まれた個体は、すでにこの世に存在する遺伝子型を背負うことになる。世間は、彼を驚くべき存在としては見ないだろう。周囲の人々は、とりわけ彼が、才人や有名人のクローンである場合には、両者の行動を比較しようとする。

もちろん、クローンが育つ環境は原型のそれとは異なるので、遺伝子型だけで運命が決まるわけではない。だが、両親がクローンとして誕生した新たな生命を、原型と同じように育てること、あるいは少なくとも、常に原型の面影をクローンの姿に重ね合わせるであろうことは容易に想像がつく。そうでなかったら、バスケットボールのスター選手、数学者、美人コンテストの女王――あるいは最愛の父親――のクローンを作る意味があるだろうか？　期待はクローンの肩に重くのしかかるだろう。期待が裏切られたとすれば（しかもその可能性は大いにある）、クローンとして生まれた子供はこんなふうに責められるだろう。「みんなが期待していたのに、どうして同じようにならなかったんだい？」

三番目の異議は、人間のクローニングは、すでに体外受精や胚の遺伝子検査といった形ではじまっているプロセス、「生む」ことから「作る」ことへ、生殖から製造《マニュファクチャー》（文字どおり、手作り）への変容の大きな一歩を意味するのではないか、というものだ。クローニングにおいてはこうしたプロセスが進行するだけでなく、クローンで生まれる個体のすべての遺伝子の青写真が、専門家によって選択され、決定される。たしかに、誕生後のクローンの成長は自然のプロセスにしたがうものであり、クローンも人間として認知できるだろう。だがそれでも、私たちは、一人の人間を、一つの「製品」にする大きなステップを踏み出すことになる。

では、「生む」ことと「作る」ことの違いはどこにあるのか？　自然な生殖においては、男女が交わり、自分たちのあるがままの姿、生きるがゆえに死すべき運命にあり、エロティックであるがゆえに生殖機能のある人間として、自分たちとまったく同じ生物的な特徴をそなえた別の人間を作り出す。だがクローン生殖や、今後さらに発展する子供の製造法において、私たちは、あるがままの人間ではなく、自分たちの意図や設計に基づいた生命をこの世に送り出すことになる。

ここではっきりさせておくが、問題は単なる技術的な介入ではないし、論点は「自然が最良のことを知っている」ことにあるのではない。問題は、人間の描いた設計図に基づく容姿と性格と能力を有する存在として作られた子供は、作り手と同じ次元には立つことができないということだ。いかに優れたものであっても、人間が作り出したすべてのものがそうであるように、職人は自分の作品より優位に立ち、その意思と創造的な才能によって作品を凌駕《りょうが》している。人間のクローニングにおいても、科学者と将来の「両親」は、自分の作品である子供たちに対し技術主義の立場をとっている。このようなやり方は、どんなに出来のいい「作品」が生まれようとも、人間性をはなはだしく冒瀆することになる。

非人間化された生殖は「製造」になり、商品化によってさらに堕落する。商業の旗のもとに子作りを継続すれば、事実上、そうなることは避けられない。遺伝子工学や生殖工学ビジネスはすでに成長産業であり、ヒトゲノム解読計画が完了した今、商業ベースに乗るのも時間の問題だ。人間の卵子の販売は今や一大ビジネスであり、「卵子の提供」の名目でうわべを偽っている。一流大学の新聞では、女子バスケットボールの選手になれるくらい長身で、スタンフォード大学に入学可能なほどの大学入学適性試験（SAT）のスコアをもつ女子学生を五万ドルの報酬で卵子ドナーとして募集する広告が掲載されている。しかも、数多くの女子学生が、お金と引き換えに最高の赤ん坊を手に入れたいと望む人々に、喜んで手を差しのべているのだ（このような卵子販売や子宮賃貸の企業家たちは、恥知らずにも、ほとんどの女性は適正な価格が示されれば自分の肉体を喜んで差し出すだろうという時代遅れで下劣な女性蔑視の主張を前提としてビジネスを遂行している）。たとえ、人間のクローニングの技術レベルがまだ水準に達していなくても、既存の医療企業は、死体の卵巣もしくは手術時の卵巣から卵子を採取し、胚の遺伝子改変を行い、将来のドナーの体組織をストックするようになるだろう。

代理母の斡旋サービスやドナーの商品価値に応じて価格設定された体組織や胚の売買を通じて、発生したばかりの人命の商業化は暴走の一途をたどることになるだろう。

最後の異議は、核移植による人間のクローニングは、将来期待される次世代の遺伝子工学の手法と同じように、子供をもつことの意味、親子の関係の意味のはなはだしい誤解に追い討ちをかけるのではないか、というものだ。カップルが子供をもつことを選択するとき、両者は互いに、新たな生命の誕生を受け入れる。それは、単に子供ができることを受け入れるのではなく、どんな子供が生まれてこようとも、それを受け入れるということだ。自らの有限性を認めること、後継者に対して自らをさらけ出すことによって、私たちは自分たちの支配力の限界を無言のうちに告白する。

子供をもつことによって将来を受け入れることは、たとえ人間の生命の不滅と人類の永遠性を望んでいても、自分自身の取り分は手放すことを意味する。つまり、私たちの子供は、私たちの子供ではなく、私たちの所有物でもない。彼らは私たちのために生きるのでもなければ、ほかの誰かの人生を生きるのでもなく、彼ら自身の人生を生きる。彼らの遺伝子の特殊性や自主性は、彼らが自分自身の、いまだかつてなかった人生を生きているという深い真実のしるしなのだ。彼らはたしかに、過去から生まれ出た存在かもしれないが、未来へと続く未知のコースを歩んでいく。

子供の人生に自分の人生を投影しようとする親たちは、わが子に多くの悪影響をおよぼしている。彼らは、自分が果たせなかった夢を子供に押しつけようとする。自分の「製品」がもたらす栄誉に浴するために、子供を自分の企てに組み込んで、これをマスターしろとかあれを極めろと口やかましく強制する。クローニングは、まちがいなく、この邪悪な行為を新たな高みへと押し上げる。このような横暴な親たちがクローニングで子供を作れば、非拘束的で前向きであるべき親子関係の本来の意味に矛盾する重大な第一歩を（彼らの意図がどうあろうと）踏み出すだろう。親なら誰でも子供に期待をかけるものだが、クローニングで子供を得た親は、「プラン」を立てる可能性がある。クローンの子供は、すでにこの世に存在する遺伝子型をもって生まれ、当然、その遺伝子の青写真のとおりに一生を生きていくはずだという大きな期待を背負うことになる。

今や、理想的な子供とは、親の希望を満たすためだけに存在する子供を意味する。クローニングに続く生殖テクノロジーとして精度が高まりつつある優生学的操作と同じように、親のイメージ（あるいは親が選択した他人のイメージ）と親の意思に基づいた将来を、子供に追い求めさせようとするクローニングは、本質的に横暴な手法である。

誇張が過ぎるだろうか？　それでは、新たな現実として浮かび上がってくる、クローンの子供をもつ家庭が抱える責任と罪について検討してみよう。このような家庭では、もはや両親の犯した罪だけでなく、彼らが行った遺伝子の選択もまた、第三、第四の世代にいたる子供たちに降りかかる。責任の所在は、誰の目にも明らかになる。思春期を迎えた子供が、大きすぎる鼻や、頭の回転の鈍さや、音痴や、神経質な性格といった自分自身の気に入らない点について不満を訴えても、両親は、自然のなりゆきやセックスの運のめぐり合わせのせいにはできない。公正であろうとなかろうと、子供たちは、氏も育ちも、すべてをクローニングを行った人のせいにできる。そして両親は、とりわけ心の優しい人は、永遠に罪悪感にさいなまれるはめになる。無邪気な眠りをむさぼるのは、真に横暴な魂だけだろう。

異議への回答

クローニングの擁護者は、自ら進んで横暴さの友になったわけではない。むしろ、その正反対だ。彼らの多くは、自由の友を自認している。個人が子供をもつ自由、科学者と発明家が遺伝学の知識と技術の「進歩」を見いだし、考案し、促進する自由、企業家が市場で儲ける自由。彼らは動物に限って大規模なクローニングを行おうとしているが、人間の「生殖の権利」、子供をもつ権利、「望ましい遺伝子」を引き継いだ子供をもつ権利を行使するための人間の選択肢として、クローニングを維持し続けたいと考えている。彼らはこう主張する。「生殖の権利」に基づき、私たちは、初期の形式とはいえ、不自然で人工的な婚外生殖技術や優生学的な選択をすでに実践しているのだから、クローニングはたいした問題ではないと。

ここに、滑りやすい坂がなぜ滑りやすいのかを示す格好の例がある。わずか数年前、人工授精と体外受精のドナー反対に関する議論で、このような技術革新はプロローグにすぎないという主張が展開された。「このような技術の実施を正当化する拠り所となる原則は、クローニングをはじめとする、より人工的で優生学的な手法の正当化にも利用されるのではないか」

「それは違う」とクローニング擁護者は反論した、「我々は必要な差別化を行うことができる」。だが必要な差別化を行うそぶりを見せなくても、クローニングを継続すること自体が、クローニングを正当化しているのだ。「クローン技術は、現在我々が利用している技術と大差ない」と。

このところクローニングの擁護者が主張している生殖の自由の原則は、坂をずるずると滑り落ちるがごとく、精子から出産までを研究室のなかで行うことによって子供を作り（実現可能だろう）、両親の優生学的な計画と選択による遺伝子構成をもつ子供を作ることまで認めてしまうような倫理的な受容性を必然的にともなう。生殖の自由というのが、親があらゆる手段を講じて選択することによって子供をもつ権利を意味するのだとすれば、それには際限がないことを認識し、受け入れなければならない。

「生殖の権利」による正当化にはまだほど遠いにせよ、補助生殖技術と遺伝子工学の出現によって、私たちは、この概念の意味と限界を再検討せざるを得ないだろう。実際、「生殖の権利」という概念はこれまでも、特殊で問題をはらんだものだった。通常、権利は個人に帰属するものだが、生殖の権利については、(クローニング以前は)誰も、それ自体を単独で行使することができなかった。では、この権利は男女のカップルだけに与えられるのだろうか？　それとも既婚のカップルだけに？　子供を身ごもり出産する(女性の)権利、あるいは養育する(一人以上の親の)権利なのだろうか？　自分自身の「生物学的な」子供をもつ権利だろうか？　生殖を試みる権利なのか、それとも生殖を「成功させる」権利なのか？　自分が選択したとおりの子供を手に入れる権利なのだろうか？

なるほど「生殖の権利」の主張は、避妊手術の強制的プログラムといった国家による生殖の自由への干渉に対する自己防衛を主張する際には理にかなっている。だが、テクノロジーによる改良といった、自然な生殖の営みの努力を否定するような不自然な不法行為の根拠にはならない。ある人々は、生殖の権利は、子供をもつためのあらゆる技術的な手段を利用する自由への国家の干渉に対抗する権利を含んでいると主張する。だが、このような態度を支持することはできない。生殖技術を用いる理由いかんによっては、どの社会も、代理出産や一夫多妻、不妊に悩む夫婦に子供を売るといったことを、人間の基本的な「生殖の権利」を侵すことなく、堂々と禁じることができるだろう。かつては人畜無害だった自由の行使が、今まで予想だにしなかった厄介な営みにかかわりをもち、影響をおよぼすようになった現在、「自由」という言葉に対する一般的な思いこみについて再考する必要がある。

たしかに、私たちはすでに遺伝学的スクリーニングや出生前診断によって、消極的ながらも優生学上の選択を行っている。しかしそれは、健康の基準に照らして行われるもので、既知の（重篤な）遺伝性疾患の子供が生まれることを防ぐことを目的としている。遺伝子治療が利用できるようになれば、このような疾患は、子宮のなかで、あるいは受精卵が着床する前に治療することができる。私は基本的に、このような治療の実施が、今この世に存在する人々を治療するという医学の目的に適っているからこそ、（現実問題として若干の懸念は抱いているが）倫理的な異議を唱えるつもりはない。だが、治療とは、実際に存在する「患者」だけでなく、健康についての基準をも暗示している。

この観点からすると、人体ではなく卵子や精子を対象に行われる生殖細胞の遺伝子「治療」は、クローニングほど過激ではないが、断じて治療とはいえない。しかし、健康増進と遺伝子増強の違い、「消極的」優生学と「積極的」優生学の違いがうやむやになると、優生学的なデザインが行われる未来への扉が開かれてしまう。「子供が健康で可能性に満ちた人生を歩めるようにする」という原則は、いかようにも解釈することが可能であり、境界線をもっていない。たしかに、身長が二四〇センチ以上あれば、マリリン・モンローのような美貌があれば、天才的な知能があれば、すばらしい可能性が開けるかもしれないが。

クローニングの擁護者は、違法な利用と区別しうる合法的な利用方法があることを私たちに納得させようとしている。しかし、これは彼らの個人的な信条によるもので、両者の境界線はどこにもない。（また、そういった線引きを強制することもできない。いったんクローニングが認可されてしまえば、誰のクローンをどんな理由で作るのかを知る必要はなくなるのだから。）彼らが主張するところの

「生殖の自由」の基準は、両親の個人的な希望しかない。となれば、世間の同情を集めやすい不妊に悩む夫婦のケースと、故人でも存命でも、有名人や才人のクローンを希望する個人（既婚だろうが独身だろうが）のケースとは区別がつかなくなる。しかも彼らの信条は、クローニングだけでなく、「よりよい」、「完璧な」子供を創造（製造）するための人為的なあらゆる試みを正当化するものだ。

「完璧な子供」を創るプロジェクトの当事者は、不妊治療の専門医ではなく、もちろん優生学を推進する科学者とその擁護者である。彼らは、今のところ、生殖の自由や不妊への理解を声高に叫ぶ人々の陰に隠れていることで満足している。彼らにとって最優先すべき権利とは、いわゆる「生殖の権利」ではなく、今から四半世紀前に生物学者のベントリー・グラスが言った、「あらゆる子供が、健全な遺伝子型に基づき、健全な肉体と精神構造をもって生まれてくる権利（……）親の健全な遺産を受け継ぐ絶対的な権利」である。だがこの権利を獲得し、新たな生命に対して品質管理をするためには、人間の受精と妊娠を研究室のまばゆい光のもとで行い、将来子供となるべき卵子を受精させ、育て、剪定《せんてい》し、余計なものを取り除き、観察し、点検し、突つき、つまみ、取り上げ、注入し、検査し、評価し、格付けし、承認し、押印し、包装し、封印し、配達することになる。完璧な子供を作り出す方法は、それしかない。

このようなシナリオは政府からの圧力がなければ成立しないのではないか、という考えはまちがっている。ヒトゲノム解読の助けを借りて、より賢く、美しく、健康で、運動神経のいい「より優れた子供」として認識される子供を作り出す、あるいは選択することが可能になれば、両親は、自分の子孫を「向上」させることができる機会に飛びつくだろう。その機会を利用しなければ、社会からは育児放棄とみなされるだろう。本来反対の立場をとるはずだった人々も、まだ見ぬわが子の身がわりになって、すさまじいプレッシャーのもとで競い合うことになるだろう。なかには、子供が生まれ落ちた瞬間からハーバード大学に入学させる計画を立てる者も現れるだろう。それどころか、「善い」とか「より善い」ことの基準がないために、このような変化が真の向上なのかどうかさえ、誰かにもわからないだろう。

クローニングの擁護者は私たちに、SF小説に登場する研究室内でのクローンの製造や大量コピーの生産といったシナリオを忘れさせ、不妊に悩む夫婦が自分たちの生殖の権利を行使するという気の毒なケースのみに目を向けさせようとしている。だが、クローンを一人だけ作るケースにまったく罪がないなら、クローンを大量生産することに不快感を覚えるだろうか？（同様に、その技術自体が容認しうるものなら、なぜ、それによって金儲けをする人々に文句を言うのだろうか？）いわゆるSF小説のケース――たとえば、『すばらしい新世界』――からは、私たちの前に現れるものが善意に基づいたものだという誤った認識が浮かび上がる。一見、慈悲深い人道主義に思える手法が、最終的には、人間性の崩壊につながることが暴かれるのだ。

人間のクローニングを禁止する

私が提示する理由に同意する人もそうでない人も、私の結論には、おそらく大半の人が同意するのではないだろうか。つまり、人間のクローニングはそれ自体、非倫理的で、それがもたらす結果は危険だということだ。先ほどとりあげた、クローニングは子供たちをデザインするために確立されるだろうという結論もその一つである。優生学的なクローニングの利用の公正さに対する懸念、無性生殖による「近親交配」の遺伝的影響への不安、遺伝子決定論という暗黙の前提に対する嫌悪感、その作業に必然的にともなう胚や胎児の浪費に対する反発、「神を演じる人間」への宗教的な抵抗といった、私とは異なる理由からこの結論に達した人もいるだろう。だが理由はどうあれ、アメリカ人の大多数は人間のクローニングに強硬に反対しているのである。

私たちに突きつけられた真の疑問は、クローニングの企てに対して何をすべきなのか、どうすれば最良の道を進めるのか、ということだ。この二つは、たとえクローニングに対する立場をはっきりさせるつもりがなくても、人間性を設計し直せるような力を慎重にコントロールしたいと願うすべての人々が抱く懸念である。最初の疑問に対する答えは実に明解だ。私たちがすべきことは、クローニングを法律によって禁じることである。

もし可能なら、私たちは全世界的にクローニングを禁じる法律の制定をめざすべきであり、最低限でも国レベルで禁止するべきだ。そしてそれは、クローニングが現実のものとなるまえに早急に行わなければならない。たしかに、法律で禁じても、それを犯す者が出てくるだろう。だが、近親相姦や自発的な隷属や臓器や赤ん坊の売買なども違法とすることによって、害を大幅に減らすことができる。反逆的な科学者は、ひそかに違法行為をするかもしれないが、刑事制裁と罰金刑や、彼らが技術的な功績を競い合う誘因を取り除くことによって、それを思いとどまらせることができる。

クローニングによる子作りを法律で禁じても、基礎的な遺伝学やテクノロジーの発展の妨げにはならないだろう。逆に、科学者が人間社会の倫理の規準や制度にのっとって研究を続けることに満足していることを一般の人々に再認識させることができる。また、違法行為を行う恥知らずな悪党どもへの世間の非難の声から立派な科学者たちを守ることもできる。多くの科学者が公言しているように、クローニングの禁止令がそれを犯そうとする人々への対抗手段として慎重に練り上げられ、積極的に施行されるとすれば、自由で尊い科学は、クローニングの禁止に対してよりも、クローニングの失敗に対する世間の強い反発のほうをよほど警戒する必要があろう。

では、クローニングの禁止令はどのようなものであるべきだろうか？　私は次のような結論に達した。私たちが必要としているのは、クローン胚の作製を含む、人間のクローニングの全面的な禁止令だ。中途半端なやり方は、道徳的、法的、戦略的な欠陥を生み、さらに――これが重要な点だが――望ましい結果を得るうえで効果的ではないと私は確信する。人間の生殖クローニングの阻止を真剣に考えるなら、このプロセスを最初の段階から食い止めなければならない。

その理由はこうだ。クローンの子供の作製（「生殖クローニング」）は、クローン胚の作製からはじまる。後者を禁じることで前者を禁じることができる。このような「法律の周囲の垣根づくり」を主張するのは、思慮分別をもち合わせた人々だけかもしれない。だが一部の科学者は、研究材料として、あるいは医療に役立つ可能性のある体細胞や組織に培養できる胚を入手するために、胚のクローニングを支持している。（より的確な「研究用のクローニング」や「実験用のクローニング」ではなく、「治療クローニング」という紛らわしい呼び名をつけているのは、クローンの行き着く先が利己的な利用と破壊だけであることや、現時点では、クローニングの恩恵を受ける可能性やクローニングに基づく「治療」というものがまったくの仮説にすぎないという事実をごまかすためだ。）

利己的な利用のためだけの新たな生命を作製するという企みは、人命軽視の表れとして、『ワシントン・ポスト』紙、クリントン元大統領、女性の中絶の権利の擁護者たちなど、多くの人々に道徳的な観点から非難されてきた。いわゆる「予備の胚」（体外受精で患者の生殖のニーズよりも余分に作られたもの、ほかにニーズがなければ捨てられる運命にあるもの）を確保しようと躍起になっている人々さえ、研究目的に限ったクローン胚の作製には二の足を踏み、初期段階の生命の不当な利用や道具化とみなされる行為を完全に拒否している。さらに、クローン胚の道徳的な位置づけについて懐疑的な見方をする人々は、そのような行為に反対する国民の感情をむやみに逆撫ですることはないと判断する知恵をもち合わせている。

だが、これらのわかりやすい道徳的な第一印象はさておき、少し頭を働かせてみれば、クローニングによるヒト胚の作製を認めたうえで、それを赤ん坊にすることのみを犯罪とする反クローニング法というものが、道徳上、大きな誤りとなることの理由がわかるはずだ。この法律では、「中絶の権利」が黙認されるだけではなく、「中絶賛成（反生命）」が明確に規定されてしまう。ヒト胚の作製を認める一方で、それを赤ん坊としてこの世に送り出すことは法律違反となるからだ。ヒト胚の道徳的、存在論的な位置づけをどう考えようと、道徳観念と合理的な知恵があれば、アメリカ政府が初期の生命の抹殺を要求することや、さらに悪いことに、（法に背いて！）出産にいたらしめることによって初期の生命を守ろうとする者を罰することには反発が起きるだろう。

生殖を目的としたクローニング（子宮に胚を移植すること）だけを禁止対象とするアプローチは、道徳的な問題にとどまらず、法的、戦略的な問題もはらんでいる。生殖クローニングのみを禁じる法律は成立しないだろう。クローン胚が作製され、研究室や補助生殖の専門機関で利用可能になれば、それをどう使おうが、管理することは事実上不可能だ。バイオテクノロジーの実験は、世間から隔絶された研究室の内部で行われる。そして、巨額の金が動くバイオテクノロジー産業が発展を続けるなか、このような実験は競合他社の目を避けて秘密裡に行われる。したがって、ヒト・クローン胚のストックは、誰にも悟られずに作製され、売買される。不妊治療で利用される体外受精した胚の例からもわかるように、一つの理由のために作られた胚は、他の理由のために利用することもできる。今日には、受精のために作られた「予備の胚」が研究目的で利用され、明日には、研究目的で作られた胚が受精のために利用されるのだ。

補助生殖医療では、患者のプライバシーが保護されているので、外部から監視することはきわめて困難だ。ほとんどの不妊治療の専門医は法律を遵守するだろうが、なかには、巧みに法の網の目をかいくぐる医者も出てくるだろう。彼らの行為は、医療の守秘義務の原則という秘密のベールの陰に隠れている。しかも、妊娠を目的とした胚の移植は、（とくに、最初に胚を作る作業にくらべると）単純な行為であり、最後のステップは当事者の女性が自分で管理できるので（その女性が適切なホルモン治療を受け、子宮を妊娠に最適な状態に保つことができれば）、医師が違法な胚移植の責めを負うことはないだろう。（ここで思い出されるのは、ジャック・ケヴォーキアン医師が不治の病に冒された患者のために作った自殺装置だ。この装置は患者が自力で操作できるので、「医師」は刑事責任を逃れることができた。）

このような行為が明るみになったとしても、政府の生殖に関する法整備の試みは、数多くの道徳的、法的課題に直面することが予想される。それは子宮への胚の移植の禁止を求める努力、そして――さらに厄介な問題だが――移植のあとで出産をやめさせようとする努力をめぐる課題だ。クローン胚の移植を希望する女性は、法の下に保証されたクローンの子供をもつという生殖の選択権の名目のもとに、この法律を覆す訴訟を起こすだろう（そしてクローンの子供は、最終的な判決が出る前に生まれるだろう）。そして、「違法のクローニングによる妊娠」が発見されても、政府はその女性にクローンの中絶を強制することはできず、出産後に彼女が罰金刑を課せられたり投獄されたりすれば、すさまじい抗議の嵐が吹き荒れることが予想される。赤ん坊が生まれれば、違法行為を行った医師を罰することにさえ、同情的な抗議の声があがるだろう。ただし、その赤ん坊が重度の障害を背負って生まれれば、そのかぎりではないが。

こうした理由によって、現実問題として有効で法的に妥当な方法は、最初の段階、つまりクローン胚を作製する段階からクローニングを阻止することしかない。このような禁止令は、生殖の自由への干渉としてでも、科学的な探求への干渉としてでもなく、クローン人間の不健全で不快で歓迎されざる製造と売買を防止する試みとして正当に位置づけることができる。

思慮分別の必要性

一部の科学者や製薬会社やバイオ関連企業は、このような広範囲にわたる規制に対して難色を示すかもしれない。彼らは、クローン胚、とりわけ、幹細胞の研究用のクローン胚を確保したいと考えている。この多能性細胞は、基本的に人体のあらゆる細胞、組織に変えることができ、身体の損傷を修復するための移植に利用できる可能性がある。胚性幹細胞は、必ずしもクローン胚に由来する必要はない。だが、科学者の言によれば、クローンから採取した幹細胞ならば、拒絶反応のリスクなしに、クローン胚のもととなった「双子」の成人に治療目的で使用することができる。拒絶反応のない移植を保証するこの手法は、現時点で、実験的なクローニングへの支持をもっとも多く集めている。だが、世間で大いに評価されているこの手法も、私にはとても実際的とは思えない（原註3）。しかも、昨今の新たな発見が示すように、クローン胚を使わなくても、同じ恩恵にあずかれることができるのだ。最近の数多くの研究から、幼児や成人の人体——血液、骨髄、脳、膵臓、脂肪から、高い治療効果がある幹細胞の採取が可能であることが明らかになった。これらの非胚性幹細胞は、予想外に、これまでになく多様な特殊化した細胞や組織に分化する能力をもつことがわかってきた。(同時に、胚から採取した幹細胞を医療に生かそうとする初期の試みでは、細胞が受容細胞の内部で暴れだし、置き換えが必要な組織とは別の組織を新たに作り出すという、悲惨な結果も見られた。体外受精した胚の異常が検知されないまま利用されると——よくあることだが——そこから採取された細胞にも異常が見られる可能性がある。)

自分の体から採取された細胞は、特別に作られたクローンから採取する細胞よりも容易に安く入手できるので、卵子ドナーや自分のクローン胚を利用しないでも、ほぼまちがいなく、自分の体から同種の移植可能な細胞や組織を必要なだけ採取できるようになるだろう。さらに、疾患の進行過程における発生学的な研究(そのために科学者たちは、たとえば糖尿病患者や嚢胞性線維症の子供からクローン胚を採取する必要があると主張する)には、遺伝性疾患の患者の非胚性幹細胞を利用すればこと足りる。私たちの手もちの資源を非胚性幹細胞の研究に投入することによって、胚研究をめぐる道徳的、法的な厄介な問題も回避できる。いま論じている話題に即していえば、胚のクローニングを慎むことによって、人間のクローニングの可能性も格段に低くなるだろう。胚のクローニングによってクローンの子供の誕生がより現実味を帯びてきても、そして、科学者が主張するような新たな科学的、医学的恩恵を得ることが、将来、クローン胚の研究によって可能になるとしても、思慮分別がそなわった精神は、人間の「いかなる」クローニングであれ、許可することに対して猛烈に反対するだろう。

クローニングを従来の政治的論点と関連させて考える必要はない。これは、中絶の是非の問題でもなければ、破壊と死や、女性の選択の権利の問題でもない。問題は、赤ん坊のデザインと製造、まさにその一点だ。それをめぐる論争を契機に、優生学と人間後《ポスト・ヒューマン》の未来をめぐる長い論戦の幕が切って落とされたのである。これは、「右」と「左」に分類すべき問題ではない。政界には、人間のクローニングを阻止しようとする動きにただ乗りしようとする人々がいる。胚の道徳的位置づけについての意見がどうであろうと、いったんクローン胚が研究室の内部で作製されれば、優生学上の大変革が現実のものになることを、誰もが心にとめておかなければならない。そして、私たちはそれになんらかの手を打つ最大のチャンスを失うかもしれないのだ。

どんな手を打つべきかを検討するにあたって、まず最初に、切迫した現状と、私たちが行動を起こすことと黙って見過ごすことの意味をはっきりさせておきたい。現在、知名度のいかんにかかわらず大勢の科学者や医師が、人間のクローニングの研究を進めている。彼らは、それが危険と背中合わせにあるとわかっていながら、臆することがない。クローンを選別し、異常がみつかれば片っ端から破棄しようと構えている。考えうる欠陥をあらかじめ発見できなくてもかまわないと思っているのだ。自分は清廉潔白だと信じて疑わず、クローン人間作りが将来におよぼす影響を、平然と無視しようとしている。彼らはクローン人間の健康を危険にさらそうとし、私の見方が正しければ、それよりも何よりも、世界初の人間の複製に成功するという名誉に浴することだけを考えている。要するに彼らは、どうせ世間は反発しないだろうと高をくくっているのだ。このような状況下で私たちが口をつぐんでいれば、黙認とみなされるだけだ。今何も手を打たなかったら、彼らの行為と、それを契機に起こるであろうすべての事柄について、私たちが責任を負うことになってしまう。

少なくとも技術的な問題に関していえば、アメリカでクローン人間禁止法がまだ成立していないことを私はありがたく思っている。前述したようにそのような法律はおそらく役に立たないだろうし、最終的には誤りだったことが明らかになるかもしれない（その場合、法律は撤廃されるだろう）。とはいえ、かりにクローン人間禁止が立法化されれば、クローン人間作製を阻止することに加えて、きわめて重要な目標を達成することができる。つまり、「証明する」責任の所在を明確にできるのだ。クローニング擁護者は、クローン人間を作ることで、どのようなすばらしい社会的、医学的なメリットがあるのかを確実に示す必要がある。まだ具体的な想像の域にも達していないとはいえ、危険を冒してまでも人間の生殖におけるこの大きな逸脱行為を（あるいは他の逸脱行為を）行うべきだというからには、さぞかし説得力のある主張となるに違いない。

これまでアメリカ人は、科学や技術の発達に対する楽観主義にのっとって生き、成功してきた。技術的な責務はプラスに作用したかもしれないが、そこには、利害をはかりにかけるための的確な手段がない。私たちは、技術の発達が歓迎されざる結果をもたらしたことに気づいても、法規制や、さらに新しい優れた技術によって、その「悪い」結果を修復することができると信じているのだ。しかしながら私には、アメリカの理論的枠組《パラダイム》に変化が生じると確信できる理由がある。少なくとも、人間の身体や精神への技術的な介入が、人間性、基本的な人間関係、人間であることの意味に対して、必ずや根本的な（そしておそらく不可逆的な）変化をおよぼすに違いないという点については。うまくいかなかったらあとで直せばいいなどという愚かな考えを抱いて、すべてを危険にさらすような真似をしてはならない。

なかには、クローニングの実用化は、ほぼまちがいなく最小限にとどまると考えられるので、利用を解禁すべきだと主張する向きもあるが、これは近視眼的な見方である。たとえめったに利用されなかったとしても、それを許容してしまった社会は、近親相姦やカニバリズムや奴隷制を部分的にでも許容する社会と同様、以前とは異なる社会になってしまう。クローニングを許容する社会は、それを意識しようがしまいが、人間の生殖を製造に転換し、子供を私たちが意図する計画としてあつかうことを黙認し、次世代の人々を優生学的に新たにデザインすることに、否応なく同意するだろう。この社会の目の前には、「すばらしい新世界」に通じる高速道路が延びているのだ。

だが逆にいえば、人間のクローニングによって私たちが直面する現在の危機は、またとない絶好のチャンスでもある。まったく前例のない方法によって私たちは、この技術的な企てを人間の手によってコントロールするために、英知と、思慮分別と、人間の尊厳のために、一撃を加えることができる。クローン人間の是非について考察することは、考えるだにおぞましいが、私たちが無秩序な技術革新の奴隷となり、その製品となるのか、人間の尊厳を高める方向に自らの力を導く自由な人間であり続けるのか、それを決定する機会となるのだ。

＊原註1（一九七ページ）――遺伝的に厳密に同一とはいえないだろう。私たちのDNAのごく一部は、核ではなく、ミトコンドリアと呼ばれる小さな細胞のなかにもある。クローン化された子供のミトコンドリアは、ドナーの体細胞の核ではなく、卵子に由来するのではないかと考えられているが、現時点では解明されていない。

＊原註2（一九九ページ）――アメリカ人の九〇パーセント以上が、このようなクローン人間作りは禁止すべきだと考えている。この数字は、クローン羊のドリー誕生以後の五年間、ほとんど変わっていない。

＊原註3（二二六ページ）――ここで問題になるのは、すでに指摘したとおり、クローン胚が核のドナーと遺伝的に完全に同一とはいえない可能性がある、ということだ。DNAのごく一部は、ミトコンドリアの形をとって、卵子のほうからもたらされるかもしれない。細胞質（つまり核外）に存在するこの小器官は、エネルギーを産生し、自分自身のごく少数の遺伝子をもっている。これらの卵子に由来する遺伝子は、動物実験によって、移植時に拒絶反応を引きおこすことがわかっている。したがって、クローン胚由来の幹細胞なら拒絶反応を招かないだろう。

　この点を論破するのは難しいが、次にあげる問題点は、クローンの臨床応用を却下する理由となるかもしれない。このような手法に利用するクローン胚を作るためには、大量の卵子が必要になる。そんなに多くの卵子をどうやって入手するのか？　卵子の採取は、卵巣に負担がかかり、不快感をともなうことから、無料で卵子を提供してくれる女性はそう多くはみつからないだろう。卵子を手に入れるためには、多額の費用がかかる。また、動物の卵子で代用する場合を除き、女性の卵子を商品化すれば、倫理的な問題が表面化することは避けられない。かりにこれらの問題が解決したとしても、さらに実際的な問題が生じる。自分自身のクローン胚から採取した治療目的の組織は、利用される前に食品医薬品局で個別に検閲を受け、それにパスしなければならないだろう。利用価値のある製品を商業用に生産することは、気が遠くなるような作業なのだ。これらの問題を考えれば、ベンチャーキャピタルがこの手法を支持して、幹細胞の医療利用の成功を見込むようなリスクを負う可能性はきわめて低いといえる。

肉体と魂——人間の生における「部分」と「全体」について

第六章　臓器売買は許されるのか——その是非、所有権、進歩の代償

以前、ある原稿について意見を求められたことがある。それは、市場を刺激し、移植用臓器の供給数を増やすため、現行の臓器売買禁止法をくつがえすべきだという論調のものだった。内容に反発を感じた私は論評することをことわったのだが、のちに、私の講読している雑誌にその原稿が掲載されているのを見つけ、自分の逡巡に向き合うはめとなった。読み進めるうち、当初の自分の受けとめ方に違和感をもちはじめた。なぜ、あのときあれほど嫌悪を感じたのか？　人間の身体は譲渡可能なパーツの山だという考え方はきわめて合理的なのでは？　とすれば、臓器の無償提供と同様に考えてもいいのではないか？　金銭の授受がからむとなぜ問題に思えるのか？

このとまどいは、経済にくわしい友人の言葉によってますます大きくなった。移植用臓器の商業利用は禁じられている。だが実際問題、移植を行う外科医や病院は臓器の取引によって巨大な利益を得ていて、非営利のはずの移植登録業者や斡旋業者たちも、ブローカーとしての稼ぎで従業員の給料をまかなっている。友人は重ねて言った。まわりの人間だけがふところを肥やし、臓器の持ち主である本人がかやの外というのはおかしくないか？　と。私の困惑は臓器提供や移植そのものと結びついて

いるのかもしれない。でなければ、臓器移植からなんらかの利潤が生じることに不快感をもったりしないのではないだろうか？

人体組織から利益を得ることに関しては、関連分野の進展における論議の中心であり、カリフォルニア州最高裁判所は、外科手術中に取り除かれた細胞の所有権は患者本人に帰さないという裁定をくだしている。細胞は、商業的な遺伝子操作を経て、特許つきの細胞株となり、推定数十億ドルという潜在的な市場をもつ製薬になるが、その細胞の持ち主である患者に利益はいっさい還元されない。人体組織の商業的所有権は広く認められているのに、もともとの所有者には権利がまったくないのである。これが公平で正当なことといえるだろうか？　利益を得る得ないは別として、生きている人間の組織についての特許を与えるのは傲慢なのではないか？　この貴重な資源の有効利用を促すという名目で、一般的な商業利用や市場操作がさかんになることが、本当に必要なのだろうか？

移植に使われる臓器は、少なくともアメリカ国内では、売却されたものや廃棄処分となったものを再利用するより、自発的に提供されたものを使うことのほうがこれまで多かった。約三〇年前、遺体の取りあつかいについて定めた普通法《コモンロー》を改正した統一死体提供法が五〇の州で制定され、すべての個人に、死後、身体の全部あるいは一部を贈与する権利が認められるようになった。一九八四年、議会は臓器提供や臓器移植を推奨、促進させる目的で全米臓器移植法を成立させる。それによって、臓器斡旋業者には国の補助金が与えられるようになり、斡旋とコーディネートの全国的なネットワークが誕生した。ただし、この法令は、人間のいかなる臓器も移植目的で売買することを違法とし、禁じている（譲渡が州境を越える商取引に影響を与えると仮定して）。

しかし近年、事情をよく知る人間のあいだでは改善を求める声があがりはじめた。その大きな理由は、提供臓器だけではまかなえない絶対的な数の不足にある。死体から日常的に廃棄される臓器を再利用するシステムが必要だと指摘する者もいる。生前本人が、あるいは死後家族が拒否しないかぎり、定期的に遺体から臓器を摘出すべきというものだ。実際、ヨーロッパ諸国では（イギリスを除く）ほとんどの国で主流となっているシステムである。

一方、臓器不足は医者の臆病と怠慢によると主張する人々もいて、摘出要請のシステム化という試みを行っている。つまり、故人の近親者に対して医師が臓器提供の許可を求めることを法律で義務づけようというものだ。あるいはまた、個人の権利や、亡くなった人間の肉体を傷つけたくないという遺族の感情を尊重すべきだと考える人々は、直接的な売買であれ、間接的な方法であれ、臓器提供を促すような奨励金を導入すべきだと唱える。数年前、ジョージ・メイスン大学ロー・スクールのロイド・コーエン教授は、「臓器の先物市場」を提唱した。各個人が、自身の臓器の将来的な権利を売り、死後その臓器が摘出され使用された場合、支払われた金銭は財産と認められるというものだ（1）。最近、米国医師会がこの提議をとりあげ、今後亡くなった身内の臓器提供を申し出た家族には、ごく少額ながら葬儀費用を一部負担してはどうかという検討もなされている。

このビジネスに関しては、アメリカは自由市場の先端には立っていない。臓器マーケットが存在するのは別の国だ。それも、生体からの臓器である。たとえばインドでは、臓器売買が広く、公然と行われ、腎臓、皮膚、さらには眼球までもがまだ生体ドナーから提供されている——肝臓の場合、相場は二万五〇〇〇ルピー、およそ一二〇〇ドル、インドの貧困層の場合一生分の収入に相当する額だ。そういった臓器を目当てに、金をもつ者が世界中からインドにやってくる。返還以前、香港では、中国政府が現地の新聞に広告を掲載していた。臓器（提供者の名は伏せている）はもちろん、中国までの航空運賃も価格に含まれる肝臓移植手術の斡旋である。共産国がついに西側の資本主義と肩をならべられる商品を手にした、という感があった。

こういった事柄をどう考えるべきか？ 当初考えたほど事態は単純でない、と私には感じられる。最初は極度の嫌悪感を抱いたが、未来のドナーに奨励金を出すならば、臓器提供数はぐっと増える――ひいては質の向上も見込まれる――だろうと今では思いはじめている。合理的に考えれば、埋葬や火葬という形で捨てられている遺体が実は貴重な資源になりうる可能性も否めない。また、臓器を金に換えるということへのうしろめたさのせいで、死ななくてもいい患者が移植を受けられずに死を迎えているかもしれない。トラブルを避けるというのも事実だろうが、恩恵をほどこす側は、どんな形でも――移植医とは違って、自分の献身的な行為に対して報酬を受けることは許されていない。

そして何よりも私を困惑させるのは、反対の立場をとっている私自身が、もし自分の子供や孫にそのような必要が迫ったとき――自分の腎臓が役に立たなかったとしたら――命を救うためにいくらでも金を工面し、ありとあらゆる手段を使ってでも適合する腎臓を探し出すだろうということだ。私は「一人の人間に一つの肝臓」という前近代的な原則を好むし、そうでなくてもドナーになる気にはならないし、また、実際にドナーになることなど想像もつかないけれども、わが子あるいは妻が、手術を受けなければ助からないという状況になったとして、どうしても金が足りないとしたら、合法であるかぎり、私はなんのためらいもなく自分の腎臓を一つ売りはらうだろう。家族へのこういった強い愛情はおそらく広く共通のものだ。この問題について、こうあるべきだという道徳観や方法を押しつけて一般化する気は毛頭ないが、誠実に考慮されてしかるべきものであるとも思われる。

「臓器は売買されるべきか？」という問いは、哲学的理由からも、人をつき動かし、かつ、混乱させるものだ。なぜならそこには、現代の西側自由主義社会において人生の価値を左右し、また人生を豊かにするもっとも強力な思想や主義が複雑にからみあっているからだ。その思想や主義とはすなわち、人間の生活を保障する科学と医学の進歩への信奉、私有財産、商業と自由企業、そして契約の自由などの個人の自主性と選択の自由を第一義的に尊重することなどである。しかし、現代の問題点を映しだす鏡を見るようだが、これらの主義はそろそろ限界まで来ているようで、少なくとも、勢いを失いつつある。ここへきて、ある別の概念と相容れなくなっているのだ。それは良識であり、是非であり、自由主義以前の事柄であり、ある意味で宗教的なものでもあり、つまり、人間の統合された肉体の神聖性と遺骸にはらわれるべき敬意などである。うまくバランスをとることができるのだろうか？あるいは、どちらかが退却することになるのか？これは非常に高くつく賭けになるだろう――命を救えるか救えないかの問題だけでなく、とりもどした命をどう受けとめ、生きていくかという問題でもあるのだ。

どのように前に進んでいけばいいのか？この問いもまた、大いに関心をひく難題だ――どんな土俵の上でこれを審議すればいいのだろう？経済学者、移植コーディネーター、あるいは政策アナリストといった、実用的な倫理観に基づく合理的なルールにのっとって行動している人々の見解を採用すべきだろうか？そういった人々なら、命を救うもっとも能率的でもっとも経済的な方法を教えてくれるかもしれない。それとも、厳格な自由論者の意見にしたがい、どんな方法であれ自分の好きなように肉体を売買したり取りあつかったりする自律性に枠をはめようとする人々に、そうした規制の正しさを立証する責任を求めるべきか？あるいは、モラリストの立場をとって弱い者を擁護し、論じるのがよいか？つまり、大きな悪――いわば一個人からであっても搾取や剥奪をすること――は、より大きな善を他者に提供しても帳消しにはできないと？　たとえ弱い立場の人々が完全な自由意思で同意をしていたとしてもそうであると？

さらには、どのような方向に進んだとしても、今度は、臓器売買の制限——つまり専門家のいうところの「非譲渡性」についてどういった側から検討すべきかという選択を迫られるだろう。まずは、マーケットを想定し、競争相手には例外的に売買禁止を強要しようか？　あるいは、人間の良識や繁栄などの概念から出発し、人間の自由と富を高めるのに適切な市場メカニズムを選択して、なおかつ、すべてのものの価値が市場価格で決定されないように注意しながら、進むべき最適な道を決めるとしようか？　それとも、こういった原則的な問題を全部ひとまとめにあつかい、いつものように、成功例だとかコストだとか世論の圧力だとかに照らしながら、場あたり的に政策を決定し、何が何やらわからなくしてしまえばよいか？　どの原則、どの手順を採用すべきか？　そして、いかなる種類の立証責任を誰に求めるべきか？

この議論は特別な性質をもつ。したがって、マーケットに関することから論じはじめるべきではないし、利益や弊害を合理的に計算することからはじめるべきでもない。むしろ私は、方針にかかわる問題はいったんすべて横におき、「臓器売買」という考え方がもつ意味を、もっと哲学的な観点から探る必要があると考える。とくに理解を深めたいのは、この考え方が、人間性をめぐる文化的道徳的態度、感受性にどう反映し、どんな影響を与えているかということであり、所有権、自由契約、医学の進歩などの原則にどんな光を注いでいるかを見極めたい。それによって、専門家の合理的な意見や方針分析と、経験によって裏づけされた概念、つまり人間の肉体を売り買いする市場が存在するということに対して素朴に感じる強い嫌悪感に代表される概念とを対比させてみたいと思っている。このような感情や概念——合理的な解釈がたやすくできるものでもなく、簡単に見通しが得られるものでもなく、だが、いわれのない不合理な理由からくるわけでもないもの——を正確に理解することが、この問題での方針決定に大きな意味をもつであろうと思いたい。

臓器移植の是非について

専門外の人間が、臓器移植というテーマに取り組むとき、最初に直面するのは是非（妥当性）という問題である。人体へのアプローチの第一歩は、是非のカーテンをくぐりぬけなければはじめられない。実際、是非とからんで発達してきた因習——マナーや礼儀——の多くは、人間が肉体をもって生きているという事実や、それにともなう問題に応えてきた結果である。

では、生体であろうと死体であろうと、人間の肉体について考え、それをあつかうとき、ふさわしく、適切で、適当で、礼儀にかない、良識のある、的確な方法とはどんなものだろうか？　これは途方もなく大きなテーマであるが、私たちの現在の関心の核となるものでもある。なぜなら、人体に対して、あるいはそれを用いて何を行うことが許されるかは、私たちが人間の身体というものをどう考えているか、また、それを私たちの存在とどう結びつけているかに、ある程度左右されるからだ。

以前、別の機会に「肉体についての考察（Thinking About the Body）」と題する小論でこれらの問題についてかなりくわしく論じたことがあるのだが(2)、そこでの結論をここに引用することはやぶさかでない。還元的肉体主義（魂はないとする主義）や人格と肉体の二元論（肉体を軽視する考え方）という、私たちの時代を支配する哲学観に逆らい、私は、精神物理学的統一体の見解をとる。つまり、人間は、一〇〇パーセントではないが、おおむね、生命をもった肉体と同一の存在だとする見解だ。肉体というものを尊重し、直立姿勢や腕や手、顔、口、動きの方向（アーウィン・シュトラウスの著名な論文「直立姿勢（The Upright Posture）」を参照してほしい（3））などを熟慮し、人体が本来もっている荘厳さについて、私は次のような論を展開する。

正確に考察するすべを了解している者にとって、ものいわぬ人間の身体は、この世界に存在する生物としての合理性と特殊性のしるしをすべて教えてくれるものであり、また、存在に必要なあらゆる状況を自らが生み出していることの証しでもある。私たちの肉体は、口こそきかないが、人間が、祖先である動物を単に複雑にしたものではないということを物語る。それだけでなく、巨大化した脳のほかに、意識というものが、生存のみをつかさどる盲目のメカニズムに埋めこまれ、組みこまれたのだ。

人体の「全体像」からは、内部に秘められた思考と行動の力が感じられる。心と手、歩行と注視、呼吸と舌、足と口——すべては単一パッケージの一部分であり、英知が凝縮されている。私たちは、頭のてっぺんからつま先まで、「理性をもつ」（「考える」といってもいい）動物である。すべての人間は等しく、同時に、高度に個別化され、それぞれの個人は独自の方法で人間性という共通項を示す存在でもある。これも肉体を見ればわかるように、顔や手や姿勢もその人の人間性を具体的に示すものであり、一人ひとり異なり、唯一無二である自己を表している。ゆえに、死体が個々の特徴だけでなく、誰もがもつ人間性のしるしを見せているとしても不思議ではない。

これはほんの一部にすぎない。たしかに、私たちは「考える」動物だが、同時に、考える「動物」である。肉体を見おろして裸体の意味を熟慮すると（エデンの園の男と女の話を参考に）、人間の弱さ、脆さ、そしてとくに不完全さや不足しているもの、頼りなさ、滅びやすさ、男女の別、性に潜む自制の欠如などが見えてくるはずだ。おそらく人間の尊厳を傷つけるものでもあろうが、肉体に刻まれた、こうした人間の弱さのしるしは人間同士の特別な結びつきを示すものでもあり、私たちの合理性同様、人間性の鍵となるものなのである。

へそは祖先につながり、生殖器は子孫につながる。この言葉は、人間が朽ちていくものだということを連想させるが、同時に、不滅性を表してもいる。この意味を理解すれば、避けがたいこと、不面目と感じることも、自由で崇高な事柄におきかえて考えることができるようになるはずだ。肉体を正しくとらえれば、そこに、先人たちへの恩と義務を見るだろう。肉体面でも精神面でも、私たちには「源」があるということを、人間の身体は物語っている。人の尊厳は、つまるところ、肉体をもつことの具体化の必要性を否定するのではなく、それを慈しみ尊重すべき天からの贈り物ととらえ、じゅうぶんに認め、高めることにある。亡骸をあつかう形式、それぞれに価値のある生きた肉体への尊敬をとおして、私たちは、相手が生きている人間であれ死者であれ、その肉体の前に立ち、うやうやしく敬意を表する。

このように、人間の身体がもつ意味をよく考えると、世の中にあまた存在し、なかには万国共通のものもある慣習やタブーの意味が鮮明になってくる。人肉嗜食《カニバリズム》——生きている人間の肉や死体の肉を食べる行為——は、人体をはなはだしく冒瀆するものだ。そこでは人間性は無視され、ただの肉の塊とみなされる。また死体の切断は、人体の完全性を侵害するものだ。死体性愛などの性的倒錯は、遺体に対する侮辱であり、「その体」がそれまで送ってきた生への侮辱でもある。さらにいえば、外科手術もまた、完全性を侵害するという途方もない矛盾をかかえ、人体の尊厳をおびやかす。より大きな危険を取り除くためとはいえ、自傷行為を容認するというタブーをはらんでいる。視覚によるカニバリズムである窃視などの、性的プライバシーへの罪は、他人の肉体的生活への侵犯である。本来ならば、真に寄り添って慈しみ、互いに分かち合う経験のなかにのみ意味のあることを、単なる行為にして暴きたてる。祖先や近親者の亡骸をしかるべき方法で埋葬する――あるいは弔いの儀式をする――のは、いわば肉体に刻まれた個人のしるしとこれまでの恩に敬意を表すためだ。こういった意思をどのように形にするかは文化によって違うが、まったく行わないものはなく、なかには、ほかに比べて繊細な自覚をもつ文化もある(4)。

人が肉体をもつことをとくに重視していたホメロス時代のギリシャ人は、適切な埋葬を怠ることは最大の侮辱であり、尊厳をふみにじるものと考えていた。輝かしい勝利の対極にあるものは、臆病心でも敗北でもなく、野ざらしの死体になることだった。『イリアス』冒頭の詩神にささげる祈りの中で、ホメロスは、アキレスの怒りは戦士たちの強い魂を冥界《ハデス》に追いやり、彼らの肉体は放置されて鳥や犬の餌食になった、と嘆いている。『イリアス』はヘクトルの葬儀で幕を閉じるが、アキレスから屈辱的なあつかいを受けていたヘクトルの死体は、ここにきてやっと(動物以上の)人間性を完全に取りもどすことになる。「人々は、馬の名手ヘクトルを埋葬した」

肉体の完全性を重んじる同様の傾向は、古いユダヤ教やキリスト教をとおして、私たちにも影響をおよぼした。聖書は、動物の肉体さえ損じてはならないと教えている。肉を食べることを許す一方、神の掟よりも自然なものとして知られている「ノアの子らの戒め」は、生きた動物の手足をもぐことを禁じている(原註1)。

肉体の侵害や遺体のあつかいなどについて私たちが示す態度のほとんどは、原則や論争などより、感情や嫌悪感などに左右されている。これらは意図がなくても間接的に受けつがれていくもので、形式ばって伝授されるものではない。そのため、こういった考えはただの感情にすぎず、時代錯誤の迷信の復活だと懐疑的な目を向ける者も多い。未知と無知ゆえの嫌悪感だと考える人々もいる。つまり、得体の知れないものに、人は不快感をおぼえるのだと。この考え方によると、死体の切断を恐れる感覚は、脳やネズミを食べることに抱く恐怖感と同種のものということになる。だが得られる利益が大きいなら、そういった極度の不快感も、時がたち、回数をかさねれば、いつしか消えていくだろう。とくに——臓器移植に関しては。

この考えはまちがっていると思う。なるほど、昔は受けつけなかったがそのうち慣れたというものはいくらでもあり、私たちはそのことを経験から知っている——臓器交換もその一つにあてはまるだろう。『罪と罰』でラスコーリニコフがいっているように（彼にはわかっていたはずだ）、「人はすべてに慣れる——獣だ」。しかし、極度の嫌悪感は肉体の尊厳と完全性を守るためのものであり、ただ単に得体が知れないという感覚だけから生まれるものではないはずだ。そしてまた、不合理なものでもない。それどころか——保護を必要とする人間の身体と同様に——道理の表れにほかならない。これは、合理性についての第一人者カントの見解でもある。『道徳形而上学原論』のなかで彼は次のように述べた。

人から必要不可欠な臓器や身体の一部を奪いとること（不具にするということ）、たとえば、他人の顎の骨に植えるために歯を与える、あるいは売るという行為、もしくは、歌手生活を手っ取り早く成功させるために去勢をする行為などは、部分的な自殺行為に属する。しかし、死体からの臓器切除や、壊死をまぬがれない状態、生命の危機などの場合はこれにあたらない。同様に、臓器でない身体の部分、たとえば、髪を切りとる行為は、その髪の持ち主に対する犯罪とは認められない。利益を得る目的で髪を売ったとしても、非難されるものではない(5)。

カントは合理主義者であったが、動物体である人間の理性的な義務を理解していた。この特別な動物である人間の肉体こそ、理性が形となって現れたものだからであった。

嗜好を満足させるための道具として自分自身をあつかうことは、個人(homo noumenon)の人間性をおとしめる行為であり、その保護は結局、人間(homo phaenomenon)にゆだねられている(6)。

人間は、その身体を単なる道具としてあつかうとき、自分が理性的な存在であることを否定しているのである。

是非の概念は、私たちが不安定だけれども尊厳をおびた肉体をもつ存在であることの意味に根ざしている。これについて論じるにあたり、人体を臓器移植に必要な「もの」としてあつかうことに対し、考えられる感情と仮定を順番に述べていくことからはじめよう。つまり、無菌手術室の装備や目をみはるようなテクノロジーも一枚はげば、臓器移植もカニバリズムの洗練された一形態ということになる。これから、一応正しいと考えられる出発点を整理してみる。

(一)《生体ドナー(臓器提供者)》——これは自傷行為にあたるおそれがある。よい結果が得られると推定し、かつ、医療行為として広く認められたものだとしても。尊ぶべき医の倫理の原則にしたがった場合、外科医は本人以外の利益のために健康な身体にメスを入れることを厭《いと》う。したがって、近親者以外の生体ドナーから腎臓や肝臓を移植することは行わない。

（二）《死体からの臓器摘出》――まず、死体を損傷することは、その統合性の冒瀆にあたると推定される。死体にメスを入れることはその完全性を傷つけることであり、死体の一部を再利用することは尊厳を犯すことである。遺骸を完全な姿で儀式に送りだすことが、故人が生きた人生に敬意を表することにつながる。さらに、私たちの肉体は親、配偶者、子供などの具現化された生命と密接なつながりをもっているため、普通法《コモンロー》（二三五ページ参照）は、故人の身体に関する権限を近親者に与えている。それによって近親者は、最期の儀式を執り行い、遺骸を前にしてともに死を悼み、儀式にのっって別れを告げ、故人との関係を認識すると同時に家族の肉体と永久に離別することが可能になる。

こういった感情や方法は深い知恵に基づいたものといえる。それを考えると、故人の形見の処理を故人の意思にしたがって決定することにし、死亡直後にその臓器提供を促すという事態が、なぜ奇異で混乱を招くのかがわかるだろう。なぜなら、まさに形見となった肉体は、人間の意思には限界があること、生命が儚《はかな》いことを示す物証であり、前述の理由や目的において、死後にそのすべてはまちがいなく家族に「属する」ものとなる。同様に、個々の命の実際の性質を哲学者や経済学者よりもくわしく知っている医者が、臓器移植に強い関心をもちながらも、故人の近親者に臓器摘出の同意を要請することに消極的である理由も説明がつくだろう。これは、訴訟をおそれてではなく、たとえ故人がドナー・カードの所持者で臓器提供の意思を明らかにしていても、医者が、家族の同意なしに臓器を取り出すことはしない理由でもある。

（三）《提供された臓器のレシピエント〔臓器被提供者〕》――体内に他人の肝臓や心臓を埋めこんで街を歩くという考えには、個人のアイデンティティが混乱するのではないかという素朴な嫌悪感がつきまとう。もちろん、ほとんどのレシピエントにとって、アイデンティティの混在はすすんで受け入れられる選択肢であり、移植はすんなり行われることが多い。だいたい、他人のものであった臓器は身体の奥深く埋めこまれてしまうのだから、外見上の変化はない。しかし、こういった移植は――とくに生体臓器の移植の場合――肉体の自己性に漠然とした疑念を抱かせる原因となる。「人格と肉体」の厳格な二元論を受け入れるか、あるいは、これまでの人生で実感として得てきた確信に逆らい、人格は「脳すなわち／または精神」そのものであるか、もしくはそこに宿るのみ、という命題を採用しないかぎり、その疑念からは逃れられない。言葉を発することのできない肉体もまた、完全性や個人としての存在、個人のアイデンティティを訴え、移植に反対の意思を示す。人体をあらゆる異物から守る免疫システムがそれであり、他人から移植された組織や臓器に対して、生来的に拒絶反応を示す。

（四）最後に、《プライバシーと公共性》――移植や通常の手術により生存の可能性が生じるのは喜ばしいにせよ、のぞき見趣味的なメディアの取材や、今回の提供者は誰だとか、誰の新しい心臓がどうなったとか、そういった尽きないうわさ話には本当に不快にさせられる。自分の手術痕を見せたリンドン・ジョンソン〔訳註・アメリカ第三六代大統領（一九六三年―六九年）。六五年に胆石と尿管結石の手術を受けたとき、その傷痕を記者に見せた〕を無神経だとして眉をひそめた、ひと昔前の時代の繊細さが失われてしまったことには当然の理由がある。今は、テレビで平然と手術シーンを映し、新聞で臓器提供を声高に呼びかけ、トークショーでは子供のための骨髄提供を企画し、ふだんの会話でも臓器移植や潰れた肉体などが平気で話題にのぼるのだから。

少し誇張があったかもしれない。だが、それは必要があってのことだ。臓器移植問題は、軽々しくとりあげ、どっちつかずの立場で語るべきものではない。良識と適正さと是非を無視することはできず、ためらいを振りきらなくてはならないときもある以上、臓器移植にはその正当性を立証する責任をともなうということを忘れてはならない。生命を救うということは万人が認める大いなる善であることから、負う義務もまた大きいものだと思われる。目的のためには手段を選ばないことにすれば、理性は極度の嫌悪感を取り除く助けにはなるだろうが——悲しいかな、片面に「恥」、もう片面に「是非」が刻まれたコインで何を買ったのかも忘れさせてしまう。死体の尊厳を犯してはならないという禁制については克服できる。だが、近親者に差し出すならいざしらず、自傷行為である生体ドナーとなることへの了承やサインをためらう気持ちを克服するのは容易ではない——ここに、家族の絆を強要したり、利用したりする危険性が残されている。

臓器移植の実行は、なぜ可能だったのか? 第一に、自発的な同意のみならず「無償提供」の原則も強く打ちだされてきた点にある。私たちは実利主義的な計算は避け、得られる臓器数を最大にすることも目的とはしてこなかった。つまり、是非を重要視し、非実利主義的な考察に重きをおくことを旨としてきたのである。

実際、人体からの臓器摘出を合法化するために、究極の分離という事実を不明確にする、いやある意味では否定する原則が主張され続けてきた。なぜなら、臓器という「贈与物」——生存中の「所有者」から提供されたもの——は何であれ、単なる物理的なモノではない。贈与という性質上、提供された臓器は、ドナーの寛大な善意をともなうものである。いわば、ドナーの魂の寛大さと切っても切りはなせないものだ。移植の成否を決定する臓器の「鮮度」は、すなわち、ドナーの著しい生命力を象徴的に示しているともいえる——さらにいうなら、ドナーの死後はとくに。この結果、奇妙な形ではあるけれども、臓器の摘出、つまり肉体の部分的譲渡は、「臓器提供」という寛大な行為によって、自分が肉体をもっていることを再確認する作業となるのである。

所有権について

人体の一部を売買すること、とくに生体からの売買に反対するもっとも一般的な理由に、公正さの問題、貧困層や失業者からの搾取、悪用の危険——価値の高い商品を得るために窃盗や、場合によっては殺人も起こりかねない——などがあげられる。下劣な売買は非難の対象となっている。つまり、絶望を利用した商売だ。自分の身体にとって非常に貴重な部分を売りはらう場合は、とくにそうである。富裕階級による買いつけも問題視されている。患者の生死を左右する臓器と生活必需品をセットにして、貧しい人々も同様に入手できないかぎり、富裕階級も臓器を入手できない仕組みになっていたりする（南北戦争でも似たようなことが行われており、徴兵に際して自分の身代わりになる誰かを買うことが許されていた）。

ロイド・コーエンが提唱した先物市場（二三六ページ参照）は、こういった悪行を避けることを明らかな目的としたものだった。コーエンが提案したのは、市場の割り当てに頼るのでなく、供給サイドを増やしていくというもので、それによって、富裕層が特権をもつことを回避する。また、生体から先物を、死体から現物をという方法を徹底させると、コーエンの確信によれば——私はまちがっていると思うが——貧困層から搾取する危険性はなくなるという。（ほかにも、貧困層を搾取から守ることを目的とした市場への介入案などがあるが、それらは、実際には臓器の値段をあざむくことになり、買う側の富裕層には、まったくの自由市場でついた呼び値で購入することを余儀なくするものとなっている。）

上記のような反対意見や懸念は、たしかにうなずけるものである。若くて健康なインド人が男女を問わず裕福なサウジアラビア人やクウェート人に腎臓を売っているという話をきくと、社会経済の現実や、国民に絶望的な生活レベルを強いている政府を嘆きたくなる。しかし同時に、臓器を売った側の個人的な事情に話がおよぶと、家族に人並みな暮らしをさせるために、法をすりぬけるようなやり方を選ぶ彼ら自身を非難する気持ちも押しとどめることができない。臓器売買は――売春や代理母や乳児売買と同様――生活困窮者を二重に拘束するものだ、と評する者もいる。禁止をすれば、そういった人たちを経済の流れからはじきだすことになり、許容すれば、この問題についてまわる非難によって、いっそう社会的に孤立させてしまうことになる。

共感と反感の板ばさみになって、どっちつかずの立場をとる人たちもいる。売買は認めるが、公然と取引することは禁止、ブローカー行為は違法とする（つまり、売春は公認するが、ポン引きは摘発するということだ）というもので、おそらく、悪徳ブローカーを抑制することにはなるだろう。だが、こういった処置をとろうとする人々は、私にいわせれば、問題をすりかえているにすぎない。臓器の商取引そのものに問題がないなら、そのことによって生計をたてている人間がいるということに、人々はなぜ眉をひそめるのか？　搾取と不公正を糾弾する反対意見は、方向を決定づけるものとしては重要だが、一般にはかえりみられることのない、もっと根底に潜んでいる臓器移植そのものに対する異議――是非の項で論じたような――を裏切るものであるように思える。移植や提供には抵抗を感じない人たちが、臓器売買を是認することになぜ難色を示すのか、理解に苦しむ。

たしかに、自由に与えられるものは、値段のつけられないもので、売買の対象となるべきではない。愛情や友情などがその最たる例だ。寛大な行為も売り買いされるべきではない。たとえば醜いアヒルの子ともいうべき女性がいたとして、私が好意から彼女をダンスに誘うのと、彼女の父親から金をもらってそうするのとでは、大きな違いがある。愛や寛大な行為が売り買いできない理由の一つは、厳密にいえば、それを「与えてしまう」ことができない――相手に「渡してしまう」ことができないせいである。人は誰かに愛情を、また、愛する相手に自分の身体を「捧げる」ことはできるが、それを寄贈することはできない。友情を「捧げた」といっても、それはもとの持ち主のもとを離れない。だが、臓器となると話は違ってくる。臓器は形をもち、自由に、完全に譲渡できる。与えてしまうこと、渡してしまうことができる。つまり、売ることができ、その効用は絶対のまま、りっぱな代用品となってレシピエントに貢献することができる。では、なぜ――正当な持ち主の手によっても――それは売られるべきではないのか？　ドナーが自分の臓器の対価を受けとるのはなぜ悪いことなのか？　ここではじめて、「身体の所有権」という問題が浮上してくる。

法律的、経済的意味合いとは別に、一般的に身体を財産とみなす考え方があることはわかっている。たとえば、人体をさす所有代名詞の面白い慣用などからそれはうかがえる。私はしばしば、自分の身体を魂や意思の道具（文字どおり、器官や器具）だと考えることがある。私は有機体として組織化されている。誰が使用するために？――もちろん、私自身だ。私の熊手が私の所有物であるなら、熊手を使う手もまた私の所有物だ。自分の身体を「私の」と言うとき、そこにはプライバシーと、他人と共有できないものという認識が存する。さらに重要なのは、喜ばしからぬ侵入者からの脅威に対し、所有を明白にするという意味も含まれ、「私の体は誰のものでもない私だけのもの」という歌のように、子供たちに自分の身体を守ることを教えるための形而上学にまでおよんでいる。私の身体は私のものであるかもしれないし、神のものであるかもしれない。あるいはそのどちらのものでもないかもしれない。だが、私と第三者との関係においては、明らかに私のものである。

だが、釈然としないものが残る。自分の身体の「所有権」とはいったいどのようなものだろうか？　それは私のものなのか、私自身なのか？　それは——あるいはその大部分は——車や犬といったほかの財産のように他人に譲渡できるものなのか？　身体の所有権は何をもとに申し立てればいいのか？　本当に「私のもの」なのか？　それを産み出すための努力《レイバー》をしてきただろうか？　労働《レイバー》の大半をしたのは母親なのに、母親のものではない。所有する資格を主張すべきか？　疑わしい。資格があるといえるようになる前から、私はそれを所有していた。贈り物と考えるべきか——贈り主がいるいないは別にして？　贈り物はどう所有し、どう使うべきなのか？　好きなときに他者に譲る権利に制限はあるのか？——この問いに対する答えが見つからなかったときは？　自分のものであるとはっきり断言できないものを人に売ったり、譲り渡したりすることができるのだろうか？

「所有権（property）」という語は、ラテン語のproprius（「適切な、適当な（proper）」や「妥当性（propriety）」もこれを語源とする）から派生した言葉で、propriusには、「自分自身の、特別な、個々の、特有の」という意味がある。所有権（property）には意味が二つあり、一つは、自分自身のものであるということ、もう一つは、その所有物を使用するか処分するか決める権利——独占的な権利——を有するという意味だ。

自分の身体と言おうが「私の持ち物」と言おうが、たいして違いは認められないように思えるかもしれないが、常識的には、自分の身体を厳密な意味では「自分の所有物」とは呼ばない。なぜなら人は、「自分」であることと、「自分に所属するもの」であることと、それから「自分の所有物」であることを区別しているし、またそうすべきであるからだ。私の肉体は私自身であり、私の娘は私に所属するもので（私の意見や行動や発言も同様）、私の車は私の所有物である。そしてこの「所有物」のみが、意思によって、明確に譲渡したり、売却したりすることができるものだといえる。

常識から一歩踏みこみ、哲学的見解から考えてみても、このような考え方は支持されるものだろう。だが、新たな疑問も生じる。所有権の権威であるジョン・ロックの言葉によれば、所有権というものは、もともと、肉体に由来するものである。「この地球と地球のあらゆる生物は人類の共通財産だが、個々の人間には自分自身にのみそなわっている財産がある。本人以外その権利を有するものはいない。肉体が生み出す労働と手がおりなす技もまた、その個人のものである」(7)。そして、この労働の所産への権利も、ロックによれば、個々の人間が自分自身にのみそなえた財産から生じるものということになる。ところが、労働の所産への権利と異なり、個々の人間がそなえた権利は、絶対的に譲渡不可である（自由の権利と同様に譲渡できないものであり、たとえば自分を奴隷として売ったとしても自由までは相手に受け渡すことはできない）とロックは述べている。

「私個人」という財産は、他者によってなされる可能性のある侵害や要求を制限する機能をもつらしい。つまり、あらゆる人間が流用したり使用したりできるような一般物から、私――そして人間すべて――を除外する方向に働くのだ。したがって、所有権は、私という人間の身体とその生産活動の（共通性よりも）個人性から生じるものなのだが、ロックによれば、肉体に関する所有権は、いわゆる普通の財産とは性質を異にする。肉体の使用権は、私個人にのみある。だがほかの財産とは異なり、私にはそれを処分する権利はない。(所有権という考え方の哲学的、道徳的弱さがここで明らかになる。所有権は、私自身の誕生という個人性から発生し、肉体の個人性のうえに確立する。だが、これは、相対的、政治的なものであるにすぎないことがわかった。)

しかし、ここで問題が生じる。生きている肉体を丸ごとすべて誰かに譲渡することはできないが、部分的になら可能である。血液、骨髄、皮膚、肝臓の一部などを他人に譲っても、私は死ぬわけではなく、肉体をもつ私自身はおおむねもとのままだ。治療もしくは提供という目的で腎臓を摘出しても、私の全体性やアイデンティティが変化することはない。死体はどうかというと、まちがいなくそれが他人ではなく私であり、まちがいなく「私の」亡骸であったとしても、それはもう私ではない。死体と私は別個のものであり、個人の価値が失われないという安心感からこそ臓器提供の意思をもつことができるのだ。では、どれだけ完全であろうと、また、体のどの部分を保持していようと、それは私の欠くことのできない一部ではなく、私の所有物にすぎないのだろうか？ これを、「私の財産です」と言えるだろうか？ もしそうなら、その理由は？

肉体を所有物とみなす考え方は混乱ばかりを生む――そもそも「所有物」という概念の中心にあるものが、個人のアイデンティティの本質というものと同じくらい曖昧なので、疑問が生じることになる。「肉体に対する所有権はない」とする一般常識や普通法《コモンロー》を支持する議論は多く、そうした論者らは、肉体に対する所有権を否定している――生存している本人の肉体であれ、死体であれ、あるいは、ずっと昔に亡くなっている先祖の遺体であっても認めてはいない。(先祖に関していえば、普通法の裁判所では、遺体の近親者に、ある程度の所有権――埋葬など限定的な使用のために保管する権利のみを認めてきた。これによって、債権者などの要求があっても、良識をもって埋葬されなければならないという個人の権利を守る義務も家族に課せられた。この賢明な教えは、統一死体提供法では採択されなかった。）しかし、もし、私の身体が私の所有物でないなら、そして、自分の肉体に何の権利ももたないとしたら——哲学的、道義的に、問題は非常にあやふやなものになるのだが——どんな権利によって、自分の身体の一部を他人に譲るのだろうか？　それが所有権に基づくものなら、原則的に、売却することに他人が反対できるのだろうか？

別の角度から検討してみよう。個人の所有権という概念と関係があるのは、自らの権利を自由な意思で他の所有者に譲渡することを認める、「自由契約」の概念である。所有権という複雑な問題からいったん離れ、自由の原則にたちもどってみることにする。前にもふれたが、身体を傷つけることへの懸念を克服し、臓器の贈与を正当化するのに使われたのは、「自由の原則」（自発的で自由な臓器提供）であったはずだ。反対に、ヨーロッパでは、（不動産）復帰権と接収の原則に基づき、死後の遺体は国家の財産となると定めている国もあるが、私たちアメリカ人は、個人の権利を残す方向を選んだ。その理由は何か？　尊厳のある埋葬をそこなうことなく臓器移植から社会的利益を得ようとしたからか？　そしてその利益を得るためには、個人の選択にまかせることが最良であると考えたからだろうか？　それとも、自律や個人の選択の善を信じる自由（すなわち自由論）そのものが非常に重要であると考えたからか？　別の言葉でいえば、臓器を処理するという契約の自由を許すことを最良の手段（あるいはもっとも弊害の少ない手段）として正当化しなければならないほど、臓器が極度に不足していたということだろうか？　もしくは、契約の自由を絶対的なものとして、人々が自分のしたいように身体を使う権利を社会的に利用しようとしたのか？　この違いはとても重要なことだと思われる。自律の原理は、特定の必要性とは関係なく、私たちに、人間の身体をあらゆる方法で二次利用する自由を、とくに有効利用する自由を与えるものだからだ。

臓器が社会的に必要とされていることは広く認められている。私たちは、直接的な社会的解決と占有ではなく、自発的提供を認め、奨励することで、その必要性を間接的にまかなってきた。前にも述べたように、この問題の道徳的な基盤は、「自発的である」ことよりも「贈与する」という寛容さからくる。全体主義ではなく自由主義的な立場から、私たちは自由というものに法的な重しをおきつつ、人々がその自由を惜しみなく利用できるように望んでいる。その結果、臓器提供の促進と正当化のために、売買の可能性も含んだ身体の所有権と自由契約という概念を採用してきたのだと思われる。

しかしこれは危なっかしい。私権と自律性の原則が規範となれば、臓器提供と臓器売買のあいだに一線を画すること（それが不可能でないとして）の難しさが証明されることになるだろう。（自発的な隷属、獣性、その他の醜行に異議を唱えることが、哲学的に不可能だということも証明されるに違いない。）

さらにいえば、自分の身体を自由にあつかうことや、身体の部分を売買する目的に対して制限を設けようとする人々には、自分たちの主張の正当性を立証する責任がたちはだかることになる。つまり、ひとたび自由主義的立場で移植用臓器のマーケットを認めてしまえば、臓器提供のためばかりでなく、いわば、ぜいたく三昧な生活のために人間の身体を売り買いすることを防止することが難しくなるともいえる。こうしたケースは、権利と自由主義の原則には限界があり、究極的には不完全なものであることを映し出す。

自由主義を研究する学者たちは、以前から、私たちが基盤とする自由が秩序をもったシステムとして機能するには、次のような社会の存在が前提条件になると考えてきた――すなわち、最低限の良識をもち、個人の権利を享受しながらも互いに相手に対する礼儀と責任をもつ人間を育成するような、家族あるいは宗教的制度に基づいた社会である。自由の行使によって自らすすんで非人間化するという道をたどらなかったとしても、やがては売買につながる、人間の身体に関する契約の自由は、私たちがこうありたいと思う人間、あるべきだと思う人間を破滅的に蝕み続けるのではないだろうか。長い年月のあいだに、生と死の管轄は教会から病院へ移り、遺体の取りあつかいは聖職者から家族、やがて本人へ委譲されていった――そしておそらく将来のマーケットでは、それは保険会社、国家、あるいはインサイダー取引に新しい価値を見いだすブローカーにゆだねられていくことになるかもしれない。たしかに、たくさんの命が救われることになるだろうが、はたして、これは正しいあり方だといえるだろうか?

所有権と自由契約の問題はひとまず脇におき、純粋に売買について考察してみよう。「権利」についてはここでは言及しない。人間の身体を、たとえば政府専売という形で完全に商品化するということは何を意味するのだろう? 政治システムのいかんにかかわらず、臓器を贈与することと売ること、贈与品としてそれを受け取ることと買うこととは、道徳的・哲学的にみて、どこが違うのだろうか?

人間の肉体を商品化するという考え方に人は不快を感じる。それは当然だろう。なぜなら人間の身体は、何かの単位ではかられることがとくに嫌われ、拒まれる種類のものだと考えられているからだ――それは愛情や友情、あるいは生そのものがそうであるのと同様だといえる。「金銭で価値をはかれないもの」であると言うとき、それは決して、無限の価値があるという意味ではないし、維持し支えるのにどれだけコストがかかるか(たとえきわめて大雑把な計算をしたとしても)、お金には換算できないということをさしているわけでもない。むしろ、人間の身体がもつ意味、人間としての価値の大きさは、定量化しうる単位で表せるものではないということだ。こういったことから、人間の身体は、道徳的な意味においてばかりでなく、実際的な意味合いでも、一律の基準ではかれないのである。

この考え方に対し、市場の取引システムは全体的に、（事実上）同一基準化できないものを同一基準ではかる、独断的だが広く採用されている試みによって成りたっているといえる。通貨とは、オレンジと機械部品、手作業と経済学者の思考時間といったような、本来ならば同じ基準ではかれないものを、ある取り決めによって価値を比べられるようにしたものだ。文明と名のつくものはどれもみな、「交換」というこの習慣的な手段の上に成りたっている。古代ギリシャ人は、「お金」を表す「ノミスマ（nomisma）」という言葉を、人々の意見の一致によって決定された「掟」を表す「ノモス（nomos）」という言葉から作り出した。この基本的な慣例が、商業や余暇、そしてゆるかな公正さの基準を作り出していったことがそこに表れている(8)。

だが、こうした取引のための尺度を定めた目的は、人間の生まれながらの欲求や、幸福を求める願望を満足させるため、ひいては人間の可能性を最大に引き出すためだった。ある種の必要性の概念や、人間の善性と考えられているものは、つねに貨幣をもちいた取引の裏で、取引できないひそかな基準として手渡されてきた——いうまでもなく暗黙のうちに。だが、ここで問題が生じる。お金の裏に隠れていたこのひそかな基準は、いつしか忘れ去られ、表に向いていた価値だけが価値として採用されるようになったのだ。

たしかに、習慣的な同一の基準に基づいた商品化は、つねに価値の均質化や、対象の均一化といった危険をはらんでいる。すべてを量ではかれる世界に押しこんでしまうのだ。多くの場合、人々はそんなことは気にしないし、悩まないし、気がつくことさえない。だが人間の魂は、どれほど的を射たものであっても、最終的にはこうした定量化の原則にしたがわないものだ。たとえば、質屋はなぜどこででも嫌われるのか。それは質屋が、人の不幸から利益を得る商売であり、先祖伝来の財産や、いわゆる（適切な表現ではないが）「感情的価値」があるとされるものを手放さなければならない側の屈辱のうえに成りたっているからだけではない。それよりも人間性や個人の価値の真価をまるで考慮せず、市場価格で値段をつけてくるからだ。私たちの存在そのものを商品化する者に、この先まだどれだけ異を唱えねばならないのだろうか？

私たちが、この慣例の作り手自身——すなわち人間——さえも、単に同一基準で算定可能なものとして商品に分類してしまったら、こういった習慣的な同一の基準にもうけられていた限界をすべて超えてしまう。ついには、単なる手段に化してしまうだろう。身体を売るということは、魂を売る危険を冒すに等しい。意図するだけでもそれは危険な行為である。自分をブタの脇腹肉になぞらえたときから、人は脇腹肉になりさがる。

他者の命や健康に役立てるために人体を搾取し、市場操作することに対して抱く極度の嫌悪感を、私たちは、これまでなんとか消化してきた。自由を有効に行使するという名目のためばかりでなく、とくに、提供者側の寛容な行為が臓器譲渡には不可欠なのだという「寛容さ」の視点からも、現在の制度を正当化しようとしてきた。しかしこうしたやり取りの商品化を許すことは、最初に臓器提供や移植を認めるにあたって乗り越えた過ちも忘れてしまうことになる。寛容さは取引に利用され、感謝は報酬に換えられる。人間のもっとも繊細な部分が、金で換算できるものとしてあつかわれる。

こうした私の主張を婉曲に一括処理してしまう方法もある。もっと提供臓器数を増やしたいという願望、その一方で、臓器売買というものを容認するのも話題にするのもいやだという嫌悪感。そんななかで、ある人が「有償の譲渡」の原則を提唱した。提供した臓器に対してではなく、その寛容さに対してドナーに報酬が支払われるべきだというものである。うさんくさい、偽善だと一笑に付す人もいるだろう。しかし、たとえ偽善でも、そういった感謝の礼金の価値はある。善なる行いには報奨が、奉仕には報酬が、単なるモノには代価が与えられる。この先臓器移植を実施し続けていくのなら、善意の行動にはそうするべきだろう。

私たちが今直面している問題を、三〇年前に予見していたキリスト教倫理学者ポール・ラムジーは、血液の獲得に時折用いられている方法を臓器提供にも流用すべきだと提唱した。すなわち、自由に提供した者は、自身が必要なとき、自由に提供を受けることができるというシステムだ。「臓器を死亡前に提供した家族は、その家族のなかの誰かに移植治療が必要になったとき、自由に提供を受けることができる。これは——実行可能であるとしたら——移植用臓器の商業利用とはまた違った意味の、洗練された利益の交換といえるだろう」(9)。ラムジーは、この組織立った寛容さという可能性のなかに、洗練された共同体意識を促進したり、切実な必要性から徳を生じさせる方法を見いだした。共同体意識や徳もまた貴重な「商品」である。そのことを考えると、人間の身体や、身体の一部を与えるという至上の寛容さは、商品にするにはあまりに貴重であるとの思いが深まるのだ。

進歩の代償について

これまで述べてきたような論を展開していくのは容易ではない。反論は承知の上だし、この論が訴えるものは、主として、私たちの人間としての経験と密接に結びついたものから生まれた、ある種の歯切れの悪い直感と感覚であることもよくわかっている。それらも貴重なものだと思うが、人間という存在を余すところなく描き出すにはほど遠い。また、おそらく、現在のケースでは、合理的な計算や市場メカニズム、さらには人間の肉体を露骨に商品化することなどのほうが、最低のコストで人命を救うという名目で先行するだろう（原註2）。境界線を引いたり、抵抗を試みたりするには時期尚早なのかもしれない。

では、もう少し進歩的、進取的な提案について考えてみよう。私の同僚であるウィラード・ゲイリンは、一九七四年の「死者の収穫（Harvesting the Dead）」(10)と題する小論のなかでこう予想している。新たな死者——もしくは完全な死の状態ではないと思われる者——の身体には潜在的な有用性が秘められていることに留意しなくてはならない。人工呼吸器の継続使用や補助循環装置によって境界線上にとどめられた人体は、見た目は損傷なく、温もりがあり、血色もよくて、以前の本人となんら変わりがないように考えられるが、脳は死んでいる。そんな患者たちから、ゲイリンは、「植物人間」のデパートから得られる、医学的価値に満ちた多くの利用法を想像した。たとえば植物状態の人間ならば、骨盤検査や挿管を行う際、研修医が恥ずかしさを感じたり、身体を傷つけたりする恐れもない。医学的実験や薬の試験利用も弊害を気にすることなく行える。血液、骨髄、皮膚を制限なく採取できる。ホルモンや抗体を製造する工場として利用できる。さらには、移植用部品として手足を切断することもできる。このように、亡くなって間もない遺体は宝の山なのだから、じゅうぶんにそして制限なく活用しない手があるだろうか？

ゲイリンの構想はまったく現実離れしたものだとはいいきれない。このような、きびしく管理された「飼育」の可能性については、医学界では内々に、真剣に論議されていたことである。人間を植物状態のまま維持する技術はすでに可能となっている。たしか以前、大規模な特別老人ホーム（いやむしろ、大型保育園と呼ぶべきだろうか）の全国チェーンを設立し、永久的な植物状態の患者や人工呼吸器をはずせない患者、回復不能の昏睡状態に陥っている患者などの世話と栄養補給を請け負った公の法人もあった。そういった施設はざっと一〇あり、数百の患者が存在している。ゲイリンの言う生物デパートとなることを期待されているそれらの施設はすべて、死の定義（すでに別の理由で提案されているが）を脳全体の死から、皮質や主要中枢部の死へと変えるものであり、そしてまた、価値ある資源を無駄にすまいとする意思の表れである。「冷淡すぎる」？　たしかに。「有効利用」？　それもまちがいない。

この「すばらしい新世界」へ足を踏み出そうではないか。

私たちは「前進」している。誰も疑念を口にすることさえない。私は三五年前からこのことについて考えをめぐらせているが、その間、私たちの社会は積年のタブーや嫌悪を克服してきた。試験管ベビー、商業的な精子バンク、代理母、いつでもできる妊娠中絶、胎児の組織検査、実験用のヒト胚製造、生体組織の特許化、性転換手術、脂肪吸引、人体ショップ、一般的になった人体パーツの取引、医者による自殺幇助、移植ドナーにするための人間を意図的に生み出すこと——羞恥心やプライバシー問題、世間に公表することなどについて社会の考え方が大きく変化したのはいうまでもない。

しかしおそらく、そういった変化よりももっと厄介なのは、感受性や行動がすさんだことであり、想像力や、「自分自身におきかえて考える」という行為に、もはや回復できない影響を与えてしまったことだろう。生命医学プロジェクトは悲しむべき皮肉をはらんでおり、オルダス・ハクスリーは『すばらしい新世界』でそれを予見している。すなわち、私たちは途方もないエネルギーと莫大な金を使って、肉体としての生活を保持し長続きさせる。だがその過程において、肉体をもった生はその威厳と尊厳を失う。これは一言でいえば、進歩という名の悲劇といえよう。

人間の臓器の移植に関して、私たちは一歩を踏み出し、その道は少しずつ、だが確実に、私たちが誰ひとりとして望まない地点に向かっている。こうなることが予想されたため、はじめは誰もが躊躇した。だが、気が進まないながらも踏み出した最初の一歩には、博愛と合理性という言い訳があった。もとの持ち主にとって価値がなくなり、うじに食われるだけの臓器を救命に活用するという理由だ。

賽《さい》は投げられた。もう後戻りはできない。だが、自然な成り行きと合理的な理由から歩みを止めることはもはやないだろうということが明らかになるにつれ、問題は山積してくるはずだ。前例と合理的計算が後押しをする。しかし、一歩足を前に出すごとに、私たちは失ったものに対して鈍感になっていき、これから失うことになるものの重大さに気づくこともできなくなる。ぬるま湯に長くつかりすぎると、温度があがってきたことに気づかず、やがて悲鳴をあげることになる。

そしてこのことが、私の感じるジレンマのうちでおそらくもっとも関心をひく、もっとも悲劇的な部分なのである――もちろん、ジレンマを感じているのは私だけではないはずだが。私は奨励したいのでも、非難したいのでもない。受け入れることは拒むが、道徳的に説明することもできない。

この臓器売買という、あまりにも現代生活を映し出している問題に関して、どのように自分の考えを実行に移していけばいいのだろう？　頑迷固陋《ころう》になりたくもないし、また、合理的な分析と技術の勝利のために人間の生命のいちばん大切なものも棄てたくないというのであれば？　貧弱な理性しかもたぬ身では、この悲劇的なジレンマをただ認識し、大声で申し立てるよりほかになすすべはないのだろうか？

＊原註1（二四三ページ）――この禁則は、肉を食すのはよいが血を口にしてはならないというノアとの誓約に由来する。「ただし、肉は命である血を含んだまま食べてはならない」（創世記第九章四節）

＊原註2（二六一ページ）――長期的な視点に立ち、その場しのぎではない、より有効で正当な救命方法があるかどうかを考えるため、まったく別の視点から議論する価値は高いだろう。たとえば、現在では移植しか手段のない末期段階まで腎臓疾患を進行させないための予防策などである。必要性と有効性の定義は、どちらも厳しく設定しなければならない。また、その定義を行うのが、現状と固く結びついたテクノロジスト（移植医など）となるおそれがあることも肝に銘じておかなければならない。

死と不死——最期まで人間として生きること

第七章　死ぬ権利はあるか

アメリカ人が生活の全般にわたって、自分の求めるものや必要とするものを「権利」として要求することが流行になってから、もうずいぶんになる。この数十年のあいだに、健康でいる権利、医療を受ける権利、教育や雇用される権利、プライバシーの権利（これには、中絶する権利、ポルノを楽しむ権利、自殺をする権利、または男色や自然に反する性愛にふける権利も入っている）、きれいな空気を吸う権利、裸で踊る権利、生まれてくる権利、そして、生まれてこない権利まで主張されてきた。こうした風潮のなか、究極ともいえる権利である「死ぬ権利」もかなり取りざたされてきている。

この権利は、私たちを取り巻く状況が変化し、生命の終末期についての心配が急速に高まったことと関係して、表立って要求されるようになった。生命維持や延命を可能にする医療の力のおかげもあって、私たちの多くは、何年ものあいだ衰弱した肉体をかかえたまま、人の手を借り、不名誉に甘んじながら、その生を終えるように運命づけられている。人工呼吸装置などの強力なテクノロジーさえあれば、それだけで、昏睡状態の患者や、ひどい衰弱状態の患者を、生と死を分ける線のこちら側にとどめておくことができるようになったのだ。そのため、死んでいたはずの多くの人々が、装置が介入し続けるかぎり、生きている。アメリカ合衆国の年間死亡者数二二〇万人のうち、その八〇パーセントが医療施設で最期を迎える。そのうちざっと一五〇万件については、治療をやめる、あるいは行わないという決定を明示することによって、死がもたらされる。つまり、アメリカでは、ますます多くの死が医療によって管理されるだけでなく、その時期もまた、意図的に選択されるようになってきている。死ぬ権利は、こうした背景があって、表面に現れてきたのである。

この非常に難しく厄介な問題については、健全な個人の決断と、良識ある公の政策が必要だが、「権利」という言葉やアプローチは、どうもこの二つにしっくりこないように私には思える。胸を引き裂かれるような死の淵にあるときには、何が道徳的に正しくて、人間らしい善い行為なのか、実際的な知恵から判断するのは難しい。どうしても、法的、あるいは道徳的な「死ぬ権利」が必要だと訴えたくなってしまう。だが、私は次のように主張したい。哲学的な根拠によっても、そして法的な根拠によっても、死ぬ「権利」などというものは存在しない――この概念には根拠がなく、おそらく論理的に矛盾したものでさえあるだろう。この権利を擁護する人たちでさえ、たいてい「死ぬ権利」とカッコでくくっているところを見ると、誤った名称だということくらいは気づいているのだ。

それでも、この権利への要求をむげにもできない。とても重要であり、興味深いことには実際的で、哲学的な問題を提起しているからだ。事実、死ぬ権利は、ますます擁護され、大衆の人気を得てきている。引用符なしで、活字になっているのを目にすることも多い。アメリカ安楽死協会（Euthanasia Society of America）は、ナチスが刻印した悪印象〔訳註・精神病者、同性愛者、ユダヤ人などを「安楽死」という名目で大量虐殺した〕を払拭しようと、批判を受けやすい「Eで始まる語（Euthanasia）」を捨て、より政治に正しい名称「死ぬ権利協会（Society for the Right to Die）」に変更した。さらに、それは現在「死の選択（Choice in Dying）」という名称に変更されている。

生命を終わらせるかどうかで争われる裁判は、必ずといっていいほど権利という観点から論じられ、ある種の「死ぬ権利」に市民権を与えてきた。最高裁判所で判決がくだされた最初の案件はクルーザン事件で、この主張は得点を稼いだ。〔訳註・アメリカの連邦最高裁で争われた事件で、植物状態に陥った娘の「死ぬ権利」を主張して両親が起こした裁判。一九九〇年六月二五日に判決が出たが、本人の意思が不明確であることを理由に敗訴となった。しかし、本人の意思があらかじめ明確で、証拠があれば「死ぬ権利」はあるという判断が示され、連邦レベルで「死を選択する権利」が認められる注目すべき判例となった。二九一—三〇八ページ参照〕のちの「グラックスバーグ事件」と「クイル事件」においては、どちらの裁判においても、裁判所は憲法のなかに「死ぬ権利」を捜し出そうとはしなかった。しかし、これらの裁判で見解が一致しなかったという論拠から、死を求める側にもっと有利な事件であれば、違った判断が示される可能性が生じた。医師による自殺幇助および安楽死を合法化しようという最初の州民投票は、ワシントン州およびカリフォルニア州で行われたが、法律の草稿がまずかったこともあって、わずかな票差で認められなかった。だが、そうした行為の擁護者たちは、社会に「死ぬ権利」という原則の賛同者を増やしているように思える。一九九四年、オレゴン州の有権者たちは、尊厳死法を住民投票により承認し、オレゴン州を医師による自殺幇助を認めた最初の（そして唯一の）州にした。いくつかの世論調査を見てみると、今ではほとんどのアメリカ人が、「もし、みじめな人生を送ることになったら、人は自分から行動し、必要なら人の助けを借りて、その人生をやめる権利がある」と考えているようだ。

新しい権利（とりわけ「死ぬ権利」などという奇妙な権利）の確立に必要な哲学的な論拠を示す責任は、その権利の擁護者の肩にかかるが、それを証明する社会的な責任は、自殺幇助によって意図的な死を選ぶことに反対している人のほうに移行してきている。それゆえ、どうして医者は殺してはならないのか、どうして安楽死は限りある人間が選ぶ反応として適切でないのか、そして、どうして自然法にも、憲法にも、死ぬ権利というものがないのかについて、根本から議論することが政治的に必要になってきている——と同時に、これはきわめて難しいことでもある。これはただ単に学術的な問題ではない。襲いかかる死に対して、無防備な生命を守ろうという社会の意思や能力は、どっちに転ぶかわからない微妙なバランスのうえにあるのだ。

「死ぬ権利」というものをじっくり考えてみると、哲学的に興味ぶかい側面にぶつかる。私たちアメリカ人が執着している自由主義的な（つまり、権利を基盤にした）政治的な哲学と法制には、危険と限界があることを露呈させてしまうのだ。自然にも理性にも根拠をもたない究極の新しい権利、「死ぬ権利」は、自らの意思が作り出す新しい（「ポスト・リベラルの」）権利の原則というものがあるのだと、ニヒリスティックに示唆している。そして、死の征服をかかげた医療分野の企てが成し遂げたほろにがい勝利に対する自由主義社会の反応を見れば、現代におけるこの企て全体に、科学と政治の双方において悲劇的な意味があることが、ありありと見えてくる。

死ぬ権利は、西欧の自由主義的な社会でのみ求められてきた——これは驚くにはあたらない。西欧の自由社会でのみ、人間は個人の権利を第一に考えてきたからである。また、高度医療があり、たとえ患者が死にたかろうと死なさずにおけるのも、この社会だけだ。しかしそれでも、生きる権利をとくに考えて作られた自由主義的な社会において、死ぬ権利を求めるなどということは奇妙きわまりない。私たちアメリカ人にとって、政府が存在するのは、人間から奪うことのできない権利を守るため、まず、自己保存の権利を守るためである。これは自明の理だ。それが今では、政府に働きかけて、自己破壊も考えられる権利を保全してもらおうとしている。「死ぬ権利」は、やはり奇妙で、前代未聞の、そしてとうてい純粋とはいえない権利なのだ。したがって、それがどのような意味をもちうるのか、なぜこの権利を認めるべきだと主張されているのか、そして、それが本当に存在するのか——つまり、そもそもきちんとした根拠が与えられたり、弁護されてしかるべきものなのかどうか——を、慎重に考えていく必要がある。

「死ぬ」権利

「死ぬ権利」においておもに曖昧さが生じているのは、権利の中身（つまり、死ぬこと）についてだが、まずは一般的に、誰かが何かの権利をもっているとはどういうことなのかを考えてみたい。ひとまず、自然権〔訳註・自然法上の権利をいう。生存権、自由権、幸福追求権など〕という原初の概念を離れ、また、権利がどこから生じるのかという問題にも触れないでおこう。そのかわり、ここでは現代においてそれがどう用いられているかに焦点をしぼりたい。なぜなら、現在の「死ぬ権利」を求める動きは、現代における権利の用いられ方という枠組みのなかだけで理解されうるのだから。

法的であれ道徳的であれ、「権利」というものは、「必要性」とか「欲望」、「関心」とか「能力」と同じものではない。私は、他人の所有物を必要とし、それを欲し、それに関心をもち、さらには力ずくで、あるいはこっそりとそれを奪う能力、あるいは力をもっているかもしれない——だがそれで、その他人の所有物に対する「権利」をもっているとはとうていいえない。

そもそも権利とは、自由の一形式である。トマス・ホッブズは、権利という概念を最初に広めた哲学者だが、権利とは「非難の余地のない」自由であるとした。自由にできることすべてに対して、私たちはそれをする道徳的、あるいは法的な権利をもっているわけではない。私には、不快なにおいを放つ香水をつけたり、親に向かって生意気な口をきいたり、変態的なセックスをしたりする自由があるかもしれないが、それをする権利があるということにはならない。かつては禁じられていた行為を非犯罪化したからといって、その法的な権利を確立したことにはならないし、なぜそうしたかという理由を私が述べられるとしても、それは変わらない。つまり、自分の命を奪う自由――「私には自分の意向も、手段も、理由も、機会もあり、あなたはそれを阻止することができないし、それが法律に反しているわけでもない」――があっても、それだけでは、自分の命を奪う「権利」を確立するにはじゅうぶんではないのだ。真の権利とは、少なくとも非難するところのない、認められている自由であり、さらにいえば称賛に値し、もしくは正義に基づく自由、何かをするにせよしないにせよ、誰からも干渉も反対もされることのない自由である。

歴史的には、人が権利を求める際の必要条件とは、外部からの介入や抵抗が起こる可能性であった。そもそも権利は「政治的な」産物、つまり自由主義的な政治の第一原則であったし、今もそうなのだ。権利を主張するレトリックは、原則としてつねに絶対かつ無条件であり、防御という重要な機能を果たしている。しかしこれは、権利を求めている人の命に限界があるからにほかならない。権利を主張するのは、他人がその人の自由を否定したり脅かしたりすることから守るためだ。非難するところのない正当なものとして、権利は要求される。権利は、個人の安全や尊厳を守るために求められる。専制者、王、あるいは高位聖職者の支配から、そしてまた「生命や自由を犠牲にしても魂を救おう、名誉を守ろう」とする立派な志の道徳家や、熱心なおせっかい者から。

こういった古典的な、自由への介入をやめさせるという目的の権利に、現代になってから、いわゆる「福祉権」というものが加えられた。これにより、私たちは、ある一定の機会や商品を享受する権利があり、他人（通常は政府だが）はそれを供するべきだと主張できるようになった。福祉権のレトリックでは、専制者からの防衛という目的や、自由が脅かされているという限られた局面を超えて、絶対かつ無条件に権利を要求できる範囲を広げている。この理由から、福祉権を権利としてみなすことの合法性がしばしば問題になる。

増え続けるばかりの権利だが、限界がないわけではない。私には、愛してもらいたいと思っている人に愛される「権利」があるとはいえないし、賢くなる「権利」があるともいえない。私が正当に自分のものとしたり、享受することのできる善いことはたくさんあるが、自分にそれが欠けているからといって、それを得る「権利」を主張することはできない。つまり、一般的に「権利を有する」とは、他人に対し、ふさわしい行動をとりなさいと「正当に」主張できるということである。たとえば、他人に干渉するなとか、支払うべきものを支払えとか。いうまでもなく、権利や要求を主張するだけ、あるいは権利を定めるだけでは、権利を確立するにはじゅうぶんでない。ただ主張をすることと、実際になすべき正当な主張があることは、同じではないのだ。この「死ぬ権利」という疑わしい代物を考えるにあたっては、単なる欲求や関心、力や要求があるからというだけでなく、慎重に「正当な」自由すなわち主張を探していかなければならないのだ。

権利は義務を必然的にともなっているといえよう。それが干渉されないことの権利、あるいは当然あってしかるべき幸福やサービスに対する権利であろうと、誰かの権利には、必ずといっていいほど、ほかの人の義務をともなう。したがって、「死ぬ権利」を正式に認めることにより、他人にどんな義務が生じるのかについて考えることが必要になってくるだろう。

死ぬ「権利」

文字どおりに意味をとれば、死ぬ権利とは、単に避けがたいことを求める権利ということになる。生きているものすべてにとって、死の確実性は、避けがたいものであると運命づけられており、誰しもそれを意識せずにはいられない。避けられないばかりか、一般的には、忌むべきものとされている権利をなぜ主張するのだろうか？　死が、避けがたいものではなくなりつつあるのだろうか？　肉体の不死が実現しつつあるのだろうか？　私たちにとって、死は遠ざけるべき、あるいは征服すべき悪というよりは、権利として主張すべき善いものになったのだろうか？

いや、そうだとはいえないし、まだその段階にもいたっていない。しかし、「死ぬ権利」に関する文献に登場するこういった問いかけは、的を射ている。こうした問いかけは、あえていえば、生命を無期限に延ばしていこうとする生命医学的な企てに、私たちが幻滅してきていることを示しているのだ。私たちはすでに延々と――無期限ではないが、多くの場合、ほどよい期間、あるいは好ましい期間よりも長く――生命を維持する方法をもっており、だからこそ、死が避けがたいものだとは思えず、ようやく死が訪れたときには、ありがたいと思うのである。

今の私たちは、ある特定の病気を治療する（つまり、治す、もしくは改善する）のでなく、ただ生存に必要な機能を維持することによって生かしておく、医学的な「治療」（つまり、介入）という手段をもっている。なかでももっとも悪名高い装置が、人工呼吸装置である。ほかにも栄養と水分を供給するための、単純だがやはり人工的な装置や、老廃物を除去するための、腎臓の透析器がある。そして将来的には、人工心臓も手に入るようになるはずだ。こうした装置を使えば、その使用を勧める積極的な制度上の政策に後押しされ、患者をしばしば何十年にもわたって生かしておくことができる。昏睡状態にある患者でさえもそうだ。今日耳にする「死ぬ権利」は、そういった生命維持を目的とした医療行為を拒否する権利を意味することが多い――それを含むものであるのはたしかだ。

　だが「死ぬ権利」には、普通これ以上の意味がある。用語が曖昧であるがゆえに、すでに普通法《コモンロー》として確立されている「手術、望まない医療行為、入院を拒否する権利」と、新しく求められている「死ぬ権利」とは、異なるにもかかわらず、その内容や意図が混同されてしまっている。前者は、死ぬ危険性が高まることになっても、治療を拒否できると認めるものである。人工呼吸器でさえも拒否できる。後者は、死が訪れるように、人工透析や流動食などの治療を拒否することを認めるものである。前者は、死につつあるときにどう生きるかを選択するものであり、後者はおもに「死ぬための」選択であるようだ。この意味から、「死ぬ権利」という名称は誤りではない。

　そして、治療の継続を望まないだけでなく、死をもたらすにあたって積極的な手助けを求める人がいることを考えると、この名称はいっそう誤りとはいえないものになってくる。ここでは「死ぬ権利」は、自分、あるいは自分の医師、または第三者によって、致死量の薬物注射や薬物摂取をする（福祉の！）権利を含むものになるのだ。この「死ぬ権利」は、自殺幇助を受ける権利、あるいは「慈悲殺」〔訳註・家族や医師などが、患者の激しい苦痛や重症度に対する憐憫の情から、直接手をくだしてその人を死なせること。積極的安楽死とも考えられるが、殺人との境界は微妙なものともいえる〕をされる権利と呼ぶべきものだ――いってしまえば、必要ならば人の助けを借りて、死人となる権利である。

もちろん、これは自殺をする権利の主張とかなり似ている。自殺をする権利は、死や医療技術の問題とはまったく関係がなくてもいい。実際、安楽死あるいは医者の自殺幇助による「死ぬ権利」は、医療行為を拒否する権利からではなく、この自殺する権利から生じていると主張する人もいる（今やほとんどの州で自殺は非犯罪化されている）。

（時がきたら）死に降伏することと、（時がきていようと、いまいと）自分を殺すことのあいだには、つまり、死を迎え入れることと死を生じさせることのあいだには、やはり道徳的見地からみると違いがあるように思える。だがこの境界線は、人工的に与えられる栄養や水分を拒否する権利という観点から考えると、かなりぼやけてくる。（非犯罪化されたものの、まだ評判が悪い）通常の自殺を弁護して、自ら墓穴を掘るような「死ぬ権利」の擁護者はわずかしかいないが、彼らは自殺を許されるものだとして、その先に議論を進めようとする。人には自殺を試みる権利ばかりではなく、それを成功させる権利があると主張する。これが実質的に意味するのは、「死ぬために他人の幇助を受ける権利」である。それゆえ、「死ぬ権利」をもっとも過激な意味で理解すること、つまり、どういった方法であれ、「死人となる権利」「死んだ状態にさせられる権利」であると理解することはたしかにまちがっていない。

こうした表現は、これを生と死の問題というよりは、自律や尊厳の問題だと考える人にはなじまないだろう。彼らにとって、死ぬ権利とは、能力がなくなっても、自分の運命をコントロールし続ける権利である。はっきりとした形を与えるとしたら、これは死人となる権利ではなく、人の死にかた、時期、状況を選択する権利、もしくは、自分の人生を終了させるにあたって、もっとも人間らしく、尊厳のある方法と思われるものを選択する権利ということになる。この場合、「死ぬ権利」は、自分の死を他人に左右させない権利も、尊厳のある死に方をする権利も、どちらも意味している——最低でもそれは、他人に介入をやめさせることを意味し、たいていの場合、その人生を計画に沿って終わらせるにあたって、他人に「克服を手助けする」か「尊厳を与える」ことを求めている。つまり最終的には、自律や尊厳を求める、適切で志の高いこうした要求も、たいがい、「必要ならば人の手を借りて、死人となる権利」を内包することになるのである。

「死ぬ権利」という言葉の意味についての現在の用いられ方を分析しているうちに、混乱をきたすのも無理からぬことだろう。今日の一般的な論説では、この言葉は前述したすべての意味をあわせもっている。つまり、死ぬかもしれないが（あるいは死が訪れるように）、治療を拒否する権利、殺される（または死人となる）権利、自分の死をコントロールする権利、尊厳をもって死ぬ権利、死ぬにあたって幇助を受ける権利である。

混乱を生じさせている原因は、この「死ぬ権利」という言葉自体にもある。右にあげたような「権利」を擁護する人たちが、故意に混乱を生じさせているせいでもあるのだ。彼らは、もっとも控えめな権利を抱き合わせることによって、もっとも過激な権利も容認されればいいと思っている。こうした事情を考慮して、私たちは「死ぬ権利」をそのもっとも過激な意図、つまり「能動的な方法で、必要なら他人に幇助されて、死人となる権利」とみなしたほうが適切なのである。そこで、現在認められている望まない治療を拒否する普通法《コモンロー》の権利、そして、いわゆる自分の力で自殺をする権利（原註1）の双方を超えていく権利として、私たちはこの権利の要求の新しさと大胆さに真剣に取り組み、適切な判断を示していきたい。（治療を拒否する権利については、異論の余地はない。自殺の権利については議論の余地はあるが、本書ではとりあげないことにする。ここで関係があるのは、自殺をしようとする権利と治療拒否権を超えた「死ぬ権利」の特徴についてである。）

「死ぬ権利」の意味を明確化する際、次に直面するのは、「誰がこの権利をもつとされるのか」という、さらに大きな混乱だ。それは医学的な治療を受けている、いないにかかわらず、病状が末期で死が避けられないと「引導を渡された」病人だけなのだろうか？　死ぬところまでは行っていないが、不治の病で、能力がひどく損なわれている人も含まれるのか？　判断能力があってもなくても、全員がもっているのか？　自分でその権利を主張する能力がない高齢者は、「死ぬ権利」をもっているのだろうか？　その権利をもつためにはそれを主張し、その権利に基づいて「行動する」能力が必要なのだろうか、それとも、私の死ぬ権利を私に代わって行使する代理人を任命することができるのだろうか？　しかし死ぬ権利が基本的に私の自律を表現するものだとすれば、他人が私のためにそれを行使できるはずがないではないか？

同様に、死ぬ権利は誰に対して、あるいは何に対して主張されているのか、という問題にも悩まされることになる。私を死なせようとしないお節介な人をおもな相手とした、自由権なのだろうか？（医療機器を使って、あるいは入院させることによって）私の死ぬ能力をさまたげたり、あるいは、（自殺幇助は犯罪であるということで）生命に終止符を打つために幇助を得ようとする能力をさまたげたりする医師や看護師、病院、生きる権利を主張するグループ、それから地方検事を相手にしているのだろうか？「死人となる権利」だというのなら、幇助しようとしない人に対して福祉権（服用を許された毒物が与えられるように求める権利）を主張することもできるのではないか？（中絶を求める自由権が、中絶をするために福祉権をかかげていることと比較してほしい。）あるいはこれは、本質的に「自然に対して」主張されている権利なのか？　悪いカードを私につかませて、こっちは望んでいないし、自分の尊厳にもふさわしくないのに、私を生かしておく「自然」に対して？　致死的な病気にかからなくても、打つ手がないほど自分を呆けさせるか衰弱させるかした「自然」に対して？

もっとも過激な定義をすれば、これは非道な運命によって否応なく経験させられる「自分に向けられた宇宙の不正義」に対して、人間の自尊心が不服を訴えているということになるのだろう。「死人となる権利」、「自分の運命をコントロールする権利」、「尊厳をもつ権利」、どのような形をとってもいい。この場合、不幸な運命をもつ人が、不幸な運命にならない権利を主張しているわけである。死にたいが死ねない人が、死ぬ権利を主張している。つまり、ハーバード大学の政治哲学者ハーヴェイ・マンスフィールドの言葉を借りれば、これは自然を相手どって、不法行為を申し立てているのだ。それゆえ、「その人たちを死なせることによって」、自然による不幸な人への虐待を正してやるのは、不幸でない人の務めになる。つい先日まで、人類に対する罪であるとされていた、他者を死なせるという行為が、あわれみ深い慈悲心からだけでなく、代償的な正義からも、正当な行為となるのである！

なぜ「死ぬ権利」を主張するのか

「死ぬ権利」は存在するのか、その根拠は何かという難問を考える前に、なぜ、そして誰によって、そのような権利が主張されているのか、ここで考えてみよう。理由のいくつかは、すでに述べてきた。

・医療の介入によって、死が引き延ばされることへの恐怖から。結果として死が生じることになっても、治療や入院を拒否する権利が主張されている。
・致命的な病気で死亡することがないまま、長く生きすぎることへの恐怖から。自殺幇助を受ける権利が主張されている。
・老化と他者への依存状態への恐怖から。尊厳をもって死ぬ権利が主張されている。
・自己へのコントロールを失うことへの恐怖から。死の時期とその方法を選ぶ権利が主張されている。

多くの人にとって等しく切実なのは、人の厄介になることへの恐怖だ――経済的、精神的、社会的に。どれほど生きていたいと望んでいる人でも、そのせいで自分の子供や孫が幸福になる機会が壊されてしまうと思えば、いい気持ちがするわけはない。安楽死について、私自身、ひどく心が揺れ動いているのは、まさにこの点なのだ。痴呆になった私を大変な苦労をしながら何年も世話をしているうちに、おそらく子供たちは自分の状態に腹を立て、私が存在し続けることに憤りを感じるようになるだろうと考えれば、子供たちにそんな思いをさせないために、私は人生を終わらせたいという強い誘惑にかられてしまう。こうした理由から死を考えているうちに、私には死ぬ「義務」があるとさえ思えてくる――しかしながらこの理由から、私には死人となる「権利」があるということにはならないのだが(原注2)。

だが、「死ぬ権利」の擁護者たちは、必ずしもこれほど思いやりがあるわけではない。反対に、不正直だったり、腹に一物あったりすることが往々にしてある。多くの人が、「自発的な行為」という含みがあるために、「権利」という言葉を使えば有利になることに目をつけ、生と死に関する国全体としての態度をシフトさせ、「無用な」命を始末する方法を準備しようとしている。

死ぬ権利を求めている人の多くは、ただその権利を得るばかりではなく、それを手っとり早く行使しようとしている。それによって、不治の病に冒され、死につつある人々の治療にかかる社会経済的な、かさむ一方のコストを減らそうというのである。実際、「死ぬ権利」を熱心に論じている人々のほとんどは、病気でもなければ、死につつあるわけでもない。死ぬまでにやたらに時間がかかっている親をもつ子供、コスト削減や浪費に頭を悩ませている病院の経営者や健康問題をあつかう経済学者、不治の病を治療するのにうんざりしている医師、若くて元気のいい者たちが莫大なエネルギーを使って、実質上死んでいる人間を生かしておくということに不快感を覚える優生学的な、あるいは美的なことに関心をもっている人々――こうした人たちがこぞって、人間が生命の利益のために大変な苦労をして獲得した倫理を変えたがっている。

だが、真の意図をはっきり言うほど、この人たちも図々しくはない。いや、抜け目がないのかもしれない。破壊的な目的を「自律」の獲得の運動とからませ、死ぬ権利を吹聴し、それを行使するように人をけしかけているほうが得策なのだ。擁護者たちは、現在のアメリカの風潮として、道徳的な問題について自分のやり方を認めさせたいなら、「権利」について話をしなければだめだとよくわかっている。人工中絶の権利についても、これとよく似た議論がなされた。複数の組織が、女性たち――とくに貧困層の、未婚の、白人でない女性たち――に「選択する権利」を行使させて、人口の増加と貧困層の拡大を抑えるという、自分たちの義務を果たそうと望んだのである。

「死の権利」を推し進めようとしている理由がすべて、これにあたると言っているわけではない。死を選択することが、絶対に正しくない、あるいはよくない、と言おうとしているわけでもない。だが、混乱したままで絶対化された「死ぬ権利」の原則をもちこむことで、慎重に議論を重ねる必要性をかわすというのは、愚かで危険な行為だと言いたいのだ。前述したようにさまざまな動機が入り混じり、擁護者のなかには危険な目的をもっている者がいることを考えれば、とくにそうである。

実をいえば、アメリカ合衆国における道徳問題についての公の議論は、人々が「権利」と「善」という問題を個人の権利に変えてしまおうと躍起になるあまり、かなりお粗末なものになっている。こうなった要因には、アメリカ社会の真髄ともなっている政治哲学、すなわち現代のリベラリズムがある。しかしそればかりではなく、アメリカ式の自己主張や個人主義によって、これがさらに衰退している。とくに、家族や中間に存在する組織が衰退し、むきだしの個人が官僚主義的な国家と直接向き合うことになった時代になって、その傾向は強まっている。

しかし、「権利」という言葉は、道徳絶対主義からの脱却をめざした一九六〇年代を境に、圧倒的に支持されるようになってきた。すべての権利の主張は、交渉不可能で、絶対化された性質をもっている。それが、現状を打破するために、もっとも長もちする武器であることを人々が知ったからだ。憤怒に油を注ぎ、憎しみを生じさせることなど気にかけるな。社会への影響を無視していることも、一般的な利益というバランスのとれた見方を模索しようとする政治的なプロセスをとばしていることも気にするな。そんなことを気にせずに、裁判所へ行って、あなたの権利を要求しよう。裁判所はそれにあまりにも安易にしたがってきた。その過程で、新しい権利を見つけだし、発明してきたのである。

こうした社会文化的な変化は、死や死ぬことそのものにはまったく関係がないが、現在、私たちが「死ぬ権利」を要求する大きな声に直面しているのは、この変化のせいでもある。またこういった変化によって、その悪名高き難しさにもかかわらず、死ぬ権利が、人生の終わりにおける複雑で繊細な人間性の問題の解決策として脚光を浴びる道徳概念になっているのである。しかし、(疑わしくはあるが)その権利を主張するさまざまな理由は、問題を真に解決してはいない。それらは、最終的に私たちが向かう方向を指し示してはいないのだ。ここで、哲学的にしろ、法的にしろ、私たちには真に「死ぬ権利」を論じることができるのか検討してみたい。

「死ぬ権利」はあるのか

哲学の面からみれば、権利を基盤とした思想を生み、それを思慮深く解釈してきた現代の思想家たちから、今の私たちのおかれた立場を考えるのがもっともふさわしいということになる。なにより思想家たちは、権利を主張する目的や、性質、根拠、制限を理解しているようだ。「死ぬ権利」など、新しく主張される権利が、こうした思想家たちによって提示された権利の性質あるいは理性的な根拠にあてはまらないとすれば、それを証明する役目は、新しい権利の擁護者の肩にかかってくる。その新しい主張を支持するに足る新しい、かつ、しっかりとした同等の根拠を示さなければならないのだ。

もし、私たちが段階を踏んで、自然権という概念を広めた偉大な哲学者たちから出発するとしたら、「死ぬ権利」という概念そのものが無意味になってしまう。なぜならホッブズもジョン・ロックも、人間のすべての権利は、自然によって与えられたものであり、自分の生命に執着しているほうが自己の利益になるという前提に立っている。すべての自然権は、基本的な生きる権利、あるいは、もっといえば、自己保存という権利に収斂《しゅうれん》していく。自己保存の権利そのものが、自己の存続を求める、非常に強い自己愛の衝動や情熱に基づいているのだ。元来は、民衆を死にいたらしめるような圧政に対して、あるいは、命が脅かされる状況にあっても「もう片方の頬を差し出しなさい」などという道徳を押しつける人々に対して、この権利は主張された。ハーヴェイ・マンスフィールドは、こうした古典的な権利のありようを簡潔にまとめている。

権利は自然によって人間に与えられているが、それらは自然に翻弄される人間に必要なものでもある。生命が危険にさらされるものである以上、人間の平等な権利は、生命、生命を守る自由、そして、(脆弱な) 生命が行っている幸福の追求に向けられたものになるだろう。

実際には、幸福の追求をすると、財産を追求することになる。生命や自由よりも貴重でないかもしれないが、財産は、それらを守るものだからである。金持ちであることの喜びとはまったく別に、たしかな財産をもっていることは、政府もしくは他人に侵されることのない自由をもっていることを示す。たしかな自由があるということは、たしかな生命をもっていることを、もっともよく表すものなのである (5)。

死、つまり自分の存在の消滅は悪であり、これを避けなければ、自分が幸せになる可能性はまったくなくなってしまうのであるから、自分の生命を死から守る権利——つまり、自己保存的な行動をするという当然の自由——は、ほかのあらゆる権利と、政治に関する道徳すべての基盤なのである。自らの著作で「死の権利」を擁護したハンス・ヨナスでさえ、自らの生命を死から守る権利の独立性を認め、「これまでに議論され、主張され、与えられ、あるいは否定されてきた、ほかのすべての権利は、この第一の［生きる］権利の延長であるとみなすことができる。なぜなら、権利はどれも、生命のもつ能力の行使、生きるために必要不可欠なものを手にすること、生きる希望を満足させることに関係しているからだ」と述べている(6)。この基盤のうえに、「死ぬ権利」あるいは「死人となる権利」を築くことができないのは明らかだ。生命は生きることを愛し、そのために、可能なかぎりの助力を必要としているのだから。

とはいえ、近代の思想家たちが、人が人生に疲れ、自己の存在を重荷に感じるかもしれないと気づいていなかったわけではない。だが、生きる意欲が減少しているからといって、生きる権利をなくしたり、放棄したりすることにはつながらなかった。ましてや、死ぬ権利という新しい権利をうたいあげることにはならなかった。なぜなら、生きる権利は自然に発生するものであって、意思の所産ではないからだ。ロックは、自然状態についての議論のなかで、自殺をする自然権をとりあげ、それを否定している。

だが、これは自由の状態であるにせよ、自分の好き勝手にしてよい状態ではない。こういった状況で、人は自分の身の処し方や財産の処分方法を完全に自由に決められるけれども、自分自身も、あるいは自分の所有するどのような生き物であっても、それを破壊する自由はもたない。そうできるのは、単にそれを保存しておくことよりも尊い用途が破壊を命じるときのみである。自然の状態には、それを支配する自然法というものがあり、誰もがしたがわなければならない。この法である理性は、それに耳を傾けさえすれば、存在するものすべては平等であり独立していること、したがって何人も人間の命、健康、自由、財産を侵してはならないことを教えてくれる(7)。

この議論が、明らかに神学に根ざしたものになっているのは認めよう——私たちは、賢い造物主の所有物であるといわれているのだ。だが、「自分のおかれた状況から離脱する」という人間の意思に反対することは、自己保存という自然の傾向と権利からみて、当然のことだとロックは思っていたようだ。

財産についてのロックの教えは、自己所有の原則によって支えられており、それゆえ、この原則を使って自己破壊を正当化できると考える人もいるが、それはまちがっているように思える。彼らの主張は、自分の身体と人生は自分が所有しているのだから、好きなようにしてもいい、という考え方だ。

これはかなり支持されている主張なので、じっくり検討してみよう。たしかに、一見したところ、ロックは自己所有を示唆しているように思える。「たとえ大地とあらゆる下等な生き物が万人の共有するものであっても、誰であれ自分個人だけは自分の財産である。これだけは自分以外の誰も権利をもっていない。人間の身体が行う労働や手のする仕事は、まさにその人自身のものだといえる」(8)。〔強調は引用者〕

だが、前後の文脈によって、この権利は定義され、縛られている。労働の成果に対する所有権とは違って、自分自身という財産は譲渡できない。つまり、自分を売って奴隷になることによって、自分の権利を譲渡することはできないのだ。この「自分という財産」は、自己所有を宣言する形而上学的な表明というよりは、他人の所有を否定する政治的な表明なのである。この権利は、すべての人間に所有と使用が許されている「共有物」から、一人ひとりの人間を区別しているのだ。私の身体と生命は、それらが「あなたのものでない」という「限られた意味においてのみ」私の財産なのである。譲渡できる財産とは違う——私の家や車、靴とは違うのだ。私の身体と生命は、たしかに使用できる私物だが、処分できる私物ではない。深い意味では、私の身体は誰のものでもない。私のものでさえないのである（原註3）。

理性に逆らって、厳密な自己所有と自己処分の可能性を追求していくと、別の、決定的な議論にぶつかる。自己所有の考え方で正当化できる範囲は、せいぜい自殺を「しようとする試み」だけだろう。それを成功させる権利、あるいはさらに重要な、他人の幇助を受けて死ぬ権利を正当化することはできない。死の幇助をするよう任命された人には、実際に死の補佐役にならなければならない義務や権利が、自然から与えられているわけではない。そして、何よりも生命を守るために作られた自由な国家は、たとえ要請されたとしても、そのような殺す権利を決して認めることはできない。死人となる権利、あるいは、死人にしてもらう権利は、正統な自由主義的な根拠においては認められないのである。

自由主義の流れをくむ後世の思想家たちもまた、自己保存よりも自由を重んずる思想家たちを含め、「死ぬ権利」が生じる余地を作っていない。ジャン＝ジャック・ルソーはさまざまに病んでいる市民社会を憂えたが、なかでもとくに、本来生命を守るべき社会秩序が生命を脅かしていることに焦点をあてている（9）。そして、権利は自然ではなく理性に根ざすと考えていたイマヌエル・カントは、自分の意思による自己破壊行動は、まったくの自己矛盾であるとしている。

人間が自分自身を傷つけることができるというのは、理にそぐわないと思われる（なぜなら、危害は自らの意思で加えうるものではない《ヴォレンティ・ノン・フィト・インジュリア》から）。それゆえ、実際に病気で苦しんでいるとか、将来そうなるおそれがあるとかの理由ではなく、ただ、その生命でもはや何もすることがないという理由によって、自分の好きなときに（まるで煙たい部屋からでるように）平然と人生から去ることが、賢者の優れた人格の特権だと、ストア派は考えた。しかし、この勇気、この精神の強さこそが——死を恐れず、生命よりも大切に思う何かがあると知っていることが——自分を破壊しないことへの大きな動機になるはずなのである。人間は、非常に強いもっともな誘因があっても、それを打ち負かす権威と卓越性をそなえているのだから。ゆえにそれが、人間が自らの生命を奪わない動機になるはずである。

人は、その義務について考えているかぎり、つまり生きているかぎり、人格を捨ててしまうことはできない。人が、自分のもつすべての義務を放棄する権限をもっていること、つまり、この放棄に何の権限も必要とされないかのように行動する自由があるということには矛盾がある。人格のなかの道徳性の主体を滅ぼすことは、人にできうるかぎりの方法で、道徳性そのものの存在を世界から抹消してしまうことに等しい。しかし、道徳性はそれ自体が目的であるものなのだ。それゆえに、嗜好を満足させるための道具として自分自身をあつかうことは、個人（homo noumenon）の人間性をおとしめる行為であり、その保護は結局、人間（homo phaenomenon）にゆだねられている(10)。

死ぬ権利を正当化する土台として引き合いに出されるのが、おもにカントが考えだした道徳の概念「自律」であるとは、なんとも皮肉な話ではないか。字義通りに意味をとれば「自己を法律で律する」となる「自律」は、カントによれば、本当の自分にしたがって行動すること——つまり、理性的に、何か普遍的なものによって決定されること、いうなれば理性の原理原則にしたがうことを必要としている。「自律的な存在」とは、直感や衝動、あるいは気まぐれの奴隷になることではなく、理性的な存在として、やるべきことをやることなのだ。しかし、今では「自律」に、「自分の好きなようにやる」という意味が含まれるようになり、自制《セルフコントロール》ばかりか、「わがまま」とも矛盾しない概念になっている。ここで、ニーチェ哲学的な自己が勝利を収めているのがはっきりするだろう。つまり、理性を直感に盲目にしたがう奴隷と考え、真の「自己」は純粋に創造的な意思によってなされた無条件な行動に見いだされるとするのである。

しかし、現代のわがままな意味においてさえ、「自律」は死ぬ権利の根拠にはなりえない。第一に、これを基盤にして、自殺するときに誰かほかの人の幇助を得るという権利を打ち立てることはできない──それは、誰かほかの人に義務を課し、それゆえ「その人の」自律性を制限する権利だからだ。第二に、死の選択が「道理にあった」もので、私の選んだ介助者が自由意思で幇助をしてくれようとしていても、私の自律性は、私を殺す「その人の『私を殺す権利』」の根拠にはなりえない。それゆえ、「私が死人となる権利」の根拠にもならない。第三に、人の手を借りて死ぬ自由な権利（つまり、干渉されない権利）は、せいぜい、判断能力のある意識清明な人の自殺幇助もしくは安楽死を容認するにすぎない──責任能力のない人や、自分の治療に関してはっきりとした指示を残していなかった昏睡状態の患者は、死なせることができないという制約があるからだ。

ところで、当人のこういった指示にしたがうべきかどうかについては、昔から哲学的な疑問が出されている。ずっと昔に指示を行った当人は、その指示が問題になるときには、もはや「同一人物」ではないかもしれない。現在六三歳の私は、七五歳の痴呆の私にとって最善の方法を指示しておけるのだろうか？
最近の裁判で示されている判断とは対照的に、患者によって選ばれていない代理人が、患者の自律の権利を行使してもいいと主張するのは自己矛盾だ。たとえば市民の選挙権が、「彼らのため」だからといって、その自律の名のもとに政府によって勝手に行使されるとしたらどうだろうか？（原註4）そして最後に、もし意思と選択の自由な行使のうえに、自律と尊厳があるのなら、私たちの自律性が、私たちの自律性を永遠に追いやってしまうような行為を許すというのは、少なくともパラドックスである。

このパラドックスは、まちがいなく前述のようなニーチェ哲学信奉者の「創造的な」自己に強く訴えるだろう。彼らは今世紀の「新しい権利」をたくさんもっているのだ。マンスフィールドが的確に示しているように、創造的な人間たちは、正常性とか良識に縛られない。

創造的な存在には、枠がない。彼らは、どんな答えをもっているかわからないし、形式ばった可能性のなかにとどまっていない。そういった人たちは「利益」というものをもたない。なぜなら、未知なるものになりつつある人間の利益が何か、言うことはできないからだ。それゆえ、新しい権利をもつ社会は、予測可能性と正常性の喪失という特徴をもつ。もっとも身近にいる者たちにさえ、何を期待すべきか誰にもわからないのだから（11）。

正真正銘の「自己によって創造される自己」は、予測不可能の、極端な、歪んだ状況に喜びを見いだす。自己矛盾を突きつけられても、ひるみもしない。むしろ、自己否定のなかにこそ、自分の意思の勝利を示すことができるのだ。不快感をおぼえるかもしれないが、私たちは、このような自己表現形式はだめだと否定することができるだろうか? 奇妙な権利にいたるまで、「他人の権利」に対して気高くも寛容さを保った私たちは、目をそらし、もう片方の、「道徳性」の頬をもすすんで差しだす。ここにきてついに、死ぬ権利を確立するために可能な、唯一の哲学的な根拠にめぐりあえた。それは道徳の相対主義の支持を受けた、自由裁量による意思である。いわば、真の根拠は何もないということだ。

死ぬ法的な権利はあるのか

エリートたちに人気の高いこうした外国の哲学的教養は、より大きな文化圏を旅しながら、徐々にその相対主義を広めつつある。だが、アメリカでは、権利の多くは依然として法律、とくに憲法によって定義されている。そこで、政治的・道徳的哲学を離れて、アメリカの憲法に目を向けてみよう。起草者たちが権利と政府の役割を、おおよそロックのように理解していたことを考えれば、憲法に「死ぬ権利」のなんらかの根拠が見つかったら、ひどくびっくりしてしまうだろう。だが憲法を熟読しても、文章のなかに、そのような権利の基礎になるものや、それを支持するものは何ひとつ見つけられない。

しかし、悪名高い合衆国憲法修正第一四条の法の適正手続《デュー・プロセス》条項〔訳註・「いかなる州であっても適正な法の手続きによらないで、何人からも生命、自由、財産を奪ってはならない」という規定。南北戦争後の一八六八年に設けられた〕が、矛盾はあるものの「実体的な〝法の適正手続〟」という中心的な解釈にしたがって、ほかの多くの新しい権利の場合と同様に、この件にうまい抜け穴を与えている。しかしながら、憲法修正一四条が批准されたときには、州の過半数は自殺幇助を禁止していたのである。

連邦最高裁判所は、「死ぬ権利」について、これまでに二度判断を示している。一九九〇年、クルーザンとミズーリ州保健省長官とのあいだで争われた「クルーザン事件」（二六八ページ参照）で、連邦最高裁判所は初めて死ぬ権利とからめて憲法修正一四条を調べ、名目上は州に軍配を上げることとなった。五対四の評決で「死ぬ権利」を却下したのである(12)。また、一九九七年にも連邦最高裁は、二つの関連ケース、「ワシントン州対グラックスバーグ事件」と「ヴァッコ対クイル事件」で判決をくだした。このときは全員一致で、ふたたび州側を支持している(13)。

これらの事件を注意して検討してみると、とくに後者の二件には、憲法上の死ぬ権利を作ろうという意欲がほとんど感じられない。だが同時に、その可能性を完全に潰してしまおうという気概もない。実際、「死ぬ権利」に反対する州を二度「勝利」させることになった最大の要因は、最高裁が「死ぬ権利」を明確に否認できなかったことにある。結果的に、現在の最高裁は、この問題を法的根拠のみで処理しようとしているようだ。その一方で、後続者たちの手を縛るつもりもないらしく、いつの日か「死ぬ権利」についての多数派の意見がとおる可能性が残されている。

クルーザン事件の判決は、憲法上の死ぬ権利への扉を開いた。ナンシー・クルーザンの両親は、持続的植物状態に陥って、そのまま七年も生きている昏睡状態の若い娘のために、胃への栄養補給と水分補給をやめて、ナンシーを死なせてほしいという申し立てをした。一審判決は両親の訴えを認めたが、ミズーリ州最高裁判所はそれをくつがえした。クルーザンの両親が控訴したので、アメリカ連邦最高裁判所がこれをあつかうことになった。焦点は、「アメリカ合衆国憲法のもとで、病院に延命のための治療をやめさせる権利が、この状況でクルーザンにはあるかどうか」だった。

一見しただけでは、クルーザン事件における連邦最高裁判所の判決は、ミズーリ州最高裁判所の判決を是認した点において、死ぬ権利の擁護者を失望させたように思える。つまり連邦最高裁は、生命維持装置によって守られているミズーリ州は、判断能力を欠く本人が治療をやめたいと本当に望んでいたのかどうか、明白で説得力のある証拠を提出するよう要求できる、としたのである。ナンシーの場合、この証拠が欠けていたのであった。それでも、この多数決による判決という根拠によって、判断能力のある人間にはそのような死ぬ権利があると認められた、と拡大解釈された——もちろん解釈ミスではあるが、そう解釈する根拠がないわけでもなかった。

最高裁長官だったウィリアム・レンキストは、多数派の意見を代表して記録を残している。彼は、慎重に「死ぬ権利」について言及するのを避け、そしてまた、賢明なことに、いわゆるプライバシーの権利の問題としてあつかうのも避けている。そのかわり、憲法修正第一四条の判例にしたがい、そしてまた、身体への医療介入にはインフォームド・コンセントが必要であるという原則に頼って、こう理由付けをしたのだった。

「原則として、判断能力がある人には、憲法で守られた『望まない治療を拒否する』自由という利益があることが、かつての判例から推測される」

(「自由という利益(liberty interest)」は専門用語である。この場合、「基本的な権利」よりもゆるやかに修正条項で保護された自由を意味する。一般的に、「基本的な権利」〈訳註・人間が人間として必ずもっている権利。基本的人権〉に対する制限は、裁判所でもっともハードルの高い「やむにやまれぬ状況における利益」によってしか正当化されないだろう。だが「自由という利益」を制限することは、定義はまずいが、それほど厳密ではない「不当な重荷ではない」程度の理由で容認される。）

もし判断能力のある人が病気であれば、法の伝統では、よくなることを「望んでいる」はずだと認識する。だが、手術や薬の服用を患者に強制することはできない。

クルーザン事件は、一般的な原則を限界まで拡大できるかどうかを検討したといってもいいかもしれない。治療を拒否する自由という利益が憲法で保障されているにせよ、「生命維持のための」栄養分や水分を拒否することまで含まれるのだろうか？　この決定的な質問について、レンキストは巧みに曖昧な表現を使っている。

> 申立人たちは、この案件の状況全般においては、延命治療を強いられること、生命に必須の栄養分と水分を人工的に補給されていることさえ、判断能力のある人間にとっての自由という利益にあたると主張している。我々はこうした論理が、そのような自由という利益を含んでいるとは考えるが、治療を拒否することによって生じる劇的な結果「つまり死」を思うとき、憲法上この利益の剥奪は許されるのかどうかという疑問が生じる。**しかし、この案件の目的にかんがみれば、アメリカ合衆国憲法は、判断能力のある人に、生命維持のための栄養分および水分補給を拒否する権利を保障していると**、我々は推察する。（二七九ページ）［強調は引用者］

レンキストの見解で私が強調した部分は、メディアによって、判断能力のある人は延命治療を断る自由があるという意見を支援するものととらえられた。前文で、それとは反対の可能性がはっきりと述べられているのだが、それについてはあまり注意がはらわれなかった。治療を拒否する普通法《コモンロー》（二七四ページ参照）の自由がしっかり確立されているにもかかわらず、裁判所は「劇的な結果が生じる」ために、生命維持治療を拒否する自由という利益を認めないことにしたのである。裁判長が、判断能力のある人に、生命維持治療を拒否する自由という利益が存在していると仮定したのは、今回の件は「状況が異なる」と特定するためだった。

自由という利益のあるなしは、この事件の判決にまったく関係ない。それなのに、なぜ裁判長は自由という利益の存在を仮定したのだろうか？　おそらく、過半数にするために、サンドラ・デイ・オコナー判事の賛成をとりつける必要があったからだろう。オコナー判事は、この事件の判決に五番目の賛成票を投じるが、判断能力のある人には、生命維持治療を拒否する権利があると認めたいとも思っていたのである。それは彼女の同意意見にはっきりと示されている。

我々の以前の判決から、望まない医療行為を拒否する、「憲法によって」守られている自由という利益があると推察される（……）また、人工的に投与されている栄養分と水分を拒否することは、自由という利益の範囲内であるとも推察される。私がこれを支持する理由をはっきりさせるために、別記しておきたい。（二八七ページ）

レンキスト長官があつかっていたのは仮説であったが、オコナー判事は実際問題としてこれをあつかい、その確立をめざして議論を組み立てた（原註5）。最終的に、彼女は判断能力がない人にも、同様の自由という利益を保護する必要があるとさえ述べている。彼女は、判断能力のない人に代わって推定上の「死ぬ権利」を行使する人から彼らの命を守る国家の義務には、驚くほどわずかな注意しかはらっていない（原註6）。

アントニン・スカリア判事だけが、補足意見として、憲法はこの問題に何も触れていないと述べている（私もこれが正しいと思っている）。

私は前記のように述べたが、もしナンシー・クルーザンが死を望むことがはっきりしていれば、このような手段で彼女を生かしておくことが望ましいと考えるわけではない。私が主張しているのは、憲法はこの件については何も触れていないということだ。憲法上の権利を取りざたするのなら、白紙の状態から、憲法上の原則を作り上げていかなければならないだろう（なぜなら、文章にも、また判例としても存在しないからだ）。これは、国家は個人に対して、寒い場所から避難して食糧を食べるようにと主張できるが、薬を飲めとは主張できないという原則だ。また、国家は彼が摂取した毒物を胃から吐き出させることはできても、彼が消化できなかった食べ物を胃に詰めこむことはできないという原則である。（三〇〇ページ）

パラドックスめいているが、スカリア判事の説得力のある意見は、栄養分と水分を拒否することを自殺とみなしており、先のオコナー判事（および、クルーザン事件の判決で採用されなかった四人の判事たち）の見解、つまり「生命維持」治療を拒否する権利はすでに憲法で守られているという見解と合わさると、相手方に弾薬を与えてしまうことにもなりかねない。オコナー判事の見解が広まれば、スカリア判事の意見は、クルーザン事件で新しく守られることになった権利は、まさしく死ぬ権利であるとみなす理由になる。すべての要素がそろい、憲法には自殺する権利があるということになり、判断能力のない者の場合には、自殺幇助を受ける権利があるということになる。つまり完全な「死ぬ権利」が登場するのだ。

これがまさに、アメリカ連邦控訴裁判所第九および第二巡回区で争った二件の裁判で、中立人が「死ぬ権利」を勝ち取ったときの作戦だった。どちらも判決は一九九六年におりた。クルーザン事件の裁判で、少なくとも判断能力のある末期患者にとって制限つきの死ぬ権利が確立されたとみなして、末期症状の患者を診ていた医師の一団が、何人かの末期患者とともにワシントン州およびニューヨーク州で自殺幇助を禁止する州法があるのはおかしいと訴えを起こしたのである。医師たちは、もしこういった禁止条項がなければ、終末期の患者たちが命を終えるのに手を貸しただろうと明言した。これらの州法は、憲法修正第一四条の法の適正手続および平等の保護に違反しているとして、中立人は、クルーザン事件で認められた生命維持治療を拒否することによる制限つきの「死を早める権利」を、致死薬によって直接死を選択するという制限のない権利に変えさせようとした(原註7)。そのうえで、「死ぬ権利」を自分で行使できない患者にとって、自殺幇助を受ける権利は憲法で保護されている権利だと、中立人は主張した。

レンキスト長官は、ここでも多数派を代表して意見書を出しているが、中立人に最初から付け入る隙を与えなかった。自殺幇助の擁護者は、(クルーザン事件の判決から)判断能力のある者は「死を早める」権利をもつし、治療拒否によって死を早めることと、死にいたらしめる薬を摂取して死を早めることには違いはないと論じていた。レンキストはこの分析を却下して、実際にはこの二つには大きな法的な隔たりがあると結論を述べた。この結論を引き出すために、彼はクルーザン事件で自らが敷いた狭い道を根拠にしている。つまり、プライバシーや「死を早める」個人の自由という、高尚であっかいにくい概念には立ち寄らず、法的な原則と歴史に見られる法的な事実という範囲に限定したのだ。

普通法《コモンロー》は、薬の強要は暴行と同じと規定している。また一方、法の長い伝統により、望まない医療行為を拒否するという判断は保護されてきた（……）他人の助けを借りて自殺をするという判断は、望まない治療を拒否する判断とまったく同じように個人的で、深いものかもしれないが、同様の法的な保護を受けたことはない。もっともなことだが、この二つの行為は、当然まったく異なると広くみなされている。（七二五ページ）

レンキストは、同様の普通法の伝統を見ても、自殺幇助を受ける権利を支持することになるものはないと言っている。さらに「この国で自殺幇助をどうあつかってきたのかを見ると、それを許そうとするほとんどすべての試みを却下しているし、今後もそれが続くだろう」（七二八ページ）。死人となる権利を無制限に確立しようという下級裁判所の判断は、ここでしっかりと却下されたのだ。

グラックスバーグとクイル事件における最高裁の判決が、憲法上の「死ぬ権利」を確立しようという動きにとって打撃になったのはまちがいない。しかし、全員一致の評決だったといっても、まだドアは閉められたわけではない。ここでもまた、多数派の意見に賛成して署名したのは五人の判事だけであり、あとの判事たちは、異なる根拠のもとに判決に同意している。そしてここでもまた、オコナー判事が波紋を投じている。クルーザン事件と同様、彼女は長官の意見に同意して、過半数の形成に一役買った。だが、このとき彼女は自分が成立に手を貸しておきながら、多数派の意見にどの程度賛成できるのか疑問を投げかけるようなことを別に書いている。

彼女による短い同意文と、多数派の意見には、齟齬《そご》をきたしている箇所が多い（原註8）。彼女が多数派の意見に賛成するのは、「〝自殺をすること〟には一般に受け入れられた権利がないからだ」という（七三六ページ）。［強調は引用者］けれども、これは事件の主要な争点ではなかった。いや、この事件では、誰によってであれ、議論の場にもち出されたことさえなかった。オコナー判事は、本人が「小さな問題」と呼ぶものに触れる理由などないと考えている。つまり、この事件で実際に争点になっていた「ひどい苦痛にさらされている判断能力のある者に、その者の差し迫った死の状況を左右できるという利益があるかどうかが、憲法に見いだせるだろうか」（七三六ページ）［強調は引用者］という問題だ。オコナー判事がこの問題を決定する権利を後回しにしているのは明らかで、自分の見解と、彼女が署名した多数派の意見とのあいだに、どう折り合いをつけるのかを説明していない。多数派の意見では、死期が近い者への自殺幇助の禁止令については、法的な伝統において、憲法上これを擁護しうる例外は一つとして見つけられない、となっているのであるから。

　これら不明確な点や矛盾をどう説明したらいいのだろうか？　ミシガン大学ロースクール法学名誉教授のイェール・カミサーがこんな類推をしている。

> オコナー判事は、グラックスバーグとクイル事件において裁判長の意見に彼女が賛成するのは、「〝自殺をすること〟には一般に受け入れられた権利がないからだ」という奇妙な文章を書いている。これをどう説明したらいいのだろうか？　私としては不本意ではあるが、オコナー判事がこういった意見を述べた理由は、医師の幇助によって自殺する権利の可能性を例外なく排除してしまうことに躊躇し、この領域で〝慎重に進んでいきたい〟という希望があったからだと思わざ

るを得ない(14)。

この複雑な「生を終わらせる決定」に取り組むにあたり、オコナー判事は国家の立法機関の役割についてまでも論じているが、彼女のさらに不穏当な発言を考えると、このカミサーの意見はもっともだと思われる。

オコナー判事は、多数派と同様に「各州は現在、医師の自殺幇助およびそれに関連した問題についての評価を、詳細にわたって真剣に行っている」と認めている(七三七ページ)。レンキストにとって、「民主的な社会においては」(七三五ページ)そうすべきであって、それで議論は終わりになるはずだった。一方、オコナー判事にとっては、これは適切な「保障条項を適切に作り上げるという難しい任務だ(……)この最初の事例に関して(……)自由という利益は州の研究室に任されている(……)」。(七三七ページ)[強調は引用者] だが待ってくれ。ここでの「自由という利益」とは何だ? レンキストの意見を読んだ人は、「死を早める」自由という利益などはないと思っていただろうが、それがここで危うくなってくる。「この最初の事例に関して」だって? 嫌な予感ではすまされないものがある。オコナー判事は、州の研究所が最終的にそれを「正しいもの」にすることを確実にしようとしているのだ。

つまり、私たちは憲法上の「死ぬ権利」を求める主張がこれで終わりになったと、軽率に確信してはいけないのである。多数派五人のうちの一人が示した、この奇怪な同意には、先例にふさわしいレンキストの非常に明快な意見を徐々に蝕む力しかない。どんな司法の意見もそうだが、この意見の意義はのちの裁判所(おそらくは別の人たちによって構成されているだろう)での裁判で定まることになる。「同意」とはほど遠いオコナー判事の意見も、そんなことの役にはじゅうぶん立つだろう——未来の「揺れ動く」正義にレンキストの意見から脱け出すゆとりを与えておけば、人は自分が最善と思うことなら何でもやってよくなるかもしれないし、司法の権利が侵害されたおかげで、憲法上の「死ぬ権利」が「確立」されるかもしれない。

「死ぬ権利」の悲劇的な意味

延命のために努力している医師に対してとくに主張されてきた「死ぬ権利」だが、現代社会に根づくには、まだ相当に難しいのは明らかである。現代のリベラルなテクノロジー社会は、近代のはじまりである一七世紀に立てられた二本の哲学的な柱をおもな拠り所としている。一つは、ホッブズとロックが提唱した自然権の教義に具体化されている、「人間個人としての素晴らしさ」。そして、フランシス・ベーコンとルネ・デカルトによって提案された、革新的な自然科学を通じて得られる、「自然を支配する」という考え方だ。

どちらも、自然は人間の必要性を満たしてくれなかったと感じ、それに反応した形で出てきた思想である。その結果として、双方とも人間の自然との対立を深めることになった。まず、失われやすい生命と自由の権利を守るという目的のために、人間は自然の状態から市民社会へ飛躍した。つぎに、人間は自然を征服し、人生をより長く、健康に、便利なものにしようとした。この二つの反応の基礎になっているのは、死への抵抗であったといってもいいかもしれない。政治的に見ると、戦争によって無残な死を迎えることへの恐怖から、自然権、とくに生きる権利を確実にする法律と法的な権限が必要だった。技術的には、厳しい自然の手にかかって死んだりすることへの恐怖によって、より大胆なアプローチ、つまり科学的な医療が登場した。これは、病気や、死そのものと戦争をして、究極的には肉体的な不死を得ようとするものだった。

政治的にも科学的にも成功すると、現代の思想と実践はそれに酔いしれ、はじめのうちは政治的な節度としてもちあわせていた謙虚さや中庸を捨て去ってしまった。市民社会では、活発ではあるが、節度ある自己主張によって守られてきた自己保存の自然権は、自己創造や自己表現といった自然権以外の権利に道をゆずってしまう。

こうして生じた新しい権利は自然や理性とは関係がなく、自由な意思による権利のように見える。ここで主張されている「自己」とは、自然な自己ではない。普遍的な人間の性質と、その身体的な必要性があって、何を求めているか予想できるような自己ではないのだ。それぞれ個別化された「自己」によって作られた自己」である。自らが本物と認めたその自己は、身体的な要求にも、社会の規則にも、理性の命令にも「ノー」と言うことができ、それによって正体を現す。そんな自己にとっては、自殺や死ぬ権利による自己否定が、自己主張の究極の形になりうるのだ。

医学では、死と無制限の戦いを繰り広げてきたが、そこでわかったのは、自然は降参して、死んだふりをしてくれたりしないということだ。医学における成功は、どうひいき目に見ても部分的なものであり、その勝利は、控えめにいっても不完全だ。病気に対する大手柄といっても、人生の終わりに医療器具につながれ、非人間的なあつかいをされるという代償をともなって獲得されたものだ。いってしまえば、がんや脳卒中を負かすことができたので、みんなアルツハイマー病に罹るほど長生きできるようになったということである。そして、もしそれだけの保険をかけてあればだが、集中治療室で、しっかりとチューブにつながれて死ぬことができる。死を敵に回して戦うために発達させてきた医療だというのに、その力が恐ろしくなって、私たちは、今度は医療に対して毒をくれと要求している。

最終的に、個人主義の勝利や、(医療だけではない)技術への依存、そして新たな要求を権利として認めてもらうために政府に依存していることが、人間の自然なつながりを弱めてしまった——自律と支配という見せかけをついに保ちきれなくなったときに、誰もが頼ることになる家族というつながりが、ことさら弱められた。老いと死は、家族の手を離れ、国から助成金を得ている老人ホームや病院にその場を移してきた。そして聖職者ではなく、医師(実際には看護師)が生命の終わりに立会う。私たちの有限性を前にしても顔色ひとつ変えない滅菌処理された世界で。

自律への意思と、その誇らしげなパートナーである「死を否定する医師」は、ともに自然が主張している「人間の意思にも技術にも限界がある」という事実を無視する。この二つの限界の認識に失敗したために、医療の企て全体が危険にさらされているのである。「死ぬ権利」をとおしてその企てに反旗をひるがえしても、この難局をさらに困難なものにするだけだろう。脆弱な生命は、もはや国家から守られるものではなくなり、医学は生でなく死をあつかう職業となり、孤立させられた個々人は、最期のときを彼が求めてやまない人々と過ごさせてあげるという人間らしいやり方を見つける手間をはぶくため、機械的に処理される。

今日、強力になりすぎた無用の治療からの解放を勝ち取るために「死ぬ権利」が主張されなければならないのは、悲劇的な皮肉以上のものなのだ。同時にそれは、非常に危険でもある。とりわけつぎの三つの危険が考えられる。

第一に、死ぬ権利が、とくに「死ぬのを援助してもらう」権利、すなわち自殺幇助を受ける権利、安楽死をする権利を含むようになると、他人の側にしてみれば、殺す、あるいは殺すのを手伝う義務と解釈されることになるだろう。私たちが人にそのような義務を課すのを拒否し、単に自由意思でそれをしようとする他人に許すだけにしたとしても、私たちの社会は大きく変わってしまう。なぜなら、国が安楽死という仕事を引き受けなければ（神は、国にそれを禁じているのだが）、死をもたらす力を法的に使用するという専売特許――無実の命を守るという第一の責任を果たすために、国がもち、必要としている専売特許――を、誰かに譲り渡してしまうことになる。

第二に、知ったような顔をして、意のままに死を要求する人たちの行動を制限する方法がなくなる。死を幇助してもらうことになる人たちのほとんどは、自分自身でその行動を選択し、それをやり遂げることができない人だし、これからますますそうなっていくだろう。高額な医療費がかかる厄介な病気をかかえた人はみな、「死ぬ権利を行使しろ」というプレッシャーをかけられることになる。

第三に、医療従事者たちの患者を治そうとする献身と、殺人を拒否する思想――倫理的な核――が永遠に破壊され、それにともなって患者からの信頼と、医師としての自制も失われるだろう。個人の権利を認めることによって、公益を打ち壊してしまう事例はこればかりではない。

こう書いてきたが、私は、どんな状況下であっても、何を犠牲にしても、延命がなされなければならないと信じているわけではない。そうでなく、私の意見はまったく異なる。私は、故意に殺すという行為に反対しながら、畏れと慎みをもって、死なせるという行為を引き続き擁護していこうとしているのだが――道徳的にはっきりとしたこの線は、人工栄養の患者の場合にはぼやけるだろうし、「治療を拒否する権利」というソリに乗って、死の売人へとじりじりと近づいていくことだろう。

どうやって終末期を生きていくかに関して、患者にできるだけ多くの選択肢を与える努力は喜ばしい。私は、たとえ死にいたる可能性が大きくなるとしても、その患者本人にとって本当にいいのはどんな治療をすることなのか、あるいは治療をしないことなのかを慎重に識別しようとしている勇気ある患者自身、その家族、そして良心的な医師に拍手を送り続けたいと思っている。しかし、患者を故意に排除して、その患者のために尽くすことはできないということは主張し続けていきたい。そして、これを他人に対してやる権利がないのなら、病を得た場合の自分たちに対して、他人にこの行為をやらせる権利もない。つまるところ、どう見ても、擁護すべき「死ぬ権利」はないのだ。

最後に——「権利」について

「権利」のレトリックは、今日でもまだ、個人の生命と自由を守るという高貴で由緒正しい機能を果たしている。現代の官僚主義的で高度な技術をもった国家がやろうと思えばどれほど専制君主的になれるかを考えれば、この機能は今こそ、こうしたレトリックの創始者が想像だにしなかったほど必要とされているのかもしれない。

しかし、近年主張されている新しい権利の多くもそうなのだが、「死ぬ権利」を求めると、もはや生命と自由を守るという機能には関係していない領域にまで、さらには、権利を主張することが明らかに適切かつ必須であるという生命の領域の限界をも超えて、このレトリックを広げていくことになる。その結果、私たちの考えとその行動に、多くの深刻で、危険な歪みが生じる。私たちは、「権利」というかぎられた領域の外にある道徳的な問題に応えようとして、自然や理性に根拠のない権利の発明を許すことにより、権利についての理解をねじまげ、適切な領域であれば尊敬されうる「権利」という概念を弱めてしまう。権利と善という複雑なすべての問題を、「個人の権利」の問題に集約してしまうことにより、道徳と正しい生き方は何かといった理解をねじまげてしまう。

私たちは、権利を主張することが最良の、そしてもっとも道徳的な結果を生み出すようなふりをすることによって、慎重であることの大切さや必要性から目をそらそうとしているのだ。人間の権利という棍棒を振りまわし、人間であることの制約を叩きのめしながら前に進もうとして、私たちは、もっとも基本的な問題について、自分たちの目をあざむいてきた。つまり、死や、死ぬこと、私たちが避けられない有限性、そして、私たちの生命は相互依存し続けているということである。

本書ではこのあとさらに、誰かが自分の生命をあきらめる、あるいは積極的に死を選択することは納得がいくことなのか、もしそうなら、それはいつ、どうしてなのか、熟考を重ねていきたい。だが、権利についての向こう見ずで思慮のない考え方はやめにしようではないか。決意をもって、これ以上「死ぬ権利」について話をするのはやめようではないか。

*原註1（二七六ページ）——私たちは、オランダで「死ぬ権利」が滑りやすい坂を、もっとも過激な意味にまで転げ落ち、さらに先へ進むのを見てきた。つまり、治療を拒否する権利から、自分の死をコントロールする権利、「死人になる」ために幇助を受ける権利、自発的な安楽死の権利、「医師」があなたを「死んだほうがよい」と決めたら、医師によって寛大にも殺されるという権利へと突き進んでいったのである。

認められない形での安楽死の発生にまでいたったことは、オランダの公式の報告によって確認されている。オランダでは、医師による自殺幇助および自発的な安楽死が、医療の専門家によって確立されたガイドラインのもとで、二〇年以上にわたって推奨されてきた。ガイドラインは、死の選択にあたっては、それを患者に告げ、患者の意思によらなければならないとしているが、三〇〇人の医師を調査した一九八九年の報告を見ると、（すでにその時点で）四〇パーセント以上が、患者の自由意思によらない安楽死を行い、一〇パーセント以上が、それを五回以上行っていることが明らかになっている（1）。オランダ政府による別の調査では、さらに驚くべきデータを見いだせる。一九九〇年、その年の二三〇〇件の自由意思による安楽死と、四〇〇件の医師による自殺幇助を別にして、患者が知らない、あるいは同意していない、自由意思によらない積極的な安楽死が一〇〇〇件以上もあったのである。そのうち、およそ一四〇件（一四パーセント）は、患者にまったく判断能力がなかった（ちなみに、アメリカ合衆国でも自由意思によらない安楽死は、年間二万件にものぼる）。さらに、生命を終わらせようとして、過量のモルヒネを与えた事例が八一〇〇件。そのうちの六八パーセント（五五〇八件）で、患者の認識や同意がない（2）。

国際社会からの批判や懸念に応じる形で、オランダ政府は一九九五年にふたたび調査をしている。調査グループによると、医師による自殺幇助および安楽死は、よく規制されているという（3）。しかし、ハーバート・ヘンディン博士らは、実際のデータを慎重に分析して、懸念すべき正当な理由があるとした。医師がもたらす死の数は、一九九〇年から増加している（すべての死亡者数の三・七パーセントから四・七パーセントに上昇した）。オランダ人医師の五九パーセントが、通知の必要性を無視して、死をもたらす行為を報告していない。半分以上が、患者に安楽死をすすめるのにためらいを感じず、およそ二五パーセントは、同意なく患者の命を終わらせることを認めている。一九九五年、九四八人の患者が、同意をしていないのに、直接死にいたらしめられた。このほかに一八九六人の患者（その年のオランダ人の全死亡者数の一・四パーセント）が、死をもたらそうという明確な意図があって使用したアヘン剤の結果、死亡している（そのうち八〇パーセント以上では、死にたいという要求が、患者からなされていない）（4）。

＊原註2（二七九ページ）――私の「思いやり」が功を奏するためには、もちろん、誰にも発見されないように自殺をする必要があるだろう――ということは、理性を失うよりもずっと前にしなければならない。私は子供たちに、衰弱していく私を愛せないだろうと彼らを疑っていたことは気づかれたくない。しかし、この誘惑を断ち切る、もっと強力な理由がある。通常の世代間の経験、束縛、義務、重荷から子供たちを解放するために、世界を変えてしまおうとは、私の父親的愛情は理性を超越してはいないか？　私の「利他的自殺」によって、私自らが演じ、支持しようというのは、どんな家族生活の原則なのだろうか？（こういった問題をたくみにあつかっているのは、ギルバート・メイランダーの「私は自分の愛する人たちの重荷になりたい（I Want to Burden My Loved Ones）」だ。〈『ファースト・シングズ』一九九一年一〇月号〉）

＊原註3（二八六ページ）――ロックはのちに、立法府の権力の範囲を論じて、立法府はすべての国家において最高の権力であるが、個人に対する自由裁量の権力はなく、とりわけ、その生命を破壊する力はないとした。「なぜなら、何人も自分自身がもっている以上の権力を他人に譲渡できないからである。また、何人も、自分の生命を絶ったり、他人の生命や財産を奪ったりすることを目的とした完璧に独善的な権力を、自分自身もしくは他人にふるうことはできない」国家権力は国民から生じているのだから、人がこうした自由裁量の力を自分に対してもたないことが根拠となって、国家は彼を殺す権力を制限されるのである。

＊原註4（二八九ページ）――死ぬ権利を「プライバシーの権利」で確立しようという試みは、同じ理由から成りたたない。人が、政府の干渉を受けずに、個人的な領分として、自分の身体に関して独立した判断をする権利があるとしても、政府から任命されていようが、政府から保護されていようが、誰かほかの人がその身体的な生活を終わらせる権利の基礎にはなりえない。

＊原註5（二九四ページ）――裁判所がこの件を再びとりあげたときには、レンキスト長官でさえ、クルーザン事件は

「死をもたらすことになっても、判断能力のある人が治療を拒否する権利」に立脚していることを認めていた（グラックスバーグ　七二三ページ）。だがクルーザン事件で公表された権利は、憲法が尊重する自律についての曖昧な権利から派生したのではないと彼が主張していることを忘れてはならない。治療を拒否する権利はむしろ、暴行から逃れる普通法《コモンロー》の権利に根ざしているというのだ。それによれば望まない医療行為は、暴行の一例だとされている。

＊原註6（二九五ページ）――ウィリアム・ブレナン判事は、反対意見のなかで、国家は、医療行為を避ける選択よりもはるかに重要な人命について、法的な利益を――当然それに対する義務も――もっていないとしている。そして、自分のためにもはや選択ができない患者の前では、国家は次のことをできるだけ正確に決定することにおいてのみ、利益をもっているとした。すなわち、「そういった状況で彼女がどうやって権利を行使するのか（……）ナンシーの希望が決定されるまで、妥当な唯一の［！］国家利益は、その決定の正確さを守ることにおける利益なのである」（クルーザン　497US261、三一五―一六ページ　強調は原文どおり）。（ちなみに、これは、ブレナン判事の理由のなかに暗に示されている「自己」を考えると、不可能な仕事に思える。）

人命を保護するのではなく、自分が決定した意思を自分で主張することが、国家の主たる利益となるとブレナン判事は言っている。憲法の解釈においてさえ、こうしたニーチェ的な思考（二八八ページ参照）が、伝統的なアメリカのリベラリズムを脅かし、それに取って変わろうとしていることが見てとれる。

＊原註7（二九六ページ）――この議論をすると、グラックスバーグ事件に焦点をあてることになる。この事件は、憲法修正第一四条の「法の適正手続《デュー・プロセス》」を根拠に論じられた。なぜなら、死ぬ権利における「自由という利益」が確立できるとしたら、デュー・プロセスしかないからだ。クイル事件では、そのような権利の存在を明言していない「法の平等保護条項」をかかげて、議論がなされた。

＊原註8（二九八ページ）――グラックスバーグ　521US736（オコナー判事の補足意見）。スティーヴン・ブレイヤー判事は、オコナー判事が裁判所の意見に賛成しているときを除いて、彼女の意見に賛成している。この事実は、両者が対立していたことをうかがわせる。

「死ぬ権利」のさまざまな主張に早く決着をつければ、それだけ皆が大きな災難から逃れられることになる。また、この決着をつけることで、死という不可思議なものは人間の意思や、勝手な主張でコントロールしてはいけないものだということを人々は再認識するだろう。しかし、依然として、死んでいく人々はいるし、その人たちを適切に世話するにあたって直面するジレンマが残されている。また、人生の終末期をそれまでの人生にどうつなげていくか、考える必要がある。

「誰も死ぬまで幸福ではない」〔訳註・ヘロドトス『歴史』第一巻三二より〕。古代アテネの賢人ソロンは、自己満足に浸るクロイソス王に、財産は危険をはらみ、財産があって幸せだと喜ぶ前に、自分の人生がどう終わるのかを見届ける必要があると諭した。世界一の大金持ちでさえ、自分の運命をコントロールすることはほとんどできない。人間の人生がいかに予測不可能であるかは、昔からよくいわれている。かつて栄華を極めた人が、衰弱し、人に頼って、みじめにその人生を終えていく例はいくらもある。

だが今日、人生をどう終えるかという問題は、もっと深刻なものになっているようだ。人間は運命と戦ってきた。とりわけ、医療によって死ぬ原因となるものを撃退しようと努力し、成功したが――部分的にだが――それが皮肉な結果を生んでいるのである。大勢の人が、死ぬべき運命との戦いにさらに勝利しようとする一方で、ぐずぐず生きて負担をかけたくないと、死ぬという選択によって自分の生命をコントロールしようとする人も現れた。運命との戦いに敗れても、一歩先んじて運命を自分たちの手に捕えることによって、それを帳消しにしようというのである。

私は冗談で言っているのではない。また、これが提起する問題は、学術的な性質のものでもない。これは厳しい状況におかれた人たちのあいだで繰り返し生まれている、切実な問題なのである。病院や老人ホームでは、毎日のように患者と家族と医師たちが、生か死かの選択を迫られている。選択肢といっても、できれば選びたくないものばかりで、なかには空恐ろしい選択肢もある。私の八五歳の母親は、脳卒中のせいで食べ物が飲み込めなくなったけれど、主治医の栄養補給のチューブを入れるという提案を承諾するべきだろうか？　チューブを挿入しても快復しなかったら、それを抜いてもらっていいのだろうか？　人工呼吸器をはずしたり、人工透析をやめたり、それ以外に助かる道のないバイパス手術を受けないことにしたり、あるいは肺炎に抗生物質を投与しないと決めるのは、いつの時点からなら正しいのだろうか？　進行性の痴呆になった私を、子供たちはいつの時点でホームに託すのが正しいのか？　あるいは、私が医師か妻、娘に、致死的な薬物を注射してくれと頼むのは、いつが適切なのか？　逆に私がそういった要求を受けたとしたら、医師として、夫として、息子として、その要求に同意するのは――同意することを許してもらうのは――いつなのだろうか？

こういったジレンマは、当然、際限なく膨れあがる。さらに、人間にとってこれがどんなに重要であるかは、言葉で表現するのが難しい。これをうまいぐあいに定義された解決できる問題のようにとらえてしまうと、人間の全体像を考えていないことになるし、世代間の関係、老いの意味、死ぬべき運命に対する態度、宗教的な信条、経済的な資源といった問題を無視してしまうことにもなる。それに、実際にこうした大変な決心を迫られている人たちの苦悩や心の痛みは、言葉ではとうてい表すことができないし、ましてや、そういった人たちを本当に助けたり、力づけることはできない。さらに、これを一般化して論じてしまうと、どうしても、それぞれの人の特別な、具体的な特徴から離れて、抽象化することになる。哲学的な説明をしたからといって、その場で必要とされている洞察、憐れみ、勇気、正気、機転、思慮深さ、あるいは慎重さのかわりをしてくれるわけではない。

しかし、その場にいる人間たちの態度、感情、判断は、無意識のうちに話や意見、あるいは考えを形づくる際に使われる用語に影響されることが多い。話し方によって光明が灯されることもあれば、事実が歪められてしまうこともある。その状況に適していない用語もあるだろう。死や死に方については、かつては口にすべきではないとされ、迷信から口にするのを避けていた時代もあったが、今では無作法なおしゃべりとはいわないまでも、しょっちゅう人の口の端にのぼる。さらに用語がますます豊富になっているので、その助けを借りて、話が先へ先へと進んでいくことも多い。私見では、どうも怪しくて、危険な影響をおよぼしているのではないかという用語である。その結果、私たちは自ら破滅に向かうメニューを作っている。さしせまった困難、人間の激しい苦悩、感情の昂ぶりが、不十分な考えといっしょにかき混ぜられているのである。私たちは自分たちの使う用語や話の内容を、考え直していくほかはない。

前章では、「権利」という概念が、死と死に方についての現在の議論をどのように混乱させてきたのかを明らかにした。ここでは「義務」という考えが、これに匹敵する悪さをしている。「無実の人の血を流すべきではない」という人間の義務は認められているが、ここから、それを脅かす人々から命を守るという社会の義務が生じている。これがさらに、病気や、人間以外の危険から、生命を保護する義務にまで範囲を広げていく。そしてこれが、生命の持ち主の状態や患者の望みにかかわらず、できうるかぎり、延命するという義務にまで広がっていく。

さらにここから、寿命が誰かの手にゆだねられていても、決して死を生じさせてはならないという無条件の義務にまで拡大する。そして、私はまちがっていると思うが、この立場は「生命の神聖性」という信条から必然的に導きだされていると主張されることがある。そうなると、老化の研究を通りこして（第九章を参照されたい）、死の征服の研究を強制されることになるかもしれない。私たちにそんな義務はあるのだろうか？　あるとしたら、何を拠り所としているのか？　そして、そういった死を妨げる義務——すなわち生きる権利——は、「自分を死人にしてもらう権利」と折り合いをつけられるのだろうか？　これらのひどく曖昧で重大な問題について、私たちがどう行動するのが最善かを模索するには、この権利と義務にかかわる非妥協的な言葉は適切ではないのではないか？　私たちは、自分たちが使う用語と、自分たちが提起する問題に、もっと思慮深くなるように努めなければならない。

この目的のために本章では、二つの強力な概念の関係を探っていこうと思う。すなわち、生命の終わりについての議論によく登場する「尊厳死」と「生命の神聖性」である。いずれも高尚な、実に立派な考えを示す言葉といえる——「人間の尊厳よりも高尚なものなどあるだろうか？　神聖なるものは別として？」といったような。結果として、この二つのフレーズはスローガンや、気合を入れるときの掛け声のような働きをすることになり、その意味や背景がめったに顧慮されなくなっている。安楽死についての現在の論争において、この二つの概念は逆方向に引っ張り合いをしているといわれることがある。尊厳死の支持は、生命の神聖性を否定する行動を起こすことを意味するかもしれない。反対に、断固として生命の神聖性を支持すると、尊厳をもった死を認められない、ということになるかもしれない。この二つが互いに相容れないとなると、私たちの多くは心穏やかではいられない。板ばさみ《ジレンマ》はそれだけでじゅうぶんに困った問題だ。人間の尊厳と神聖性が相容れないものであり、どちらかを選ばざるを得ないと考えるだけで、私たちはさらにつらい状況に陥る（原註1）。

尊厳死の擁護者と、生命の神聖性の擁護者との対立は、今にはじまったことではない。三〇年前には、治療をやめて死なせることをめぐって、この二派は競い合った。今日問題になっているのは、「死ぬ権利」と「自殺幇助」である。将来的には「死ぬ義務」と慈悲殺（いわゆる「積極的安楽死」）が争点になるだろう。どちらの争いでも、両極には先の二派と同じ人たちが集まっている。その多くが、問題は同じだと（まちがっていると私は思うが）考えている。

現在、慈悲殺あるいは自発的安楽死に反対している人々の多くは、三〇年前には、殺人と同等であるという理由で、延命治療を終わらせることに反対していた。しかし今日では、慈悲殺を支持している人たちは、次のような意見で延命治療の中止に賛成している。つまり、「もし死なせることによって死を選ぶのが許されるのなら、行動によって、人間らしい方法で、本人が望むように死を早めてあげることがどうしていけないのか?」と。治療の中止によって死なせることと、死人にすることを区別できずにいるために（つまり、「意図と動機」「原因と結果」「目的と結果」を区別できずにいるために）、どちらも論争を両極化させ、一方の相手ばかりでなく、中間で居心地悪そうにしている人たちにも反発している。彼らにとって、それは「生命の神聖性か尊厳死か」という問題であり、どちらか一方を選ばなければならないのである。

この両極化を、私は認めない。これから、本章では、次のことを提案していくつもりである。第一に、人間の尊厳と生命の神聖性は矛盾しないだけでなく、もし正しく理解されれば、二つは手を取り合うことができる。第二に、尊厳死は、正しい理解では、人生において最後までもち続けることが可能な人間性の行使に大きくかかわっており、医療の方法や、死因にはほとんど関係がない。第三に、生命の神聖性と尊厳は、死なせることとはまったく矛盾しないが、故意に殺すこととは相容れない。最後に、安楽死の実行は、人間の尊厳に貢献するものではないし、それに飛びつくことは、威厳ある行為を葬るばかりか、まともな人間関係を蝕むという社会の諸傾向を加速させるだけだろう。

生命の神聖性（と人間の尊厳）

生命の神聖性とは、厳密には何を意味するのだろうか？　これを述べるのは難しい。厳密な意味では、生命の神聖性とは、生命「それ自体」が——神のように——浄らかで神聖で、超越的で、区別されていることを意味するだろう。あるいは、神聖なるものに私たちがどう反応するかを考えれば、生命とは、私たちが崇め、畏怖し、尊敬する気持ちを抱く（あるいは抱くべき）何かだといえるだろう——なぜなら、それは私たちを超越する深遠なものなのだから。

これよりも控えめな、しかし、より実際的な言葉を使ってみよう。生命を神聖とみなせば、生命とは侵されたり、排斥されたり、壊されたりしないものであるといえるだろうし、もっと肯定的なとらえ方をすれば、生命は守られ、防御され、保存されるべきものだといえるだろう。違いはあるが、これらさまざまな定義には、一致していることが一つある。この「神聖性」は、それが何であるにせよ生命そのものにそなわっており、生命はその存在自体が、崇拝あるいは自制のような、適切で人間らしい適切な反応を呼びおこすものだ、ということである。人間のなす合意や決定のみで、神聖性が与えられたり、生じたり、あるいは除去されるなどということは、まったく的外れなことなのである。

しかし、さらなる難題も残されている。どのような生命が神聖なのだろう？　人間の生命だけなのか、それとも動物（および植物）の生命も神聖なのか？　もし動物の生命が神聖だとしたら、動物の生命は人間の生命と同等に神聖なのだろうか？　それとも「神聖性」には程度があるのだろうか？人間の生命にかぎるとしても、神聖とされるのは、意識のある、あるいは理性のある個人の生命なのか、それとも人間という有機体なのか？　血統は神聖だろうか？　あるいは人種、国家、種は？　それとも、そういう生命ではなく、ある形式にのっとって生きてきた生命だけが神聖なのだろうか？たとえば、ユダヤ教の律法《トーラー》の教えにしたがってきた生命だけとか？

もっと深い問題もある。生命の神聖性の根拠、あるいは基盤は何だろうか？　神が人間を創造され、のちに（安息日をそうしたように）その罪を浄めたという、神の行為が決定的な拠り所なのだろうか？　それとも、その起源とは別に、生命や人間の生命には神のような何か（たとえば霊魂のような）があるのだろうか？　それがあるから、神的なものの前でそうなるように、私たちは畏怖の念や尊敬を呼びおこされるのだろうか？　もっと経験を重んじて、すべての天啓を脇に押しやったとしても、誕生という喜ばしい経験、死滅に対する恐怖、そして、すべての生き物の驚くべき出現や行動の多くには、「宗教の源」ともいうべき何かがないだろうか？　その前では、ただ驚嘆し畏怖を覚えるしかないような？　何が、どんな生命を神聖にしているのか？　こういった疑問を投げかけるだけでも、哲学的に生命の神聖性を理解するのがいかに難しいかがわかる。

私の知るかぎり、「生命の神聖性」という文句は、ヘブライ聖書〔訳註・ユダヤ教の聖典で、キリスト教の旧約聖書にあたる〕にも、新約聖書にも登場しない。生命は、たとえば安息日のように、それだけで神聖（カドシュ）だとは明言されていないのだ。ユダヤ教の信者は、聖なる人々であるといわれ、神が聖なる存在であるのと同じように、聖なる人々であることを享受しているとされる。たしかに伝統的なユダヤ教義は、人間の生命の保存に重きをおいてきた――聖なる安息日でさえも、人命を救うためなら破られてもいいというのは、人命は安息日よりも尊ばれるべきだという意味に解釈できるだろう。それでも、自分の生命を保存する義務は、無条件なものではない。一つだけ例をあげよう。ユダヤ教の信者は、偶像崇拝、姦淫、殺人を犯すくらいなら殉教すべしとされているのだ。

殺人は、人の命に対するもっとも直接的な攻撃であり、生命の神聖性を明らかに否定しているといえるので、なぜ殺人が禁止されているのかを考えることによって、生命の神聖性の意味に近づけるかもしれない。もし、殺人を禁じることの根拠が明らかにできれば、おそらく生命の神聖性の本質といったものを知ることができるだろうし、また、それが人間の尊厳とどう関係しているのかわかるかもしれない。その結果、死なせること、安楽死、「尊厳死」の支持者たちに採用されることがあるほかの手段の妥当性について、考える足がかりができるだろう。

なぜほかの人間を殺すことはまちがっているのだろう？　犠牲者が殺されることを求めていても、殺人がまちがっていることを帳消しにはできないのだろうか？　いや、もっといえば、そのような殺人を正しいことにはできないのだろうか？　あるいは、本人の要求がなくても、その人を直接、意図的に死にいたらしめることを正当化する（あるいは許す）ような、特定の生命の状態や条件はないのだろうか？　前者の問いは、殺人についてのものであり、後者の問いは、自殺幇助と慈悲殺は道徳的に殺人と区別することができるか、そして区別されるべきなのかというものである。自殺幇助と安楽死についての答えは、殺人についての答えしだいで変わってくる。つまり、どうして殺人がまちがっているのか、その理由だ（原註2）。

どうして殺人はまちがっているのか？　殺人を禁じる法律は、もちろん社会的に有益である。禁止令があり、処罰されるという脅しがあるにもかかわらず、殺人は依然として起こるが、人々が一般にこの法律の妥当性を受容し、それにしたがっているからこそ、市民社会が成りたっている。社会によって、自分の命を奪いかねない人々から自分の命を守ってもらっていることと引き換えに、社会を形成している一人ひとりは、原則として、彼の権利（自然権）をすべての人々の生命のために捧げている。市民社会は平和を必要とし、市民の平和は、「汝、殺すなかれ」という金言が広く守られることに頼っている。殺人をタブーにすれば有益だから、これは善であると結論づける人もいる。殺すことがいけないのは、生命を脅かし、社会が成りたたなくなるからだ、と。

だがこれだけでは、殺人をタブーとする説明にはならない。市民社会の善良さは、人間の生命が善であることに基づいている。社会はそれを守り、保護するために築かれたのだ。市民社会は、殺人をタブーとすることが市民社会を守るうえで有益であるかぎりにおいて、殺人をタブーとすることに示されている人間の善良さを守るために存在する。

しかしながら、生命がどんなに社会にとって価値があろうが、それぞれの生命は第一に、そしてはっきりと、その生命が属する個人自身にとって価値がある。個々人は、意識的であれ無意識であれ、生きようと努力をする。生きている身体が、それ自体で、生きている存在を維持しようとして、あらゆる努力をするのである。自己保存と、個人の幸福に向かう生まれつきの衝動は、私たちの意識に浸透している。たとえば、空腹や、死を恐れることは、私たちに深く根づいた、生きようとする強い意思の表れだ。こういった考えから、殺人はまちがっていると導きだせるかもしれない。殺人がまちがっているのは、生きようとする意思に反しているからであり、人の意思に逆らって生命を奪うからなのであり、死にたくない人を殺すからなのである。このような理由は、自殺（自己の意思で自己を殺すこと）が正当であるかもしれないのに、殺人（無実の人を、その意思に逆らって殺すこと）がつねにまちがっているといえるのかを説明している。

この考え方をもっとくわしく見てみよう。たしかに、他人の身体への侵害、あるいは「暴力」であっても、合意のもとで行われているために罪にならないものがある。ボクシングの試合やアメフトで押されたからといって、それは襲われたとはいえない。反対に、他人から嬉しくもないキスをされれば、合意のない接触であるから、暴行とみなされ、法に訴えることもできる。これらの場合には、「犠牲者」が進んでそれをしようとしているか、そうでないかが、その身体接触の正当性あるいは不当性を決定づけているのである。同じような議論が、今日、レイプの不当性を説明するのに使われる。レイプは「意思に反して行われた」からまちがっている。つまり、（かつて考えられていたように）女性らしさや貞節、自然を侵したことではなく、自由、自律、その人の自己決定を侵したからまちがっているのだ。

しかし、もし同意があれば、他人の身体に対するこれらの「攻撃」は許される——いや、正当化される——となれば、その究極の形つまり致死的な攻撃も許されて（あるいは正当化されて）、殺しは（過ちとはいえない）単なる過失致死になってしまうのではないか？　その個人が死にたくないと思っていれば、正当な「殺し」は成立しないということになろう。

人に対する罪をこんなふうに考えていくと、明らかにつじつまが合わなくなる。実質的にすべての社会で禁じられている言語道断な行いは、合意があるからといって許されるものではないのだ。近親相姦は、たとえ大人の当人同士が合意していたとしても、近親相姦であることに変わりない。また、犠牲になる者が同意していたとしても、食人の風習《カニバリズム》のために、人肉が加工されることはないだろう。いくら相手が自由意思をもって合意していたとしても、人間を所有することは、相手を「奴隷」にすることに変わりがない。他人を侵害することは、(犠牲者と実行者、両者の)意思には関係がない。

この疑問をまとめてみよう。ほかの人間の生命は、その人(あるいは社会)がそれを尊敬すべきものとみなす、またはそう意図するから、尊敬されるのだろうか? それとも、生命自体が尊敬すべきものだから、尊敬されるのだろうか? 前者だとしたら、人間の価値は、合意や人間の意思だけに頼っていることになる。つまり、意思が人に尊厳を与えるのなら、尊厳を奪うこともできる。さらに、侵害してもいいという許しが得られれば、それは侵害ではなくなる。もし後者だとしたら、人間が、人間の生命を尊敬する義務から解放されることは決してないことになる。たとえ、自分の命にはもはや価値がないと考えた人が、解放してくれと頼んでも、その義務は消えない。

この最後の見解が、私たちの直感とほとんど合致するようだ。自殺者の死体をばらばらにすることは許されないし、自己嫌悪に陥っている人に対してでも、その人を殺しながら罪を逃れることはできない。私たちの法によると、殺してほしいと望む人であれ、望まない人であれ、意思のない人(たとえば乳児や昏睡状態の人)であれ、その人を殺せば等しく殺人になる。人間の意思には、いや、人間の意思の「地盤」の下には、否応なく、尊敬と抑制を命じる何かがあるのだ。私たちが殺しを控えるのは、人間そのものについて尊敬すべき何かがあるためである。だが、それは何か？

西欧の社会では、道徳的な概念は、聖書を基盤とした宗教にまでさかのぼる。ユダヤ教とキリスト教の道徳性の基本になっているのは、十戒である。六番目の戒めである「汝、殺すべからず」は、二枚目の石版の一番上にあり、同胞たちへの（「べからず」という否定の）義務をうたっている。この事実から、「神が命じるから殺人はまちがっているのだ」と主張する人もいた。つまるところ、神が戒めによってそれを禁じなければならなかったのは、人間がそれが悪いことだ、あるいはまちがっているとわからなかったからだと。彼らは、殺人がまちがっていると直感的にわかっているかもしれないが、「なぜ」それがまちがっているのかと問いただされると、それに答えることはまずできない。この人間が理由を提示できないことによって、タブーの力が脅かされる。そこで、人間のルールの説明できない理由を埋めるのが、神の意思であると、彼らは言う。

だが、この議論では納得がいかない。たしかに、高位の聖職者たちは十戒の地位や、その力を高めてきた。それでも、神の意思がそうだからという理由だけで、十戒が「意味をなす」とはいえない。かつての異教徒たちも、今日の無神論者たちも、「殺人はまちがっている」と信じている。無神論者たちは、道徳性の源を認めていないと言いながら、道徳性の影響を受けているのかもしれないが、ほかの文化に属し、宗教を信じない思想家たちも、こぞって殺人に反対しているのだ。アリストテレスは聖書に書かれた神を知らなかったが、道理ある行いについて話をするときに、「殺人」という名称自体が姦淫や盗みと同様に悪を含んでいると言っている。実際、石版の二枚目に書かれた戒めのすべては、神の教えというよりは、自然法を提起しているといわれている。それはユダヤ教徒やキリスト教徒だけでなく、人を人として成りたたせるにふさわしい戒めなのである。

少なくとも殺人については、聖書そのものが、この解釈を支持する証拠を与えているといえるかもしれない。カインが弟のアベルを殺したときには、まだ殺人に対する法律はなかったが、その人間最初の殺人のあと、アベルの血が、兄の行為に抗議するために土のなかから叫んだとされている（つまり、殺人は意思、人間、あるいは神に対する罪というよりは、血と生命に対しての罪といえるようだ）。そして、主がカインに「弟アベルはどこにいますか」と尋ねたとき、カインが知らないと否定したこと（「知りません。私は弟の番人なのでしょうか？」）によって、彼に罪の意識があったことがはっきりとわかる。もし殺人が何も悪いことではないとしたら、どうして自分のやったことを隠したりするのだろう？　死、とくに暴力的な死に出くわすと、人には「宗教の根源にある」畏れが生じるのだ。

この話のすぐ後に、もっと明白な証拠が示されている。ノアの契約の話である。殺人を禁じる最初の法は、ユダヤ教、キリスト教、イスラム教が存在するずっと前から、すべての人間にはっきりと公布されているのである。この話はくわしく見ていくべきだろう。六番目の戒めの宣言とは違って、なぜ殺人がまちがっているのか、後述のようにその明確な理由が述べてある（原註3）。

殺人の禁止――もっと正確にいえば、人間の血を流すことに対する懲罰の成立――は、洪水のあとの新しい秩序の一部をなしている。洪水の前は、人間の生活に、法や市民社会は存在しなかった。その結果、世界は、ホッブズの言う「自然の状態」にあった。いわゆる、「万人の万人に対する闘争状態」である。そこでは、力だけが正義であり、安心して暮らしている人は一人もいなかった。洪水は、自然状態にあった人々の生活を流し去った。そしてすぐに、法律や正義といったものが作られ、市民社会のはしりといえるような社会が生じた。

この新しい秩序の中心には、人間の生命に対する新しい尊敬の念が据えられた（原註4）。これは、殺人が罰せられると明示されていることからうかがえる。「人の血を流すものは、人によって自分の血を流される。人は神にかたどって造られたからだ」（創世記第九章六節）。一般的な法律と同様に、この基本となる法律は言葉と力を結びつけるものだ。極刑に処するという威嚇は、殺人の抑止力となり、それゆえ、遵守の動機づけを与えている。だが、この処罰の方法は示唆に富んでいる。人を抑止する処罰が、「命には命をもって償え」と明記していることで――「一つの命に一つの命を」と明言することで、たとえばその妻や子供たちの命も一緒にではなく、殺人者のみの命で、とすることで――人の生命はそれぞれ平等の価値があると教えているのである。そういった平等は、それぞれの人間の平等な「人間性」にのみ、基礎を置くことができる。私たちは生まれつき自己への偏愛をもち、自己の所有しているものに大きな価値を見いだす傾向があるが、「血には血を」という言葉は、私たちはあまねく同じ存在であり、平等であるというメッセージを伝えている。

しかし、殺人とは、処罰されたくないから避けるのではなく、避けるべきものである。処罰は、私たちの恐怖に訴えて、殺人を犯さない動機を与えているかもしれない。だが、私たちの精神やもっと高尚な感情に訴えてくる理由もある。殺人がまちがっている基本的な理由――そして、死をもって罰することを正当化している理由！――は、人間が神に似た地位にあるからなのだ（原註5）。彼自身の――すべての人の――存在そのものが、自らの生命が尊敬されることを求めている。それは他人が殺されたくないと考えているからでもないし、自分が相手と同じ運命になりたくないという気持ちでさえない（あるいは、これだけではない）のだ。人間は動物以上のものなのだから、人間の生命は、動物の生命よりも尊敬されるべきである。人は、神をかたどって造られたというではないか。聖書が主張しているこの「真実」は、偉い聖職者たちがいっていることではない。人間が自然状態を離れ、法律のもとで生活しはじめたこと自体が、すなわち、動物よりも人間は高い地位にいる証明になっている。人間は法律を守るべきであるという法律は、それゆえ、人間の優位性が真実であることを主張し、明示している。

人間が神に似ているというのはどういうことだろう？　創世記第一章――ここで人間が神をかたどって造られたと初めて述べられる――は、神の行いと力を私たちに知らしめている。（一）神は話し、命じ、名づけ、祝福を与える。（二）神は創造し、自由に創造する。（三）神は世界のすべてを見る。（四）神は、物事の善、あるいは完璧さにかかわる。（五）神はほかの生き物たちを案じて話しかけられる。ひとことでいうと、神は言葉と理性をもち、自由に物事をなして創造し、また、考え、判断し、案ずる力をもっている。

懐疑的な人たちは、本当に神はこういったことをするのだろうか、と思うかもしれない――神がこういった力をもち、行為をするとみなしているのは、聖書のなかだけではないか。だが、人間がそれらの力をもち、そのために、単なる動物よりも上の存在になっているのはたしかだ。人間は、地上の生き物のなかで唯一、話し、計画し、創造し、考え、判断する。人間は、生き物のなかで唯一、未来の目標を公言し、その目的に向かって行動し、実現することができる。人間は、生き物の中で唯一、全体のことを考え、その巧みな秩序に驚嘆し、その偉大さを見て、その源の不思議に思いを馳せ、畏怖をおぼえることができるのだ。

ほかにも、これを補うような、きわめて道徳的な「神のイメージ」の輝きが――かなりはっきりと――創世記第三章の、いわゆる二番目の創造の話の最後に出てくる。「人は我々の一人のように、善悪を知る者となった。今や（……）」（第三章二二節）（原註6）。［強調は引用者］人間は、ほかの動物とは違って、善悪の区別がつき、意見をもち、その違いを気にかけ、この区別に照らして自分の生き方を作り上げることができる。動物はよい目にも悪い目にもあうことはあるかもしれないが、善と悪、どちらの概念ももたない。さらに、「殺人は悪い」と宣言することこそが、この人間の神のような性質を証明しているのである。

要約すると、人間は、理性、自由、判断、道徳への関心をもっているために特別な地位にあり、その結果、道徳的な良心を課された生き方をする。言語と自由は、そのなかでもとくに道徳の規則を公布し、道徳的な判断を広めるために用いられている。最初にあげられる規則が、「殺人は本質的に罰せられるべきである」となっているのは、そのような道徳的な存在の尊厳を侵すものだからだ。ここに決定的な意味が含まれていることに気づくだろう。簡単にいえば、人間の生命の神聖性は、人間の――神のような――尊厳に完全に拠っているのである。

しかし人間は、せいぜい神のようなものでしかない。創造主でもなければ、多神教でいう神でもない。神にかたどって造られたということは、そのもとになっていたもの自体とは「違う」ということだ。人間はせいぜい、神に似たものでしかない。前述のような、私たちがもつ神に似た力と関心は、私たちの動物的な本能といっしょになって現れる。私たちは血と肉でもあるのだ――ほかの動物とまったく同じように。神のすがたが血に結びついている。これが生命だ。

この点は決定的で、それを教える聖書の文章のなかでも際だっている。人間の生命の高尚な部分――思考、判断、愛、意思、行動――はすべて、低俗なすべてのもの――代謝、消化、呼吸、循環、排泄――に完全に頼っている。人間の場合、「神性さ」を維持するには「血」が――あるいは、「単なる」生命が――必要である。しかし、それが維持しているもののためにこそ、人間の血（つまり人間の生命）は、ただ生きているという以上の特別な尊敬に値する。それゆえ、低俗なものが低俗なものでなくなるのだ。（現代の生理学は、この理論を支持するような証拠を提示しているといえるかもしれない。人間のなかでも、とりわけ姿勢、形態、呼吸、性、そして胚および幼児の発達は、人間という存在が合理性の表れであることを示している。）

聖書の文章は、この件についての真実を、高尚さと低俗さを微妙に溶け込ませながら見事に映しだしている。殺人を罰するために与えられた理性は人間の神性にかかわるものだが、殺人を禁じる法自体は、人間の血に関するものなのである。神に似たものを尊敬し、その血を流すな！　人間にまつわる何かを尊敬するためには、人間にまつわるすべてを尊敬するべきであり、その一つとして「人間」という存在をも尊敬するべきなのだ。

捜し求めていたものが、ここで見つかったようだ。社会の要求にも、犠牲者の意思にも関係なく、人の命を奪うことがまちがっていると感じる、自然に内在する理由だ。理不尽に人間の血を流すことは、私たちの法や意思だけでなく、私たちの存在そのものを侵し、冒瀆する行為なのである。

そしてまたここで、生命の神聖性と人間の尊厳の対立という考え方を斥ける根拠が見つかった。実はこの二つは、それぞれが互いの根拠になっている。あるいはむしろ、凹と凸が離れられないように、この二つは互いにからみあっているといってもいいだろう。それらを引き離そうとする者は、知的であるかもしれないが、理不尽な暴力にたずさわっているのだ。

しかし不幸なことに、問題はここで一件落着とはいかない。原則はしっかりと定まっているようだが、難題が、創世記の当の文章（「人の血を流すものは、人によって自分の血を流される」）によってもたらされている。人間の不可侵性を主張しながら、その同じ文章で、他人の血を流したものを罰するために、故意に人命を「奪え」と人間に命じることがどうしてできるのだろう？（原註７）人間は神をかたどっているといっても、どうやら、人の血を流すことにもっともな理由がある場合も考えられるようである。私たちは危険な原則を認めてきたのだ。人類社会は、人間の尊厳を維持するために、ときには人間の血を流さなければならないのだと。

この新しく見つかった原則を安楽死にあてはめてみよう。すると、前に述べたもっと基本的な原則である「人の血を流すな」と齟齬《そご》をきたす。体をたえまなくめぐる血が、きわめて高貴なものを何も維持しておらず、代謝、消化、呼吸、循環、排泄することもままならない――あるいはそれすらもまったくできないような存在を維持しているだけになったら、どう考えればいいのだろう？　神に似た人間が、アルツハイマー病や対麻痺《ついまひ》、あるいは手に負えない悪性腫瘍によって壊れかけ、貶《おと》しめられているようなら？　そして、「神に似せて造られた存在」が熟慮のうえで、まさにその神をかたどった存在のこうむる屈辱を終わらせたいという願い――さまざまな弱さが原因で自らが嘲笑されている状態にピリオドを打ちたいという願い――を抱いたとしたら？　ここで「人を殺すなかれ」という法に例外が生じるべきなのだろうか？　すなわち人間の生命への尊厳が、それを終わらせることによって（のみ？）遵守されるという例外が。

まず気づくのは、安楽死（あるいは自殺）の場合と、刑罰の極刑とでは大きな隔たりがあるということだ。安楽死という行為では、人は人間の尊厳への「侵害者」を阻止することも、正すことも、正当性を勝ち取ることもできない。老いと末期症状の病気は自然によってもたらされるので、責める人間がいるわけではない。もっと正確にいえば、こういった悪は、その結果として人間の尊厳を蝕むかもしれないが、悪意があるわけではないので、人間の尊厳を侮辱したとか否定したということはできない。暴君のように、宇宙によっておのれは悪でなく善と位置づけられており、自分が存在しているのはすべての望みを満足させるためだと考えていれば別だが、ここには悲しむべき理由はあっても、義憤をおぼえる理由はなく、また、仕事をやり遂げたからといって、つまり犠牲者を殺したからといって、弱められた人間の尊厳が守られるわけでもない。人間の尊厳は、アルツハイマー病の患者を安楽死させることによって正当化されるわけではない。これはレイプの犠牲者が穢《けが》れているからといって、殺してしまうことが正当化されることがないのと同じである。

しかしながら疑問は残る。そして、これを肯定してしまうところから、安楽死を推進する議論が始まっている。「尊厳死」の旗を振る多くの人たちは、その中心に積極的安楽死という選択肢が存在していると主張する。とりわけそれが患者によって要求されたときにはそうである、と。この主張とじゅうぶんに渡り合うためには、まず「尊厳死」そのものを注意深く調べていく必要がある。

尊厳死

「尊厳死」という文句は、正確に何を意味するにしろ、多少なりとも尊厳のある死に方というものがあることを暗に意味している。尊厳死が求められるようになったのはなぜかといえば、そうでないような死に方で死ぬ人たちが多くなるにつれ、自分や愛する人がそういった死を迎えるのではないかと恐れおののくようになったからだ。これについては疑問の余地はない。尊厳のある死に方ができる可能性は、さまざまな要因によって減らされ、損なわれる。たとえば、昏睡状態や痴呆や狂気、耐えがたい痛みや広範囲にわたる麻痺、孤独や拒絶、施設に収容されたり貧困状態であること、急死することもある。延命のための過剰な、あるいは機械的な医療の介入によるものばかりではない。この増幅しつつある人々の怒りは、現代の医療と結びついた妨害物のせいで生じた。尊厳死を求める人々は、これらの「不自然な」妨害物をどけてくれと懇願している。

もっと一般的な言い方をすれば、高齢者や不治の患者からほとんどの自律性と尊厳を奪っている終末期の医療および入院生活に反対して、自律性への要求と、尊厳を強く求める声があがっているのだ。彼らはチューブを入れられたり、電気ショックを与えられたり、妙な機械につながれたり、部屋に閉じ込められ、動けなくされ、どうすることもできない情けない状態で管理されている。かつては誇りをもち、自立していたというのに、気づけば、なすがままにされ、従順で、しつけのできた子供のようになることを求められている。「尊厳死」とは、第一に、患者が感じさせられている屈辱を取り去り、終末期の非人間的なあつかいをやめることを意味している。

こういった懸念には同情を禁じえない。しかし、かりにそれが成功したとしても、こういった妨害物を取り去って、尊厳死がもたらされるかというとそうではない。

第一には、尊厳の妨害になっているものが、すべて人工的で外部から課せられたものというわけではないからだ。衰弱や機能不全、痴呆や体が動かなくなることはすべて自然に発生したものであるが、人間の可能性を大きく制限する。私たちの多くは、時期が早いか遅いかの違いはあるだろうが、避けがたくこういった状態になる。それは身体、精神の必然的な衰えが生み出す結果だからである。

第二に、死ぬ過程そのものには、人間の尊厳というものはない。私たちがそれにどう対応するかに、人間の尊厳があるのだ。完全なる尊厳をおびた死でさえ、尊厳のある人間性が消滅することによって、決して完全性を保つことはできない。言葉自体が矛盾を含み、不合理なところもある「尊厳死」への要求には、死を否定する文化から生じた怒りの感情が混じっているのではないかと思われる。

第三に、私たちがより健康的で、より長く生きることを求めるかぎり、そして、病気を治そうとして医師に頼るかぎり、私たちは自発的に、そして必要に迫られて、尊厳を損なっている。つまり、行為者ではなく患者であることによって、人間性の面からいえば、尊厳を奪われているのである。すべての人々、とりわけ老齢の人は、医療の助けを求めるだけで、無意識にかもしれないが、尊厳をすっかり奪われることを自ら受け入れているのだ。自尊心の本当に強い人は、医師にも病院にも服従しない。しかし死ぬにあたって襲いかかる屈辱を押し返す私たちの能力には限界がある。それを理解しておくと、「尊厳死」運動によって、どの程度の尊厳がもたらされるのか、より現実的な予想ができるようになるだろう。

積極的な尊厳をもって死ぬということは――これは、尊厳のある人生と同様、稀なものであるのかもしれないが――外部からの屈辱がないということだけではない。死に際しての尊厳は、外から与えられたり、贈られたりするものではない。それに直面した人間に、まず「魂の尊厳」があることが必要なのである。これは、(多くの人はまったく反対のことを言うのだが)「尊厳死」派の人々や、人類に仕えている無数の人々、健康省、福祉事務所、医学、および精神医学の関係者たちが与えられるようなものではない。彼らは、せいぜいその手伝いをするだけである。大雑把ではあるが、次のような区別をすることが適切だろう。死に直面するにあたって人間らしい尊厳をもてる可能性は、外から(そしてもちろん、内側からも)壊され、蝕まれることがあるが、その可能性が実現するかどうかは、死につつあるその人のもつ魂、性格、状況――つまり、内面的なさまざまのものに大いに左右される。尊厳死の意味とそれが可能かどうかを理解するために、まず尊厳について、尊厳とは何かについて考える必要がある。

「尊厳（dignity）」とは、まず、非民主的な概念である。語源を見てみると、英語と、そのおおもとであるラテン語の語根「dignitas」（原註8）のどちらも、その中心的な概念は、価値のあること、高尚さ、名誉、高潔さ、気高さといったものだ――要するに、卓越性とか美徳である。この語の意味はどれも、他と区別するものなのだ。尊厳は、鼻やへそのように、すべての生きている人間に当然のようにあり、見いだせるというものではない。原則として、高貴なものといえる。

この理解に立つと、次のようになる。尊厳は要求したり、自分のものだと主張したりできない。なぜなら、誰かから与えられたり、所有したりすることがないからだ。望ましいものではあるが、人には美しさや勇気、知恵をもつ「権利」はない。それと同様に、尊厳をもつ「権利」もない――つまり、尊厳死の権利もない。

もちろん、この原則を民主化しようとすることはできる。「卓越性」と「価値があること」は、たとえば動物や植物、機械との比較において、すべての人間の特質であるという議論もできるだろう。「人間の尊厳」と言うときには、これをさしていることも多い。そしてまた、死んでいく患者の終末期治療の多くが非人間的であるとか、カテーテルや人工呼吸器、吸引チューブが、人間の表情を隠し、それゆえ死んでいく人の尊厳を侮辱していると主張するときに、念頭におかれるのはこの特質だ。私自身も、このような理解をふまえて、人類の特別な尊厳は、人間の生命の神聖性の根拠になると述べたではないか。しかし、さらにくわしく、この人間の尊厳の普遍的な特質を調べていくと、これが人間の潜在力、人間の卓越性のもたらす「可能性」により大きな敬意を表しているのだとわかる。尊厳に「満ちた」状態、あるいは「いわゆる尊厳」と前置きをつけられた状態は、こういった可能性の

「実現」を期待してのことなのである。

さらに、動物と対比すれば、「すべての人間が尊厳をもっているといえる」としてしまうと、ふたたび尊厳を、単に生命がそこに現れた状態ではなく、人間のとりわけ人間らしい特性に結びつけることになる。たとえば、思考、想像力、美意識、自由、友情、そして道徳的な生活などだ。人間のなかでも、そういった具体的な原則については、はっきりと識別できるだろう。普遍的な人間の尊厳の根拠が、たとえば、すべての人が道徳的な選択に直面し、その選択をするという道徳的な生活にあるとすれば、尊厳は、道徳的な「善い」生活をしているかどうか、つまりよい選択をしているかどうかに、大きく左右されるものになる。臆病者よりも勇敢な人に、自分に甘い人よりも節度のある人に、性根の曲がった人よりも正義感のある人に、尊厳は多くあるということになってしまうのではないか?（原註9）

だが、勇気や節度、正義感など、その他の人間の美徳は、かぎられた人だけにあるものではない。私たちの多くは、それを求めて努力して、部分的にしか成功しないが、それでもさらに多くの人たちが、自分よりも高貴で立派な人たちを称賛することで自らをも高貴に感じている。適切な見本があって、適切に育てられ、適切な励ましがあれば、私たちの多くはもっと高次の性質にしたがって行動することができる。こういった方法で、尊厳は、さらに民主化され、人の手に届くものになりうる。

たしかに、捜し方さえわかれば、いたるところに人間の尊厳の証拠は見つけられる。生活したり、逆境や落胆をはね返そうとしたり、子供を養ったり、親を世話したり、近所の人を手伝い、国のために仕えようという、普通の人たちの努力に、その証拠が見られる。人生にはいくつもの厳しい状況が待ちかまえている。それを乗り越えるには辛抱と冷静さ、寛大さと親切、そして勇気と自制心が必要だ。逆境にあるときに、その人の最高の性質が引き出されることもあるし、逆境にあるときにこそ、その人となりがもっともよく表れることは多い。自分自身の死と向き合うこと――あるいは愛する人の死に向き合うこと――によって、程度の差はあれ、人間性を働かせる機会が与えられるのだ。そのもっとも重要な意味においての尊厳死は、死に対峙したときの尊厳のある態度や、高潔な行動を意味するのだろう。

尊厳のある態度で死に向き合うためには、何が必要だろう? 第一に、自分が死につつあることを知らなければならない。真相を知らなければ、勘定を精算したり、手配をしたり、計画を成し遂げたり、約束を守ったり、別れを告げようと試みることもできないのだ。第二に、(ただの)患者になってしまうよりは、ある程度行為者であり続けることが必要だ。自分ではどうにもならない力によってもみくちゃにされたり、治療や入院、余命をどう過ごすかを決めるにあたって、何がしかの決定権をもてなければ、満足のいく形で人生の最期を迎えることはできない。第三に、家族や、社会、仕事上の関係や行動を、できるだけ多く維持しておくことが必要だ。舞台から降ろされ、ほかのキャストから見捨てられたら、もはや演じる人にはなれないのだから。さらに、孤独のなかで、死期が近づいているという残酷な事実と意味に、直接、意識的に向き合うことも、ある程度必要だと思われる。衰弱の力に屈しなければならないとしても、いや屈せざるを得ないからこそ、尊厳のある人間は、はっきりと、ありのままの現実を見つめることによって、自らの人間性を保ち、それを再確認することができる(原註10)。(とくにこの理由によって、苦痛はないものの、突然の予期せぬ死では、尊厳のある終わりを迎える機会が与えられないのである。)

だが、尊厳のある人間の生命は、避けがたい死とどう向き合うかという孤独な企てというだけではなく、人間関係とからみあって意味をもっている。それゆえ、ここでふたたび、周囲の人との尊厳ある人間関係が——尊厳のある人生と同様に——尊厳死にとって重要なのだと強調しておきたい。「自分は何者か」という問いは、「私たちは他者にとって、また他人に対して何者であるか」という問いと大きく重なっているのだから。

それゆえ、私たちが死にあたり尊厳のある人間性を行使しようとすれば、他人からの敬意あるあつかいを受け続けることが不可欠だ。人からどういった態度で呼びかけられるか、自分に向かって、あるいは自分がいる場所で何を言われるか、どんなふうに身体的な介護を受けるか、感情面でどう配慮されているのか——これらすべてによって、私たちの死にゆくときの尊厳が豊かにもなり、維持されもするのだ。死んでいく人々は、愛する人の苦しみや疾病に耐えられない人によって、あまりにもたやすく、早い時期に「物」にされてしまう。苦しみを和らげるために、その人を客観視したり、その人との距離を置くというのはよくわかる。しかし、接触や愛情、世話を手控えることは、死を非人間的なものにしてしまうもっとも大きな原因だろう。尊厳死に絶対に必要とされるのは、残される者が、その人を最後の最後まで、神に似たところが完全に残っているようにあつかうことなのである。

これでもう完全にはっきりしたことだろう。尊厳死とは、死に直面しながらも尊厳をもって生きることであり、プラグを抜くとか毒物を摂取するということではないのだ。プラグや毒物などを問題にすると——不幸なことに、この方法で話すことが一般的なのだが（原註11）——人間の尊厳という概念をさらにせばめることになる。すると、すでに病気や、官僚的な終末期医療のしくみによって侮辱されている死にゆく者のうえに、さらに大きな侮蔑がのしかかることになる。私たちが追い求めているのが本当に尊厳死であるのなら、技術的な言葉ではなく、人間らしい言葉で考えるべきなのだ。こういったことをしっかりふまえて、最後に、安楽死の問題にふたたび向き合ってみよう。

安楽死——尊厳のない、危険な死

議論がここまでくると、人のいい読者でさえしびれを切らして、私にこう食ってかかるかもしれない。「人間主義的に考えるのは結構だが、実際には、技術の使用という問題についてひどいジレンマに陥るだろう。それを書いてくれなければ困るよ。みんながみんな、医療産業の複雑さに巻き込まれずに、愛する家族に囲まれて自宅で死ねるわけじゃない。おまえが複雑にからみあっていると言う、人間の尊厳と生命の神聖性を保つためには、こういった技術的なこと——人工呼吸器や抗生物質、栄養補給のチューブ、それから、毒薬を——どうしろというんだ?」もっともな質問だ。私は、おおむね次のように答えることにしたい。

実際に死につつある者に対する治療については、原則として、なんの難しさもない。ほかの著作でも私は、患者には力となり、励ましとなるような言葉をかけることと同時に、痛みと苦しみを緩和することが第一であると述べている。そしてさらに大事なことだが、患者の痛みや、不快、苦しみを長引かせる、あるいは増すだけであれば、延命の努力からは手を引く必要がある。治療を緩和する明確な規則を書くことは不可能だと——つまり、慎重さが必要だと承知しているし、それが危険であることもわかっている。あえて言うなら、患者にとってよい決断をしようとすれば、個人の健康、行動、精神状態を考慮して、「治療をするのか、しないのか」、「どのくらい積極的に」治療をするのかを決める必要がある。生命が求めていた尊厳と矛盾しない、あるいは矛盾しないでいられるような状況にあるときに（本当にそうした状況があるなら）、治療をやめて死が訪れることを受容しても、それは尊厳と矛盾しないだろう。なぜなら生命は、それを保持することによってだけでなく、与えられた生命をどう終わらせるかによっても、尊ぶことができるのだから。

いわゆる積極的安楽死、すなわちまだ死につつあるわけでもない者、あるいは「じゅうぶんに早く」死にそうにはない者に直接手をくだして死なせることについてはどうだろう？　別の著作で私は、「医師による」安楽死の実施について、かなりの紙幅を費やして反対している。社会に悪い影響をおよぼすということも根拠の一部ではあるが、おもな理由は、患者を殺すこと——死を望んでいる患者であってもだ——は、医術の深い意義を侵しているからである(1)。慈悲殺が合法化されると、なぜ、少なくともアメリカ合衆国の社会政策に破壊的な影響を与えるのかについては、活発で慎重な議論——私の考えでは、答えの出ない議論——が進められてきた。社会政策は、人間の尊厳を求める声に耳を貸さないでいることはできないし、少なくとも要求があれば、危険を冒してでも、安楽死によって尊厳のある死に方をさせようという意見もある。本章のテーマは尊厳と神聖性であるから、安楽死と人間の尊厳という問題だけにしぼって答えたい。

まず、自発的な安楽死をとりあげよう——つまり、死ぬための手助けの要求である。繰り返しになるが、ここで主張されているのは「死の選択」である。自由な行為は、死というくだらぬ必然性に対抗する、自由意思の尊厳を支持するからだ。あるいは、さきほどの私の定義を使うとすれば、まさに「神に似ている者」への屈辱を自発的に終わらせるのだから、「神にかたどられた者」にとっては尊厳のある行為ではないのか、ということになる。

これに答えるために、次のような質問をさせてほしい。実際に安楽死を（安楽死運動を推進している代理人たちではなく)「自分のために」考えている人たちは、こういった表現で自発的安楽死を要求するものだろうか? むしろそういった人たちは、自分たちの苦難や苦痛を終わらせる方法を捜しているのではないか? そういった動機について、思いやりから同情はできても、尊敬の念を抱いて称賛できるだろうか? 自分の苦難から逃げようとするのは、本当に尊厳のある行為なのだろうか? 繰り返すが、勇気の欠如よりも、勇気のあるところに、より大きな尊厳があるのではないか?

自分の尊厳のために安楽死をするというのは、どう考えてもパラドックスであることは否めないし、自己矛盾でさえある。自分を消し去って、自分に名誉を与えられるわけがないではないか? 自律にのみ尊厳が存在するとしても、自律性が最高度に達成されるのは、それが消滅するときであると主張するのは具合が悪いのではないだろうか? 自発的安楽死は、「肯定的な」尊厳の名のもとには、意味をなさない。

一方、パラドックスは認めるが、根拠をせばめて、自由という大義があるじゃないかと主張する人もいる。安楽死によって選択肢が増え、人間の自由の幅が広がるじゃないか、と。人間の自由が、可能性が広がることによってよりよく理解され、よりよく満たされるかどうかという深遠かつ理論的な疑問はもちろんある。だが実際に照らして、現時点では、この考え方はまちがっている。自殺幇助という「選択肢」を持ち出すことによって、反対に、人間の選択の幅は大きく狭められるのだ。なぜなら、死の選択肢とは、たくさんあるうちの一つの選択肢ではなく、すべての選択を終わらせてしまう選択肢なのだから。社会的に、老齢者や立場の弱い人たちには、この選択肢を選べという多大な圧力がかかるようになるだろう。一旦、合法的な安楽死を選べるようになれば、それが大きな影を落とし、ほかの人たちからほのめかされたり、圧力をかけられたりすることがまったくなかったとしても、重篤な病をかかえた高齢者のなす決定は（さらに力のある看護人たちの決定はいうまでもなく）すべてその影響を受け、負荷がのしかかる。

また、自分以外の人のことを考えてみよう。誰かに自分の殺人者になってくれと頼んだり、命じたりするのは、尊厳のある行為だろうか？　自分で自分の生命を終わらせることができないのは悲しいことかもしれないが、それを人に要請するのは、両者の尊厳にとってプラスになりうるだろうか？安楽死の実行を頼む相手が息子や娘だったときの二重の意味を考えてみよう。おまえは、私に生き続けろと強要するほど、私を愛していないのか？　おまえは、私に死んでほしいと思うほど、私を愛していないのか？　尊厳がじゅうぶんにあるのなら、愛する人にそのような義務を負わすだろうか？

もちろん、一連の行為から、個人の感情を排することはできるだろう。安楽死を依頼するのは家族ではなく、医師にかぎればいい。だが、まったく同じ問題が生じる。医師に治療と人間らしいあつかいを求めておいて、同時に、死を技術的にもたらす役割を求めることはできるのだろうか？　もちろん、これを医師でない人、つまり、技術のあるプロの安楽死実行者に頼めば、ことは完全な非人間化に堕してしまうだろう（原註12）。

安楽死の擁護者たちは、人間の尊厳を理解していない。していたとしても、せいぜい人間の特有性と混同する程度でしかない。彼らがよくもち出す議論を考えれば、それは明らかだ。「なぜ動物には、苦しみを終わらせてやるのに、同胞である人間には、最後まで苦しむことを強要するのか」と彼らは言う。獣医にとっては矛盾でないのなら、どうして医学倫理は慈悲殺をまったく認めないのか、これはまったく非人間的な行為ではないか、と。

非人間的な行為であるかもしれないが、右のような理由から非人間的なのではない。反対に、私たちは、動物が人間でないからこそ、動物を（ひたすら）人間らしくあつかわなければならないのだ。言葉を知らない動物たちを永遠の眠りにつかせるのは、彼らは自分が死につつあるとわからないからであり、自分の悲惨な状況や死ぬべき運命について理解しないからであり、そして、それゆえに自意識をもって——つまり人間のように——苦しみや死に直面しながら生きることができないからなのだ。彼らはふさわしい終末期を生きることができない。動物の弱さと、言葉を知らないことに同情するのは、私たちにふさわしい感情である。そして、私たちは動物の世話とその幸せに責任があるので、自分たちに可能な唯一の行動をとる。

だが、意識のある人間が私たちに死なせてくれと頼むときは別だ。まさにその依頼する行為によって、私たちが、彼を口のきけない動物とみなす可能性は排除される。そこには、何か異なるものがある。人間性は人間性によって生じるのであり、ただ人間であることから生じるのではない。人は死んでいく瞬間であっても——いや、死んでいく瞬間にはとくにそうなのだが——苦しみを目の前にして、自分に人間性があることを無視したいという誘惑にあらがい、強くあることによって人間性が増す。

悪と対峙しているときに、人間にもっとも必要なのは、勇気である。恐怖や苦痛、自分は無力であるという考えに立ちむかう能力なのだ。私たちがもっとも感銘を受ける死とは、自分の最期が近いことを知りながら、その事実を正面から受けとめ、しかるべく行動する人たちの死だ。彼らは優先順位を設け、愛する者たちと過ごす最後になるかもしれない時を過ごし、そして、強靭な魂と小さな望みをもって、できうるかぎりの時間、精一杯生き、働き、そして愛し続ける。こういった人生の締めくくりには勇気がいるので、彼らは私たちにさまざまな励ましを求める——絶望と負け戦に立ちむかうために必要な、人間の精神を強めてくれるちょっとした会話や行為を。

では、任意のものでない安楽死——つまり自分から安楽死を要求できない（昏睡状態だったり、痴呆だったり、精神病患者だったりする）人たちの場合はどうか。安楽死は、「彼らの」人間の尊厳のためになっているといえるのだろうか？　自律性を失っていない人たちが言うように、尊厳というものが人間の意識や意思と決定的に結びついているとしたら、当人の任意のものではない、あるいは「代理人の任意による」安楽死は、安楽死をさせられる人にとっては、決して尊厳のある行為にはなりえない。そして、「尊厳のある人間としてあつかわなくていい」という見方こそが、積極的な安楽死という考え方を招く第一の原因なのである。

そういった人たちが、人間的な尊厳にまったく値しないというのは真実だろうか？　私には、それは個々の事情によると思われる。かなり衰弱しても、多くの人たちは、部分的であれ、人間関係を明らかに保っている。親切な言葉をかけられたり、よく耳にしていた音楽を聞けば反応することがある。外見についての自信を失わずにいたり、よくできた孫を自慢に思う気持ちをもち続けている。昔の話を楽しんだり、気にかけてくれる人がそばにいるだけで、嬉しく思うことがある。反対に、それなりの理由があって、いらいらしたり、傷ついたり、悲しんだりすることもある。そして、絶望的な状況に近くなっても、水を飲ませてもらったり、シーツを替えてもらったり、沐浴させてもらったときには、微笑んだり、視線を投げかけることがあるのだ。私たちは、彼らの精神生活——何を感じ、何を理解しているか——を本当に知ることができないのだから、まったく尊厳がないように相手をあつかえば、あるべき尊厳の機会さえも奪ってしまうことになりかねない。「私たち」が相手と立場を交換したくないからといって、「彼ら」にまったく尊敬すべきところがないということにはならないのだ。

だが、本当に絶望的な状況になったときはどうか？　たとえば「持続的植物状態」の人たち、反応もなく、昔の面影もなく、周囲とかかわりあう能力がまったく見られない人たちは？　ここにはどんな人間的な尊厳があるというのか？　なぜ私たちは、物言えぬ動物たちを（適切に）あつかうように、こうした人たちをあつかい、「彼らの悲惨な状況」から抜け出させてはいけないのか？（原註13）ここで議論はもっともけわしい壁にぶつかってしまう。だが、ここにきてもまだ、彼らの精神生活や周囲に対する意識がまったくなくなったとは言い切れない。ごくまれではあるが、深い昏睡状態から回復する人もいる。彼らは、昏睡状態のときに話されていたことや自分がしてもらったことを、部分的にではあるが、鮮明に覚えていることがある。しかし、外部にはその証拠をまったく示していなかった。

私は無知ではあるが、それ以外にも、人間の形、「人間の血」によって縛られている。そしてまた、ただ一人の人間として歩んできたこれまでの人生によって縛られている。私は、たとえば肺炎にかかったら、喜んで一線を退き、そのまま死んでいきたい。生命維持のためにやってもらうのは、せいぜい最低限のことでいい。だが、致死的な薬物の注射を打ったり、患者の死を意図して、ほかの行動をとることには賛成しない。尊厳のない行動はいろいろあるが、なかでも、これは——とりわけ私自身にとっては——もっとも尊厳を欠いた行為であるように思える。

カレン・アン・クインラン（訳註・一九七五年、持続的植物状態に陥ったカレンの父親が娘の人工呼吸器をはずすための訴訟を起こし、七六年に州最高裁が父親をカレンの代理人として認める判決を出した）や、ナンシー・クルーザン（二六八、二九一—三〇八ページ参照）のような患者とともに生きていくのが簡単だとは、夢にも思っていない。患者の親や子供がどんなに苦悩し、本人の生活も家族の生活もどんなに歪められてしまったのか、じゅうぶんにわかっているつもりだ。また、人々の心痛があまりにひどくなり、それに耐えられなくなったときに、慈悲殺が行われるだろうということもわかっているし、それが起こったときには、私たちは――たいていそうしているように――それを許す心の準備をしておくべきだとも思う。だが、許すからといって正当化しているわけではないし、これは、尊厳からはかけ離れた行為なのである。

それでは、社会政策として、何をもって結論としたらいいのか？ 人間の尊厳と生命の神聖性とを仲たがいさせようと企み、とくに「尊厳死」などという言葉を引っ張り出して、積極的安楽死の必要性を訴える輩からの助言には、耳を貸すべきではない。身内の人々が困窮し、体が不自由になって、私たちの忍耐が試されるときにはとくにそうなのだが、彼らと尊厳のある関係を築こうとすれば、人間の生命を侵すことにきっちりとした制限を課すことがまず必要になる。相手を死なせるという選択肢を、いつも考慮にいれてよいとしたら、まともに人と関係を結ぶことさえできないだろう。それゆえ、安楽死の擁護者たちに、絶望的な患者を見せられ、せっつかれたとしても、彼らに同情こそすれ、断固とした態度でいなければならない。私たちは、「慈悲だから、やりたまえ」と言うのでも「殺人だぞ！ そんなこと考えられるか！」と言うのでもなく、「悪いが、それはだめだ」と答えるべきだろう。何より、自分をあざむくことを自らに許すべきではない。私たちは、人が苦しみながら死んでいくときの「自分自身」のフラストレーションや苦しみから解放されたいがために、「彼らの尊厳」を維持するためには彼らを殺してもいいというふりをしてはならないのだ。

古代ギリシャの人々は、傲慢さと、それがもたらす悲劇的な運命について知っていた。私たち現代の合理主義者たちには、このことがわからない。死を征服する企てが非人間化につながるばかりでなく、知恵の木を利用して、永遠の命の木をふたたび手に入れようとする試みは、すべて避けがたく

「ヘムロック（毒草）」につながることがわからない。そしてまた、「意思」という旗のもとに生命を完全に合理化することは、勝者が長生きをしすぎ、否応なく痴呆となって人生の終局を迎える世界を生みだすだけだということもわからない。人間の災いとは、望んでいる善を手に入れる際に、潜んでいる悪に気づくのが遅すぎるということなのだ。

医療の多大な成功を背景にすると、末期状態の疾病や不治の病は「失敗」と見える。あるいは人間の自尊心を傷つけるもののように見える。私たちは、なすすべもなく立ちつくすことを頑として拒否する。だからこそ、人間の生命に対して大いに技術的な取り組みをしてきたし、人の終末期にはほぼ必ず医療をほどこしてきた。そして今私たちは、私たちの技術的な成功の結果、はからずも尊厳を失うことになった生命ばかりではなく、人間の有限性という悪、そして、私たちの技術的な（しかし避けることのできない）「失敗」にも、技術的な解決を与えて終わらせたいと考えている。だがこれは、ばかげた危険な行為だ。自律と人間の尊厳に関心をもってきた人間なら、最後に毒をくれと懇願するほど絶望的なこの世との別れを歓迎することによって、非人間化に最終的な勝利をもたらすのはやめるべきだ。むしろ、人生最後の段階の非人間化をくつがえそうとすべきではないのか。

今の世に、自殺幇助や積極的安楽死を求めたくなるほど、危機的状況にある人がいるのもたしかだ。しかしこれは、生命と死に医療を適用することの限界を考え、死ぬべき運命とともに生き、死ぬべき運命と戦って生きることの価値を見直すための機会となるだろう。それはまた、不治の病や終末期になっても、気にかけるべき人間の完全性が——不安定ながら——まだ残っていることを思い出し、確かめる機会でもあるのだ。

私たちが屈服して、技術を用いて人に死をもたらすようになるとしたら、私たちは、愛する人と、彼らを世話する義務を捨て去るだけではない。必要とされているにもかかわらず、励ましと人間性の両方をひどく欠いた世界において、技術主義と人道主義の旗を振って、この現代生活の最悪の傾向をさらに強めていくことになる。一方、私たちがしっかりともちこたえ、「選択の倫理」と、その死につながる選択肢に背をむけて、人間の有限性は不名誉なことではなく、人間の尊厳を最後まで保つことができるとわかれば、まだ、人間の尊厳を永遠に葬り去ってしまう流れを食い止めることができるかもしれない。

＊原註1（三一三ページ）――反対に、どちらかを選ばせるような両極端な質問を歓迎する人もいる。彼らは、これを熱心な人道主義と、ユダヤ教とキリスト教によって西欧にもたらされた時代錯誤的な来世への関心との対立とみなす。神聖性を否定するこうした人たちにとって、自殺や慈悲殺（あるいは中絶）に反対する議論は、純粋に宗教的な性質のものであるほうが好都合だ――彼らの意見では、人間の尊厳以上に高尚なものはないのだから。一九八〇年代の終わりに、カリフォルニア州で「人間的な尊厳のある死を求める住民投票」をしようという署名運動があったが、リーダー格の支持者は、アメリカの法律における「生命の神聖性という原則をくつがえす」ことを望んでいると語ったと報じられた。

＊原註2（三一七ページ）――人間の命を奪うことが、すべて殺人罪になるわけではない。正当防衛、戦争、極刑は殺人を正当化するための道徳的根拠とされてきたし、「ほかの人間を殺すことは例外なくまちがっている」という道徳主義者はまれである。例外は議論しないことにして、ここでは「不当で、まちがった殺し」と定義される殺人だけに焦点をしぼりたい。殺人はまちがったことだというのは、誰もが知っているし、それにはためらいも、議論の余地もない。だが、それはどうしてなのか、人が自問することはめったにない。

もちろん、そうあるべきなのだ。まともな社会が信じているもっとも重要な洞察――たとえば、近親相姦、カニバリズム、殺人、姦淫を禁忌にしていること――は非常に重要であり、理性という貧弱なもので説得力のある弁護をしようと試みて、危険にさらすことはできない。こういった禁忌は、論理的な説明をする試みを却下しながらも、それ自体が、禁忌である理由を示しているのかもしれない。幾何学の原理にもあるように、「証明はできないが、証明を必要としない」もの――つまり、道徳観念のある人すべてにとって自明のことなのである。それゆえ、証明しようとするのではなく、この洞察を追求していくべきだろう。

＊原註3（三二一ページ）――宗教を信じておられない読者は、ここで、私が殺人を禁忌とする普遍的な、あるいは哲学的な説明をするのに、聖書を持ち出したことに疑いを抱くかもしれない。それはもっともなことだ。引用された文章を読んで、さらに疑いが濃くなっただろう。しかしながら、正しく解釈されれば、この創世記の一節の教えは、とくに聖書の起源とはかかわりなく、私たちがもつ人間の生命を尊敬する気持ちの根拠を示す、深遠な洞察を与えてく

れている。

＊原註4（三二一ページ）――人間の生命に対するこの尊敬の念と、これを前提とした意識的な社会の設立が、人間をほかの動物と違う存在にしている。この分離は、肉食の慣行（創世記第九章一節から四節）によって強調されている。肉食は、初めてここで人間に許されているのだ（肉食を許されているのは、人間が血に飢え、貪欲であることから、仕方なくであって、さあどうぞと認めてもらったわけではないともいえるだろうが）。それでも、興味深いことに創世記では、動物の命であっても、尊敬をもってあつかわなければならないとされている。生命と同一視される血をそのまま食べてはならないのだ〔訳註・第九章四節の「ただし、肉は命である血を含んだまま食べてはならない」〕。本章の後半でこれからもっとくわしく検討されているが、人間の命は、それゆえ、動物の命と続いているともいえるし、続いていないともいえるのだ。

＊原註5（三二二ページ）――創世記第九章六節の後半は、二つの点を明示しているようだ。人は神の形にかたどられている（つまり、神のようである）、そして、人はそのように神に造られた、の二点だ。決定的なのは最初の部分だ。人が神の創造物であることは、流血を避けなければならない理由にはなりえない。動物もまた神の創造物であるが、動物を殺して食料にしてよいという許しが、与えられているのだから。つまり、人が「神の形にかたどられて」いることに重点がおかれているのである。

＊原註6（三二三ページ）――創世記第一章から第二章三節までに記された、最初の天地創造の話では、人はただちに神に似せて造られている。その次にある記述〔訳註・創世記第二章七節―第三章七節〕では、人は、最初に、塵から造られ、最後に神のような特徴を「獲得」し、そして罪を犯したのである。

＊原註7（三二六ページ）――これが意味しているのは、殺意をもって殺人を犯した者は、犠牲者の人間性（そして、おもに彼ら自身――および、ほかのすべての人たち――の人間の生命）を否定したのだから、人間として尊敬される権利を失ったということだろうか？　言い換えれば、人間は神に似ているという自覚にしたがって行動しなければ、人はそれなりのあつかいを受ける資格をなくすのだろうか？　あるいはむしろ反対に、殺人を犯した者を罰するときには、極刑であっても彼らを狂人や獣のようにあつかわず、自分たちの行いの当然の報いを受ける責任能力をもった

道徳の実践者としてあつかい、彼らの人間性を尊敬すべきなのだろうか? それとも、処罰が理論上のものではなく、実際的な極刑であるからこそ、自己愛や力への欲求が理性の声をかき消してしまうような人たちは、おもに恐怖によって押しとどめられているのだろうか? これらは議論を呼ぶ問題であり、すぐに解答を出すには複雑すぎるし、どちらにせよ、ここでの議論の範囲を超えている。とはいえ、これにまつわる難しさから逃れることはできないだろう。

*原註8(三三〇ページ)——言語学的な証拠をもう少し見ていけば、わたしたちの探究を深めてくれるかもしれない。「dignitas」の意味は、(一)価値のあること、価値、長所、功績、(二)威厳、偉大さ、威光、権威、地位、(三)(無生物について)価値、有用性、卓越、である。この名詞は、「指摘された」あるいは「示された」という意味の形容詞「dignus」と起源が同じであり、そこから、「価値のある」「(人について)値する」「適した」「ぴったりの」「似合う」あるいは「(物について)相応な」という意味になった。

オックスフォード英語辞典では「dignity」には八つの意味があるとしている。ここでは関係のある四つを紹介しよう。(一)価値のある、尊敬すべき性質。価値のあること、価値、高貴、卓越。(例としては、「人の真価〈The real dignity of a man〉は、その人が何をもっているかではなく、その人となりにある」、「この行為のすばらしさ〈the dignity of this act〉ときたら、王さまにも見てもらいたいくらいだ」など。)(二)高い階級、地位、あるいは尊敬に値する名誉をもつこと。名誉、尊敬の度合い、地位。(例としては「石は、自然の地位においては〈in dignity of nature〉植物に劣るが~」、「粘土はそれぞれ違う〈differs in dignity〉が、その塵はどれも同じ」など。)(三)名誉ある官職、地位、あるいは称号。職務上の、あるいは肩書きとしての高い地位。(例としては、「彼は(……)自分のお気に入りや取り巻きに、民事や軍事関係の地位〈the civil and military dignities〉を分配した」。)(四)局面、態度、あるいは流儀の高貴さ、あるいはふさわしい地位に登っていくこと。相応の威厳、重々しさ。(例としては、「威厳のある衣装〈A dignity of dress〉が大帝に光彩を添えた」。)

*原註9(三三一ページ)——これはなにも、尊厳を遠ざける人を含めて、それ以外の人々のことを尊厳が欠如しているかのようにあつかうべきだということではない。これは、分けて考えることができる問題なのだ。いくら人に尊厳が欠けていても、あるいは自らの意思で自己を格下げしていても、人間らしく生きる可能性に基づいてその人をあつ

かうのが健全だろう。しかし、これによって、少なくとも道徳的な局面においては、人がそれなりの価値がある振舞いをすること、自分の行動の責任は自分が負うことが、私たちには期待され、求められていることがわかる。

＊原註10（三三二ページ）――勇敢な兵士たちは死ぬべき運命をすすんで受け入れ、いつ襲ってくるかわからない死を待ちながら隅に隠れることを拒み、剛勇と心の大きさだけを武器に敢然と前進して行った。こういった人、あるいは同じように自意識の強い英雄の場合、死に直面して敗北するときでさえ、盲目的な必要性から死ぬのではなく、人間としての勝利をもぎ取ってくる。これに比べればささやかなものではあるが、同じような機会は、死と正面から向き合おうとする人なら、誰にでも与えられている。

＊原註11（三三三ページ）――まさに好例がある。数年前に、カリフォルニア州ですでに存在するカリフォルニア州法の名称を「自然死法（Natural Death Act）」から「人間らしい尊厳死を迎える法律（Humane and Dignified Death Act）」に変える運動があった。その内容の変更とは、「自発的で、人間らしい、そして尊厳のある、医師に幇助される死を得られる末期患者の権利」を言明し、与えることである。「幇助される死」とは、「当該患者の命をすみやかに、苦痛なく、そして人間らしく終わらせる医療の方法」を意味する。（単なる）自然死が、（尊厳のある）医師によって慎重になされることによって、「尊厳のある」ものになるというわけだ。

＊原註12（三三七ページ）――完全に合理的で技術的に管理された死の末路については、オルダス・ハクスリーの『すばらしい新世界』に登場する、「末期患者のためのパーク・レーン病院」の背筋が寒くなるような描写を参考されたい。〔訳註・第一四―一五章。完全に人工的に管理され、死と向き合うことなく人生を終えるようにしている病院〕

＊原註13（三四〇ページ）――ここでも、使う言葉に注意する必要がある。この状態にある彼らを見て、私たちは悲惨だと感じるかもしれないが、彼らが悲惨だと感じているか、あるいは彼らが悲惨であるかどうかははっきりとはしていない。彼らが人間の限界を超えていると考える根拠は、表情などの反応が「何もない」ことでしかない。この点が、「栄養補給を終わらせること」にかかわってくる。この場合、餓死は人間らしいものであり、同時にこの事例にかぎって残酷ではないと（自己矛盾ではあるが）議論されるのである。飢えによっても苦しまないほどひどい状態にある人は、そもそも苦しむことはないからだ。

第九章　栄えある生命とその限界――生命に終わりがある理由

グラスをかかげ「人生に」と乾杯《レハイム》するのはユダヤ人にかぎらない。正直なところ、誰でも生イコール善、死イコール悪と考えるのが自然だろう。だが、ユダヤ人は、どんな民族よりも敏感に、生を高く評価する。それは生が、ユダヤ人の手から非常にしばしば、そして非常に残酷に奪われてきたことばかりが理由ではない。生――来世の生ではなく現世の生――を祝福することは、そもそものはじめから、ユダヤ人の倫理観、宗教観の中枢をなすものだった。律法《トーラー》には、神の最初の祝福および命令として「生めよ、殖《ふ》えよ」という言葉が出てくる。ユダヤ教は最初から、子供をいけにえにすることを否認し、正しく生きれば神から長寿というほうびが与えられると考えてきた。だがその一方で、薬や医療行為も進んでとりいれている。ラビは律法にのっとり、医者に治療を施す許可を与えるばかりではなく、それを奨励もする。この「生」に対する崇敬はとても強く、生命《ネフェシュ》についての戒律は、命にかかわる場合であれば安息日《シャバット》の禁を犯してもかまわないとしている。私たちユダヤ人が「人生に乾杯」するのには深い意味があるのだ。

ユダヤ人が現代医学や生命医学を熱心に支援してきたのも偶然ではない。人口比例からみても、実に多くのユダヤ人が病院や研究所の設立に一役買い、医学的な研究を支援してきており、世代が変わっても、科学的に新しい発見がされる、新種の薬が発明される、というときにはたいていその先陣に加わっている。しかし、この時代にもてはやされる生命医学プロジェクトは、多くの賛同を得ていても、ユダヤ人にとっても人類全体にとっても、深刻な、ときに前例のない道徳的課題を満載しているのだ。研究室が関与する生殖、人工臓器、遺伝子操作、向精神薬、脳内コンピュータ・チップの埋め込み、老化をくいとめる技術——肉体や精神を改造するためのこういった技術は、すでに実施段階にあるものも計画中のものも含め、人間というものに対する挑戦といえる。私たちは人間の生命をコントロールする力を増大させてきたが、「人生に乾杯」する原則には制限があるのではないかと自問する必要に迫られているのではないだろうか。

道徳的課題として広く認識されているものの一つ目は、医学的成功によって延命が可能になった結果、望ましからぬ事態が生じているということである。ひどく衰弱し、悪化の一途をたどる状態ながら、人工的な手段によって生命を維持されている患者数がどんどん増えている。たとえばそれが可能だとして、抗生物質の投与を中止する、人工呼吸器をはずす、人工栄養チューブを抜く、あるいは、自殺の手助けをする、安楽死に手を貸すということが許されるのは、どの段階においてなのだろうか?

二つ目の課題は、治療や、生命の創造方法を模索するときにとられる手段の道徳性である。実験という目的のためだけにヒト胚を作ることは倫理にかなうのだろうか? 病気で苦しんでいる子供に弟か妹ができれば適合性のある骨髄ドナーになり得るから、という理由で妊娠することはどうだろう? 不妊に悩む夫婦に子供を授けるためにクローン人間の生成を試みることは、倫理的といえるだろうか?

三つ目は、目標そのものに関する課題であり、私たちはやがてそれに直面することになる。人生を戦いぬく者として、老化や衰えを克服し、はては不死までも試みることによって、人間の平均寿命ではなく最大寿命を延ばそうとする努力を、私たちは歓迎すべきだろうか?

アメリカにおける論議では、医の倫理に関するこういった事柄、あるいは関連するその他のテーマについて、ユダヤ教の律法学者はたいてい、医学の発展を喜ばしいことと考え、生——より多く、より長い、新しい生を支持する立場をとることが多い。病気の治癒、死の回避、寿命の延長などを、倫理に反しなければすべてにまさる、なかば絶対的な価値とみなす。たとえば、許される行為に制限を設ける自然法の教えを堅く守るローマ・カトリック信者のモラリストとは異なり、ユダヤ教の律法学者は、生きること、健康であることは善であり、それゆえに、そのどちらかあるいは両方に力をつくす行いはそれにまさる善であると、いささか強引に理論を展開する。

私自身の経験に基づく例を二つあげよう。五年前、国家生命倫理諮問委員会の場で、クローン人間の倫理的問題に関する考証を求められたことがあった。そのとき、ユダヤ教的見地から意見を求められた律法学者が二人同席していたのだが、両人とも、この問題について先行きをなんら憂慮していないらしいことを知り、私はひどく驚いた。その一人、正統派ユダヤ教のラビは、生のすばらしさと「生めよ、殖えよ」という神の命《めい》を引き合いにだし、子を望む不妊夫婦のために夫か妻のクローニングを実施することは、ユダヤ教の規範に照らしあわせてもなんら問題はないと言った。もう一人の保守派ユダヤ教のラビも、いくらかの懸念材料はあるとしながらもこう述べた。「医学的研究を発展させ、不妊治療という目的に使われるのなら、クローン人間は神の計画に沿うものであり、ユダヤ教の伝統においても理解されるであろう」

『すばらしい新世界』そのままに生殖が機械化され、異性間の生殖がやがて同性同士での繁殖にとってかわられる、それを心配したいやつにはさせておけ、というわけである。病気を治療できる、不妊カップルに子供を供給できる、それだけでもうクローン人間を合法化するにはじゅうぶんだというわけだ——これを拡大解釈すれば、身体の交換部品にするためのヒト胚を培養することや、可能ならば試験管で赤ん坊を作り出すこともまた合法となりかねない。

別の例として、「生命の延長、永遠の生命」というテーマで二〇〇〇年三月に開催された会議上での経験をあげておこう。そこでは、科学者や神学者が一堂に会し、人間の寿命の最大値をたとえば一五〇歳にのばすことの望ましさについて、さらにいえば、死もまた克服できる一つの病気として取りあつかうことについて論議が交わされた。そのなかに、ある著名なユダヤ人がいた。ラビを育成する一流神学校の教授であったが、研究会を——乱暴ないい方を許してもらえれば——すっかり牛耳ってしまった。その教授は、ユダヤ人にとって神は愛だけでなく生命なのだと断言し、同僚のキリスト教学者を遠回しに揶揄したばかりか、その言葉を利用して、人間の最大寿命を大幅にのばす可能性も含め、救命や延命のためのあらゆるテクノロジーを正当化してしまったのだ。生命医学的な不死の追求に疑問をもたないのかと問いかけてみたが、ユダヤ教はそういった企てを大いに歓迎するという答えが返ってきた。

もちろん、伝統的なユダヤ教の原典にこういった事柄についての記載がないのは当然だ。口伝律法である法規《ハラハー》には、試験管ベビーについてもクローニングについても老化をくいとめる手段についてもなんら言及はない。だが思うに、医学の発展を何の疑いももたず支持すること、あるいは、長寿を無制限に追い求めることなどは、知恵による分別ではなく、したがって、ユダヤ教の知恵とも関係ないものだ。「乾杯《レハイム》」するのはいいが、限界を超えるべきではない。

ここで「生への乾杯」とそのもっとも明確で根本的な形における限界について考えてみよう。生が善であり、長ければ長いほどよいとしたら、死を病ととらえ、それを治癒させることに尽力するのがなぜいけないのか？　こういった論の展開の仕方は現実離れしていて、まわりくどい印象を与えるかもしれない。が、それでもこれを問題としてとりあげ、真剣に議論すべき理由はいくつもある。

まず、信用のおける科学者たちがこの問題を肯定的にとらえ、治療方法を見つけることにすでに真剣に取り組んでいるという現実である。まだ初期段階ではあるが、三つの研究が今新たに注目を集め、脚光を浴びはじめている。一つ目はホルモン、とくに、若々しい肉体の活力を復活させ、高めることのできるヒト成長ホルモン（ｈＧＨ）の使用である。アメリカでは、すでに一万人以上が――そのなかには医者も大勢いる――老化を防ぐ目的で毎日ヒト成長ホルモンを注射し、肉体の健康状態や機能面でめざましい改善をとげている。ただ、ホルモンが人間の寿命を延ばすことができるのかどうかは、今のところまだ証明されていない。ヒト成長ホルモンの特許は二〇〇二年に切れるから、そうなると現在月あたり一〇〇〇ドルかかっているコストも安価になり、さらに多くの人々が若さの泉を求めてホルモンを注射することになるだろう。

二つ目は、幹細胞に関する研究である。この全能かつ根源的な細胞は、シグナルの違いによって、身体のさまざまな組織――肝臓、心臓、腎臓、脳など――に分化する。幹細胞技術は、どんな部位であれ、疲弊した肉体パーツの代用になりうる組織や臓器を限界なく提供できるという未来を約束する。バイオテクノロジー業界にとってこの研究は今や目玉商品であり、業界をリードするある企業などは、自社の研究を、人間の寿命をかぎりなく延ばすものであるとうたう宣伝に余念がない。

そして三つ目は、老化の生物学的過程をコントロールする遺伝子スイッチの研究である。それぞれの種の最大寿命は——人間の場合おおまかに一〇〇年と考えられる——遺伝子によって決定されるといってほぼまちがいない。最近の驚くべき発見に、ミバエの遺伝学者が、一つの遺伝子の突然変異によってハエの自然寿命が五〇パーセント延びたと報告した例がある。人間のライフサイクルを調節し、死の時刻をセットする遺伝子がひとたび特定されれば、科学者は、人間の最大寿命を自然の限界を超えて延ばすことができると予測するだろう。きわめて率直にいえば、そういった主張や予測のいくつかは期待ばかりが先行しているように思われるのだが、こういった科学的、技術的進歩に賭けること自体そもそも無謀なことといえよう。

老化や死の治療法が確立されるのはまだまだ遠い先のことかもしれないが、死の治療法を発見することがなぜ望ましいか、この根本的な問題を検証するのにはもう一つ別の、そしてもっと奥深い理由がある。実は、死という逃れられない運命を克服するのは、現代医学の、いや現代科学界全体がひそかにめざす、公にはされない到達目標なのである。実はそれは、約四〇〇年前にもフランシス・ベーコンとルネ・デカルトによって人類に提唱されている。彼らは、人間の財産の解放のためには自然を征服する必要があると、きわめて意識的に、声をあげて知らしめようとし、科学のめざすものはアダムとイブにかけられた呪いをとくこと、とりわけ（科学的な）知恵の木を用いて、生命の木を蘇らせることであると唱え、科学の基礎を築いた。医学的な成功が重なるにつれ、すべての死は時期尚早であり、今はまだ可能でなくとも、将来の医学は必ず死を回避する方法を見つけるだろうという考え方が、主としてここ半世紀のあいだに広まりつつある。

医学の発展と同時に、新しい倫理観も、死すべき運命と科学の聖なる戦いを後押しするようになった。命を救い、病気を治し、死を阻止するものなら何でも認められるようになったのである。それゆえ、老化をストップさせる療法を求める声は切迫していようとも、私たちがそれにのっとって進んできた前提を再検討することはもっとも大切なのである。すなわち、健康を維持し、寿命を延ばすために可能なかぎりあらゆる手をつくそう——健康と活力と長寿をつかさどる生命医学の神の前では、そのほかの価値など取るに足らないという考えのことだ。

しかし、老化と死を克服すべしという昨今の命題はまた、批判とも無縁ではなかった。その内容は二つある。社会的結果に与える有害性と、公平な配分という意味での不満である。前者は、人口数と年齢分布に与える影響を懸念するものだ。一〇〇歳を超える人間がどんどん増え、人口における割合が増していったら、たとえば、就職の機会、引退後のプラン、雇用と昇進、文化的態度や信念、家庭生活の構造、世代間の関係、政府の形態と機能の中心地、ビジネスと職業、などにはどう影響してくるのだろうか? おおまかに考えてみても、「より長くより活動的な人生」を求めていくつもの解決方法を試した結果が、かなり破壊的で望ましからぬものになることは想像にたやすい。おそらく、多くの人々が一生のほとんどを経済的に困窮して過ごすことになり、いよいよ人生を終えるころには健康であることによって享受した利益も相殺されてしまっていることだろう。老化の阻止は明らかに「庶民の悲劇」の典型的な例になるだろう、と予測する人もいる。つまり、今まで純粋に個人単位で追求していたものが万人に与えられるという社会的結果によって意味をなさなくなる、あるいはもっと悪い結果をまねくこともありうるということだ。

だがこれとは別に、長寿あるいは不死の命という技術の恩恵は、すべての人間に与えられるわけではないと指摘する批判もある。その理由の一つは、これは容易に想像できることだが、治療にかかる費用が高額なものになることだ。死とは無縁の命を得られるのはひとにぎりの人間だけだとしたら、これほどの不公平があるだろうか？　ただでさえ富める者と貧しい者に分けられている世界に、死ぬ人間と死なない人間という区別が加わるのだから。

こういった批判があるにもかかわらず、不死の命を支持する者は、問題を解決するすべはやがて見つかるだろうと自信をもって答える。細心の注意をはらった計画で社会的悪影響への異議に対処し、技術にかかる費用を安くおさえることで不公平も克服できると太鼓判をおす。こういった楽天的な考え方はまことに純粋だと思うが、ここでしばらく、さまざまな見解を検討していきたい。支持する側も批判する側も、問題の本質、つまりめざす目標がはたして善であるのかどうかということについて、まだまだ考察が足りないといえるからだ。この問題の核心とは、すなわち、個人の寿命をより延ばすことは絶対的な善といえるだろうかということである。

人間の妥当な寿命

人間はさらにどれだけ長く生きれば幸せなのだろうか？　社会的悪影響によって個人の身にふりかかる可能性のある弊害はひとまず無視して、一人ひとりの条件がすべて同じだとすれば、あとどのぐらいよけいに生きたら満足するのだろうか？　ずっと健康でいられて、活力も衰えないという前提だったら、人は、どのくらい生きていたいと思うのだろう？　人間の寿命を私たち自身で決められると仮定した場合、どこを限界とすればいいのか、あるいはするべきなのか、そしてそれは何ゆえなのだろうか？

単純明快にいえば、限界を設けるべきではない、ということになる。生が善であり、死は悪であるならば、生は長く続けば続くほど好ましいわけだ。もちろん、健康状態に問題がなく、友人知人も一緒に長生きできることが大前提となる。

明快で正直な答えである。だが、老化の克服を主張する人々は、それは欲張りだと反論する。彼らが望んでいるのは不死ではなく、もっと理にかなったもの——寿命を数年延ばすこと——だからだ。

では、理にかなった年数とはどれくらいか？　たとえば一〇年とする。さらにあと一〇年、三〇代と四〇代の違い程度で、健康で気力も充実して生きていられるとしたら、それを道理にあわない好ましからぬことと考える人がいるだろうか？　さらにたくさんのことを学べ、収入も増え、いろいろなものを余計に見たり経験したりできるだろう。ではその一〇年に、さらに五年上乗せできるとしたら？　一〇年プラスでは？　一五年、二〇年、いやもっと生きられるなら？

あと何年、と理にかなう年数を即座に定めることが難しいなら、ひとまず原則に立ち戻ってみよう。そもそも「理にかなう」とはどういうことだろうか？　計画や研究を完了させるのに必要な年数だろうか？　まるまる一つの世代ぶん、つまり、ひ孫が成人するのを見届けるということだろうか？　人間としての妥当な寿命という概念——伝統に反せず、自然で、明らかな概念——というものははたしてあるのか？　答えはわからない。新たに寿命を設定するためにどういった原則を選べばいいのかさえ、私たちは決めかねている。

このような、理にかなったことの基準が定かでないなら、自分自身の願望と欲求に頼ることになる。自由民主主義においては、それはすなわち、かぎりなく生に愛着をもつ——あるいはかぎりなく死を恐れる——大多数の人々の欲求ということである。となると、答えは当然シンプルなものになるだろう。ずっと生きていたい。しなびて死んでいくのは嫌だ。この世の人生しか信じない人間が増えているこの現代においては、(たとえささやかでも)寿命を延ばせたらという願いは、老いや死を拒絶する気持ちとなって現れてくるに違いない。その主張がたとえどんなに単純であろうとも、不死を提唱する人間は称賛にあたいするだろう。自分の願望を恥じることなく、正直に吐露しているわけだから。

もちろん、長く生きたいという望みにあえて背を向ける人々もいる。生きている時間を延ばすのではなく、かぎられた時間に生を凝縮させることを追求しようとするのだ。そういう人々にとって、理想的な寿命とは、死ぬそのときまで能力が衰えることなく、自然な状態で(かつては七〇歳と考えられていたが、今では)九〇歳、もしくは体力があれば一〇〇歳まで生きることであり、死は寿命を最大値まで生きたあと唐突に、苦しみをともなわずにやってくるものであってほしいと願っている。

これは大いに共感できるところだ。老い衰え、身体の節々が痛み、耳が不自由になって、口には入れ歯をはめ、他人の手を借りなければ生きていけないような老人に喜んでなりたいと思う人間がいるだろうか? だがもし、こういった老化現象がなかったとしても、それでもまだ長く生きることを拒絶するだろうか? そうなると、退場したくないとは思わないだろうか? 死はより侮辱的なものに変わってしまわないだろうか? 前兆のない死のために恐怖や嫌悪感は増さないだろうか? 夫に先立たれた女性に、ご主人は苦しみから解放されたのだからという慰めももはや通用しなくなるかもしれない。死はいつも時期尚早で、予告なしにやってくる、ショッキングなものとなる。

モンテーニュの言葉がいいえて妙である。〔訳註・『エセー』第一巻第二〇章〕

健康状態が悪化してくると、そのうち妙に生を軽視する気持ちがわきおこってくることに気づく。

健康なときにはこういった気持ちの変化を理解することは難しい。だが、熱病になると別だ。もはや生を活用することも楽しむこともないと悟るにつれて、私は、生のよい面にさほどしがみつかなくなり、あまり恐怖を感じることもなく死を見つめるようになる。それゆえ、希望をもつことができるのだ。次第に生から遠ざかり、どんどん死に近づいていっても、その変化を容易に受けいれられるだろうと。（……）こういった変化［老衰］がある日突然わが身に起きたなら、とうてい耐えられないだろう。だが、自然の女神は、ゆるやかな、そうとはわからないほどのくだり坂に私たちを置き、少しずつ、一歩ずつ、みじめな状態に進めていって、いつのまにかそれに慣れるようにしてくれる。だから、自分のなかの若さが死んだとき、実際、衰弱した果ての死や老衰などの完結した死よりも、本来受けいれがたいものであるはずなのに、もはやショックを感じることもない。楽しく華やかな生から苦しみに満ちた生へ移行することに比べたら、つらい生から死へ跳躍することはそれほど残酷に感じられないものだ。

そうであれば、活力を失わずにほんの少し長生きすること、あるいは長寿は望まなくても若さを保とうとすることは、死に対する拒絶反応を強め、なんとしても死を排除したいという思いを増幅させることも考えられる——そうやって得た生が必ずしも満足のいくものでないことが、なんらかの形で証明されないかぎりは。

より長く、より健康で生きていられることに不満をもつ人がいるだろうか？　生が善で死が悪なら、それはありえない。単純なとらえ方をすると、まちがいを犯す可能性がある。死すべき宿命を不幸と決めつけるのはもしかしたらまちがいであり、祝福ととらえるべきなのではないだろうか——社会の繁栄という意味ばかりではなく、個人にとっても。それはつまりどういうことか？

死すべき宿命の価値について考えてみよう。私自身は生に対して強い愛着をもっている。また、愛する者が死んでいくのを自分の死よりも恐れている。そのうえで、そんな自分の願望に対してあえて正直にいうなら、人間の命にかぎりがあることは、すべての人間にとって、自覚があろうとなかろうと、天恵であると私は考えている。

この考え方に賛同する人は多くはいないだろう。だが、この問題の重要性——独特の重要性といってもいい——をくみとれる人なら、きっと共感してくれるはずだ。ここで話しているのは、よく話題にのぼったり何かの改善がなされたりするような、倫理学的にみて少々問題のある、ささいな革新のことではない。死を征服することは、しばらく試してみてから、神のみぞ知る基準にしたがい、結果を吉あるいは凶と判定できるようなものではない。それどころか、ことは私たちの人間らしさの危機にかかわる問題だ。結果ばかりではなく、その選択が意味するものも大きくかかわっている。なぜなら、「死を排除すれば人間はもっと幸せに生きられるだろう」と主張することは、「人間以外のものにならなければ幸せにはなれない」と主張することにほかならないと思えるからだ。

死なないということは、私たち死すべき運命をもった人間がそのまま生を持続させることではない。永久に不死であるということである。新しく不死の運命を授かった者は、決定的な意味で、私たちとはまったく違う存在となる。もし本当にそうなら、肉体の不死という選択をした人間は、大きな利益を手中にすることとひきかえに人間以外の存在になることを選ばなければならなかった、という深刻な混乱に悩むことになるだろう。さらにいえば、不死である他の存在とは、私が思うに、死という宿命を負った今の人間ほど幸福ではないはずだ。私たちは、死という運命に感謝すべきなのである。

死すべき運命の価値

子供やティーンエイジャーの死に価値があるとはもちろんいわない。また年齢に関係なく、人生の盛りを迎える前の早すぎる死についても同様だ。私は、死という特別な出来事に価値があるといっているのではないし、逆に、死による別離は、故人をかけがえのない存在としていた残された者たちにとってまさに苦悩でしかない、というつもりもない。私が目を向けているのは、私たち人間の有限性という事実であり、私たち人間の死すべき運命——人はみな必ず死ぬという事実、人間の最大寿命は生物学的に誕生の瞬間から期限が決められており、それを性質の一部として進化してきたものであるという事実だ。この事実にも価値はあるのだろうか？　私たちの有限性は人間にとって——個人にとって有益なのだろうか？（私はこの問いを、まったく自然界にそった理由で考察してみようと思っており、死後の世界については踏みこまないつもりだ。）

死すべき運命を礼賛するのは正気のさたではないと思われるかもしれない。だが、死すべき運命が天恵であるとしても、一般にはそのように考えられていない。生は生きることを欲し、当然ながら、有限であるという忠告を片っ端から疑ってかかる。「死者たちの王となるよりは、現世で奴隷となるほうがましだ」と、黄泉の国まで訪ねてきたオデュッセウスにむかってアキレスは言うが、そこには、栄光につつまれてはいても短い生を選んだことへの後悔がはっきり読みとれる。また、エスキモーのように、生への執着をコントロールし、なんらかの抑制を行おうとする文化もあるが、ヨーロッパの自由主義社会においては生への執着に束縛はなく、さかのぼれば非業の死への恐怖から生み出された政治哲学にはじまり、若さや新しさを礼賛し、老化によるしわを表面的に化粧で隠そうとし、病気やいつまでも生きながらえることへの不安がはびこるこの現代にいたっている。そしてついに、いつの日か生のもつ有限性の価値は（そのような価値があるとして）どんな世代にもどんな文化にもわからなくなってしまうかもしれない。その価値がわかるためにある種の知恵がいり、その知恵が自分や肉親への愛着をいつか断ち切ることを要求し、そしてそのような運命を受け入れられる人々がごくわずかしかいないとしたら。だが、もし知恵というものがあるなら、残りの私たちもまた耳を傾けなければならない。私たち自身のためになることを学べるかもしれないからだ。

では、人間の有限性は私たちにとってどのように有益となるのだろうか？　四つの点をあげよう。その第一は「興味と活動期間」である。人間の寿命がたとえば二〇年だけのびたとしよう。人生の楽しみもそれと同じだけ増えるのだろうか？　プロのテニスの試合数が二五パーセント増えたら、テニスプレーヤーはそれを心から喜ぶだろうか？　現代のドン・ファンは、誘惑する女性の数が一〇〇〇人から一二五〇人に増えたらうれしいだろうか？　楽しいことやつらいことをたびたび繰り返し、いちばん末の子供がやっと大学を卒業したあと、さらにまだ一〇年同じことを繰りかえせと言われたら親は喜ぶのだろうか？　出世階段をのぼることだけが生きがいという人間は、マイクロソフト社の会長の椅子を獲得した、あるいはとうとう国会議員になった、もしくはハーバードの学長にまでのぼりつめてしまったあと、まだ半世紀も残されていたら何をしたらいいのかとまどうだろう。たいていの人間はさほど楽しくもやりたくもない事柄に非常に多くの時間を費やしているが、その後も同じような繰り返しから新たな幸せを得ることができるのかどうか、それすらわからない。こんなことを言った詩人がいた。「私たちは同じ事柄の繰りかえしのなかで行動し、人生を送る。寿命が延びたところで、新しい喜びが生まれるわけではない」

二番目は「真摯さと情熱」である。死という制約がなくても人生は真摯にとらえられ、意味をもつものであるだろうか？　人生を真摯にとらえ、情熱を抱けるのは、生きる時間に制限があるからなのではないだろうか？　この世に生きられるのはたった一度かぎりで、期限が目の前に見えていることを自覚し感じることは、多くの人間にとって、価値のあることを行うための欠かせない刺激となるのではないだろうか？

「生涯の日を正しく数えるように教えてください。知恵ある心を得ることができますように」と詩篇には書かれている〔訳註・第九〇篇一二節〕。おのが日を数えるということは、日数にかぎりがあるということだ。ホメロスの作品に登場する不死身の存在たち――ゼウス、その妻ヘラ、アポロ、アテーナー――は永遠の美と若さをもっているがために、浅く軽薄な生を送っている。情熱は一時だけのもので、対象も次々とうつろっていく。彼らは、死すべき運命をもった人間を傍観して日々を過ごし、一方人間は、深く、情熱に満ちた、純粋な感情をもち、それゆえ生の真髄を生きている。死という運命が人生に奥行きを与えているのだ。

なかには、とくにある種の人々に見られるように、刺激としての有限性を必要としないような活動もある。何かを理解したいという強い欲求には外部からの刺激は必要なく、死すべき運命とは無関係だ。学んだり理解したりする時間は多ければ多いほどいいわけだから、より長く、より活力に満ちた人生を生きられれば、それはまさしく恩恵であるといえる。また、友情の固い絆もずっと育んでいけるものだろう。何かで互いに高めあっていけるような関係なら、なおさらよいだろう――とはいえ、真の友情にせよ、同じ死すべき運命を共有していることが少しは関係しているのではないか、と思わないでもない。だがいずれにせよ、こういった事柄は例外中の例外だ。ほとんどの行動、ほとんどの人間にとって、この世の時間がかぎられているという認識は決定的な意味をもつといえよう。

三番目は「美と愛」である。死は美の母だと、ある詩人は言っている。その真意はさだかではないが、死すべき運命をもつ存在だけが、自分がいつかは死ぬこと、世の無常、自然界にあるものの儚《はかな》さを知っているがゆえに、美しいものを創りたいという衝動にかられる、という意味に受けとることもできよう。永遠に残るもの、作り手のように衰えることが決してないもの、美を必要とする世界に美をちりばめる美しいものを。自分自身では作り出せないにせよ、おそらく滅びの醜さを知っているからこそ美を正しく評価できる審美眼をもった、やはり死すべき運命の下にあるほかの人々のための、美しいものを。

あるいは、自然の美のことを意味しているのかもしれない。その美は——人工物とは反対に——永遠には続かないからこそ美しい。花はやがてしおれることがわかっているから美しいのではないか?　春を告げる鳥は、生気のない季節が終わったこと、あるいはいずれやってくることを知らせるから、そのさえずりが美しく聞こえるのではないだろうか?　冬の夕方に薄れていく日の光や、夕映えの光はどうだろう?　美とは、ほんの一瞬だけ輝く、儚いものなのだろうか?　それとも、詩人が言いたかったのは、美は滅びるから美しいのではなく、私たちが滅びというもの——自分たち自身の、そして美しいものの——に美を見るから美しいということだろうか?　美しいものを前にしたとき、その(私たちの、といってもいい)美しさは一時だけだと思うから、いとおしさが増すのではないか?　私たちの死という運命が、美しく価値のあるものを賛える気持ちを高め、大切に思い、愛情を抱かせるのではないだろうか?　もし「不死身」なら、人間は互いをどれだけ愛せるのだろう?

四番目は、とくに人間の性格の美しさにかかわるもので、「徳と道徳的な気高さ」である。死すべき運命をもつということは、たとえば戦場での一瞬に命を投げ打つだけでなく、多くのさまざまな場面で、生への執着を顧みない行動におのれの命を捧げられるということである。道徳的な勇気、忍耐力、魂の崇高さ、寛容、正義を守る心——行動の大小はともあれそういったものをとおして、私たちは、ちっぽけな被造物という自分の存在を超える——高貴で善なるもの、神聖なるもののために人生の貴重な時間を費やしているそのときに。恐怖を忘れ、肉体的な喜びも捨て、富への執着も振りはらい——これらはどれも生きることと密接なかかわりがある——高潔な行動にいそしむなかで、人は自らの貧しさという重荷を乗りこえる。だがこの崇高さのためには、傷つきやすく死すべき運命を背負っているということが、必要不可欠な条件となる。不死の存在は崇高にはなりえない。

このことについても詩人は伝えている。オデュッセウスは、長い艱難辛苦ののち、ニンフのカリュプソから不死の命を約束されたが、このときすでに輝かしい生命の化身ともいえるアキレスの身に起きた不幸〔訳註・不死を約束されていたが、アポロンにかかとを射られて死んだ〕を伝えきいていた。カリュプソは、美しく、魅力的で、親切で、従順な、美しい声で歌いながら金の機織《はたおり》で織物を織る女神だ。彼女が住まいとする島は秩序に満ち、景色も美しく、苦しみとは無縁の場所だった。詩人はこう書いている。「この島を訪れたものは、神さえも、目を見はり、心躍らせたことだろう」だがオデュッセウスは、カリュプソの家の王になれば不死を与えようという申し出を断わった。〔訳註・ホメロス『オデュッセイア』第五歌〕

美しき女神よ、お怒りにならないでください。あなたのいうとおりであることはよく承知しております。思慮ぶかいわが妻ペネロペイアは、美しさにおいても背丈においてもあなたの足元にもおよばないでしょう。妻は死の定めをもつ人間であり、あなたは不死不老の存在です。だがそうであっても、わが望み、日々切に思い描く願いは、故郷にもどることであり、わが家にふたたび足を踏みいれる瞬間なのです。神がこの身をワインブルーの海に投げいれようとも、私はそれに耐え、固い決心をひるがえすことはないでしょう。波の上でも、戦場でも、数え切れないほどの修羅場をくぐりぬけてきたこの身なのですから。

苦しむことや耐えること、故郷のため、家族のため、共同体のため、真の友情のため骨身をけずることこそが、本当の意味で「生きる」ということであり、この、死すべき運命をもつすばらしい存在が選ぶべき道であろう。この選択は美徳のしるしともなり、また、高潔で正しい行いのうちに表される卓越性を支えるものでもある。不死とはある種の忘却といえる――死がそうであるように（原註1）。

不死への願望

しかし、当然こんな反論も出てくるはずだ。死すべき運命が恩恵であるなら、そうとらえる文化が極端に少ないのはなぜか？　死後の生を約束し、永遠なるもの、不滅なるものがあるという主張がなぜこうも世の中に氾濫しているのか？　ここで私たちは核心に迫ることになる。

不死へのこだわりが意味するものはなんだろう？　人間は「なぜ」不死を追い求めるのだろうか？　なぜもっと長く、あるいは永遠に生きたいのか？　死にたくない、この世での姿である肉体を手放したくない、地上の楽しみと別れたくない、もっとたくさんのものを見たり、たくさんのことをしたいから、というのがその第一の、そしてもっとも大きな理由なのだろうか？　そうは思えない。それも一因ではあるかもしれないが、真の理由はもっと別のところにある。死すべき運命それ自体は人間の欠陥ではないし、不死身の肉体が私たちの最終目的ではない。むしろ、死すべき運命は、より深刻に欠如しているものの派生的なあらわれ、付属物、またその欠如したものをさし示す指針にすぎないのだ。

不死や不朽の約束は、人間の魂についての深い真理に対する答えである。人間の魂は、それをめざしながらも、生きているあいだには決して得ることのできないある状態、ある目標を切望し追い求めている。魂は、私たちの理解を超えるところにあるものを求めているのだ。魂が求めるものは自らの存続ではない。私たちの手の届かないもの、多くの場合において私たちの脇をすり抜けていってしまうものである。死すべき運命への嘆きとは、切なる魂の願いと、自らのあまりにもかぎられた力や肉体の煩悩との相克のあらわれなのだ。

私たちに欠けていて、それゆえに切望し、だが手に入らないものとは何か？　一つ考えられるのは、「他者における完成」である。たとえば、プラトンと同時代の詩人・喜劇作家アリストファネスはこう述べている。私たちは、愛情を向ける唯一無二の人間、すなわち「失った半身」と肉体的にも精神的にも完璧にそして永遠に結合することによって、完全を得ようとする、と。反対に、やはり同時代のソクラテスはこう述べる。哲学者はむしろ英知によって、また完全さというものの美しい真理を総合的に知ることによって、完全を得ようとするが、かなわないでいる。さらに、ふたたび聖書に目を向けてみよう。私たちは神の存在、神の愛、神の救いのなかで完全を求め、エデンの園で失われた無垢の真心を取り戻そうとしている。

ここで注意してほしいのだが、人間の熱望に関するこういった説明や、その他多くの考えは、一見ばらばらのように見えるが、実はある根本において同じことをいっているのだ。つまり人は、完全さ、知恵、善、敬虔さほどには、必ずしも不死を切望してはいないということである――この世で肉体をもって現れている、自然の法によって一回きりと承知するこの命では、その望みは満足にかなえられないであろうことを、私たちは知っている。そのゆえにこそ、来世での生は現世とは違うもので、充足したものであるという予想や約束が魅力的に映るのだ。

ここから推論されることは明らかだ。すなわち、右に述べてきたような人間の切望は寿命を延ばしてもかなえられない。ただ年齢だけが増え、はてしなく「同じこと」を繰り返すばかりで、もっとも深い望みを満足させることは不可能なのである。

この推論が正しいなら、必然的に、死との戦いに関してもある明白な結論を導きだすことができる。不死や不滅、永遠といったものにあこがれる人間の気持ちは、たとえ死を「生命医学的に」克服したとしても、きっと満足させることはできないだろう。そうなったとしても、私たちは不完全な存在のままだろうし、知恵に欠け、神の存在や救いに乏しいままであるだろう。やみくもに寿命をひき延ばしても、充足は得られない。それどころか、寿命の延長を追求することは、人間の魂が本来めざしているはずの目標から私たちの歩みをそらすことになり、人間の幸福を脅かすことになる――いや、もうすでに脅かしているといえる。目的がわきにそれ、多くの人々や社会的エネルギーが、肉体の不死をめざすことが最終目標であるというあやまった方向に導かれることにより、よりよい生を生きるチャンスや、たとえ不完全であっても、最善なるものを望む深い切望を（ある程度であっても）満足させるチャンスを失ってしまうことになるのだ。人間の生に隠された意味は、決して虚無的なものではない。人間の有限性を知り、それを受け入れることができれば、私たちはよい生を生きることに専念でき、魂の安寧《あんねい》を最優先に考えるようになり、存在だけにこだわることはなくなるだろう。

自己の永続化

いや、もしかすると、すべてまちがっているかもしれない。魂が切望するものなどひょっとしたらないのかもしれない。あるいは、魂そのものが存在しないのかもしれない。たしかに、現代科学は魂について言及しない。医者も精神科医も（精神科医《サイキアトリスト》とは「魂《サイキ》を癒す人」という意味なのだが）同様である。私たちは複雑な構造の心身をもってはいるが、存在することだけに満足し、危機に直面すれば恐怖を抱き、苦痛があれば逃れようとし、快楽を得ることには労を惜しまないただの動物なのだ。

奇妙なことだが、生物学は人間の性質と体質について独自の見方をする。また、人間の優れた美には触れるが、魂について語ることは避ける。生物学はこれまで、人間の有限性を打破すること、永遠や不滅といった領域に踏みこむことは可能なのだと、その方法を示してきた。幹細胞うんぬんの話ではなく、生殖――子孫を生み、育てることがそうである。生殖行為では多くの動物がわが身を危険にさらし、ときには自分の命を犠牲にすることさえある。実際、高等動物においては、生殖それ自体が死を受け入れることであり、その動物の高等性の一端を示している。サケは産卵のために自ら流れをさかのぼり、死んでいく。自然界の真理を鮮やかに示す例である。

だが人間にそなわった性質は、子を生むことだけではない。人間生物学によれば、私たちの生は自分自身を超えたもの――子孫、共同体、種に向けられているという。ほかの動物たちのように、人間にもまた生殖がプログラミングされている。だが私たちは、ほかの動物たちと違って、社会生活を営むようにもプログラミングされている。そして動物たちのなかで唯一人間だけに、文化を生み出す力が与えられている――それには、技術を伝えたり受けとったりする能力だけでなく、信念、意見、儀式、伝統を共有する能力もかかわっている。自己の永続化への欲求やそれをめざす能力も与えられている。とすると、老化や死すべき運命もこうした人間のしくみの一部であり、老化の速度や寿命は、自己の永続化を実行するうえで都合のよいように決められていると考えることはできないだろうか？人間の寿命を延ばすことは、私たちの本性に負荷を与え、企てを危険にさらし、成就をさまたげるものではないのだろうか？

興味ぶかいことに、自己の永続化は、決して不可能ではない目標であり、自己の優越性も大いに実現できるものなのだ。それによって私たちは、永遠というもののなかに無条件に自分を組みこむことができる――私たち自身が門を閉ざさないかぎりは。

生物学的考察はさておいて、ただやみくもに延長された寿命を切望することは、生殖をはじめ、ほかの、より高度な目的におのれを向けることをさまたげるきっかけとなり、原因となる。はてしない寿命の延長に着手し、永遠の生によって人生の無意味を穴埋めしようとし始めたのが、「神は死んだ」とか「人生は無意味である」などと言い放つ、ある世代の知識階級の人々であることも、おそらく偶然ではあるまい。若さを持続させたいという望みは、自分の生をすり減らしてでも自分のものにしておきたいという子供じみたものであるばかりか、子孫繁栄という観点とは矛盾する、幼稚でナルシスティックなものである。「今」が続くことだけを望み、本当の意味での永遠から遠く離れ、過去や未来との真のつながりから断絶することでもある。

若さを持続させることを望む人々は、たいがい子供に敵意を抱く。子供たちはあとからやってきて、自分たちの場所にとってかわってしまうからだ。子供は、死すべき運命に対する生の答えであり、家庭における子供の存在は、もはや自分は最も新しい世代ではないのだと指摘され認識することを意味する。おのれの老化をストップさせ、そのうえ、魂や永続化の意味に忠実であり続けることはできないのだ。

永続化というのは、肉体の種《たね》を蒔くことだけではない。それは希望、真理、伝統といったものの担い手を次の世に送りだすことでもある。私たちの子供たちが栄えるためには、私たちはまずきちんと種を蒔き、栄養を与え、豊かで健全な土壌で育て、きちんとした適正な判断力や道徳観を身につけさせ、まっすぐ高く伸びるためにいちばん高い光をめざすよう導かなければならない――かつて私たちの種を蒔き、道をゆずった先達たちの場所に私たちがとってかわったように、今度は私たちの子供たちが私たちの場所にとってかわるのだ。そして彼らもまた、やがて次の世代の種を蒔き、道をゆずっていく。だが、花を咲かせるためには、まず種を蒔かなくてはならない。枯れなければ種はできないし、場所をどかなければ種を蒔くことはできない。

すると、利口ぶる連中は次のように反論してくる。死を克服したら、もう子孫など無用のはずだと。だが、それは、自己中心的で浅はかな、生や老化をただ単に肉体的な面からしか見ていない考え方だ。時間の経過とともに現れる心理的な影響――経験や物事のとらえ方がどう変わっていくかという点をまったく無視している。健康面でまったく問題がなく、社会的に尊重され、よい地位にあったとしても、時がたてばたいていの人間は、世界を新鮮な目で見ることができなくなる。何を見ても驚かなくなり、何を聞いても衝撃をうけず、不正に対して当然起こるべき義憤は絶えはてる。まわりにあるのは見慣れたものばかり——何もかも見尽くしてしまったから。他人にだまされ、自ら過ちを犯すことを繰り返す。多くの人間が狭量となり、肉体的な衰えや、愛する者との別れに落胆することがなくなるかわりに、生そのものに失望していく。野心もしぼんでいくだろう——とくに、もっとも気高い野心が薄れていく。年をとるにつれ、アリストテレスが言ったように、私たちは「優れたもの、高貴なものを強く求めようとはしなくなり、必要なものだけや存在の慰めとなるものばかりを欲しがるようになるだろう」。そしていつしか親しい友人に、「これだけしかないの？」と問い返すような人間ばかりになるかもしれない。私たちは居直り、おかれた状況を受け入れることになる——受け入れられるほど好運な状況であればだが。多くの——おそらく非常に深遠な——かたちで、人間は死期が近づくと長い眠りにおちいることが多い——だから、もし、この世で何者かになろうとする刺激を人間に与える死というものがなくなったら、生きているうちからその長い眠りにつくことも起こりかねないだろう。

一方、大志や希望、潑剌さ、大胆さ、開放性といったものは、若さから新しく湧きでるものだ——そしてそれは、私たちがこれまで築き上げてきたものをくつがえすという形をとって現れることもある。子供をとおして自身の不滅を願うのは幻想といえるかもしれないが、子供をとおして人間の可能性が自然に、永久に再生されていくだろうと考えるのは決して幻想ではない——この現代においてもだ。

ホメロスが、ギリシャの武将ディオメデスに対してトロイアの勇将グラウコスにこういわせたように、それは変わらない。〔訳註・ホメロス『イーリアス』第六歌〕

木の葉が代替わりするように、人間の代も変わっていく。木の葉は風に飛ばされ地に落ちる。だが木は生命をはぐくみ続け、再び春がめぐってくればまた若芽を出し、葉を茂らせる。人間も一つの代が終わっても、また次の代が育っていく。

ホメロスのこのするどい洞察が示すように、人間は木の葉とは違う別の面をもっていること、人間が永遠に再生を繰りかえせば習得した知識や自己認識の可能性も永久に受けつがれること、私たちもホメロスや、プラトン、聖書、それからデカルト、ベーコンにならって、自然、神、人間に関する不朽の真理のほんのはしくれにあずかることができるかもしれないこと、そして、この知恵と徳の追求を子供に、そのまた子供に伝えていき、永続させることができるかもしれないということは、今もなお変わらないのだ。成長ホルモンや、永久使用が可能な代替臓器ではなく、子供たちやその教育こそが、死すべき運命に対する生からの——そして英知からの——答えなのである。

ホメロスに代表されるこの古代の英知は、実際、ユダヤの知恵と共通する部分がある。私たちは、生を善なるものと考え、長生きをよいことだと考えているが、その一方で、命よりも大事にするべきものも守ってきた。一人の人間の命を救うことはいくつもの安息日《シャバット》を祝うことに匹敵すると考え、安息日の掟を一日破ることも許される。偶像崇拝、殺人、性的な不法行為を犯すぐらいなら、死を選べと教えられてもいる。生を愛し、生に乾杯《レハイム》するが、昔から、知と正義と神をうやまうことをそれ以上に愛せと諭されてきてもいる。ユダヤ人のあいだでは、ごく最近まで、教師は医者よりも崇敬されてきた。不死については、神が自ら——エデンの園の一件で——善悪という厄介な知識を与えてしまった以上、人間はもはや生命の木に近づいてはならないと厳命をくだされた。それゆえ人間は、生命の木のかわりに、生を完成させ正義と聖性にみちびく律法《トーラー》にたよることになったのだ。肉体の不死の追求に関する古代の先駆者であり、死を拒んだエジプト人と違って、イスラエルの子らは、死体をミイラにしたり防腐処理をほどこしたりはしなかった。祖先を葬ることはしたが、つねに彼らを記憶し続け、そして、人間の死すべき運命を受け入れて、次の世代にすべてを託した。実際、「生めよ、殖えよ」という戒律《ミツバー》（聖書に登場する最初のはっきりとした神の命令である）は、正しく理解すれば、私たちが今ある生にしがみつくことを奨励しているのではなく、私たちの次にくる命を祝福するものであることがわかるはずだ。

生命医学テクノロジーが次々と突きつける道徳への挑戦に正面から向き合い、老化や死を克服できるという甘い言葉には疑念を抱こう。古来の知恵を守り、私たちの生に、私たちの次にくる命に、孫やひ孫の命に、声をあげて乾杯《レハイム》をしようではないか。神が望むまま、彼らが健康で長く生きるように。とりわけ、真理と正義と聖性を追い求めるように。そして彼らが、人間として最良のものを追求することを、延々と続くこれからの世代に伝え、永続化させていくように。

＊原註1（三六五ページ）――カリュプソには「姿を隠す者、秘密を覆い隠す者」という意味がある。

第三部——生物学の本質と目的

Nature and Purposes of Biology

第一〇章　生物学の永遠の限界

生物学は私たちをどこまで連れて行けるのだろう？　それには認知可能な限界があるのか？　もしくは設定可能な限界があるのか？　科学の社《やしろ》に住む多くの預言者たちによれば、生物学に限界はないという。それとは反対に、熱心に、嬉々として、自信に満ちて立ち向かうべきフロンティアがどこまでも続いているだけだと言う。あくまでも客観的科学の概念と方法に基づき、過去一世紀におよぶ進化論の教義に支えられ、生化学と分子遺伝学の新たな発見とテクニックで武装した生物学と医学は、来るべき黄金時代へ向かって邁進する。数あるテーマのなかでもとくに、胚の形成と分化についての長年にわたる「謎」を完全に理解すること、人間の認知、記憶、想像力、欲求についての「秘密」を解明することを約束する。病気に役立つ新しいバイオテクノロジーと新しい治療法を、また、本物の精神物理学を用いた心の平和をもたらすことを約束する。さらに、遺伝学的に決定されている老いのプロセスが完全にわかれば、死すべき運命の征服さえ可能であろう、とも。

私自身は預言者ではないから、こうした主張の是非をうんぬんできない。どちらかといえばむしろ、なるほどそうかもしれないと思っている。だが、生物学には「永遠の限界」があるのではないかという疑問には、未来の出来事とはまったくかかわりのない、別の意味がある。つまり、今後どれだけの知識が得られようとも、生物学の概念や実践というものに避けがたく結びついた本質的・核心的な、まさしく「永遠」の限界があるのではないだろうか？　原則的に、生物学には理解できない生命の、生物の、あるいは生物としての人間の営みがあるのではないか？

この答えは、「生物学」をどのように位置づけるかにもかかってくるだろう。生物学とは何か？　それは本来的に、知識の一種なのか、あるいは力の一種なのか？　もし知識ならば、何についての知識なのか？　生物についてなのか。「生命」についてなのか。生命維持の過程なのか。存在しているものの「正体」についてなのか。あるいは、それらがどのように「機能しているか」についてなのか。もし力ならば、何に、誰に、なぜふるう力なのか？　予測とコントロールを行うための力なのか。病気を治して寿命を延ばすための力なのか。何であれ私たちが望むことをするための、もしくはさせるための力なのか。

この「生物学」という言葉自体にもおもしろい歴史がある。英国で使われはじめたころ（一八一三年）、「生物学（biology）」に（今日のような）「生命の科学」という意味はなく、「人間の生と特徴の研究」という意味合いだった。そこには語源となったギリシャ語の「ビオス（bios）」が忠実に反映されている。これは動物や動物の生命に関する「生命」、つまりギリシャ人が「ゾエ（zoe）」と呼んでいた生命についてではなく、「生きる道」や「生きる態度」、「生きるものとしての人生」に関するものだ。「伝記（biography）」の「bio」である。「生物学」という英語ができた当時、現在の生物学がカバーしている研究は、心理学（一六五八年）や、それぞれ植物や動物を対象とする学問、植物学（一六九六年）と動物学（一六六九年）に分けられていた。さもなければ、生理学の唯一の法規たる

「フュシスのロゴス」(the logos of phusis 自然の言葉)にしたがって行われていた。この言葉は、はじめは自然(フュシス)全体の研究を意味していたが(一五六四年)、やがて「生物の正常な機能と現象の科学」をさすようになった(一六一五年)。こうした生物は自然の定めた一定の変化をたどる性質があった。すなわち、芽を出し(phuein)、生まれ(natus sum)、育ち、消えてゆく——それ自身で、定期的に、周期的に。

こうやって語源を説明するのは、次のような問いを設けるためである。すなわち、「生命」の科学と定義される今日の生物学は、生命ある「存在」を——植物から動物まで、一つずつ生まれては消えてゆくもの、そして、自分たちの種を生殖していくものを正当にあつかっているか? 科学が生物を自然界の中心から追いやったなら——基本的に自然というものを、単に「動いているだけのもの」(二八ページ参照)とみなして研究する現代物理学(と化学)の概念をとおしての理解が大部分になってしまったら、生命に関する私たちの理解はどうなってしまうのだろう? 生命の科学としての今日の生物学は、「人間」の生命を公正にあつかっているのか?

いついかなるときも形づくられた生命(ビオイ)である人間の形を決めるのは、遺伝学と生理学だけではなく、人間の志、選択、信条、そしてまた、文化的制度、実践、規範でもある。人間の生命の本質について、もしくは最善の生き方と考えられるものについて、生物学は何か重要なことを教える(または教えられる)のだろうか?

あらかじめ私の結論を簡単に述べてもよいだろう。生物学は無能力と制約を抱えており、それは底なしで永遠のものである。さらに、こうした無能力を生み出す直接の原因は、生物学に内在している、限界や境界の問題にかかわる欠陥なのである。すなわち、(一)現代における実践という点では、生物学は愚かにも限界のない目標を追いかけていること。(二) 現代における理論という点では、生物学は事実と異なった人工的な境界を課するような方法や概念を用いて進んでいること。(三) いかなるときも、生物学の前には、人間の理性の不十分さならびに (生物学がその対象としている) 生命そのものの不思議、この両方がもたらす克服しえない限界があること。

実践に関する限界――「限界のない目標」のもつ限界

一般的には「純粋な」科学と「応用された」科学を分けて考えるが (それが当然ともいえる)、重要なのは現代生物学をはじめ、現代科学というものの実際面、社会面、技術面の本質的な特徴をつかんでおくことである。古代の生物学は「生物とは何か」という知識を追い求めた。それのみを目的とする学問であり、探究者を満足させた。反対に、現代生物学は「生物がどのように機能するか」という知識を求める。探究者と非探究者の区別なく、全人類の救済と安寧《あんねい》の手段にするためである。

はじめのころ、利益が得られる速度は遅かったにせよ、この実用的な目的は、当初から現代科学すべての核心であった。人間の必要性を満たせるような思考をするため、デカルトは (『方法序説』で) 新たな種類の思考法を提案した。思索的もしくは論理的な疑問に対して、彼は永久に自分の――そして科学の――背を向けた。生き物、自然、事物の善性についての疑問、また、何よりも大切な究極の原因についての疑問を捨てたのである。そのかわり、実際の役に立てるため、科学は働いている自然、職人としての自然を研究することになっていった。力と行動についての疑問を解決する新しい物理学は、人間にパワーをもたらし、最終的に人間を自然の支配者にして所有者へと導いていった。

科学に基づいた支配は、人道主義を目的としている。「肉体であれ精神であれ、無数に存在する疾病」を治せる多種多様な医療を施すためだ。おそらく老化も征服できるだろう。そして死すべき運命さえも。さらに、新しい医学は、臓器の調子しだいで精神が変わることを心得ているから、新種の実用的な知恵も駆使して、心の平和と新たな精神力をもたらしてくれるだろう。「自然科学《フィジックス》」は、新しい医術《フィジック》、肉体と精神に対して万能の力をふるう包括的な医療をとおして、自然《フュシス》の支配に取り組むだろう。

二〇世紀になって、デカルトの予言は、とくに生物学と医学に関してようやく現実のものになりはじめた。それはこの五〇年のことである。私たちは、生命医学テクノロジーからありとあらゆる恩恵を受けている。精神や肉体の疾患の予防と治療。平均寿命の驚くべき延長。私たちはもっと多くの利益を得られることを期待しているが、それらが純然たる利益ではないのを、苦い思いで学びつつある。

人間が自然に対する力は、ある者には与えられることなく制限され、その他の人間によって誤用され乱用される力であることに、私たちは気づきはじめている。また、人道的なテクノロジーの善意の使用であっても、しばしばまったく予期しない、望まぬ帰結になること。昔の疾患が征服されるにつれ、新手の疾患が、それもたいてい悪性度を増してすばやく後釜に座ること。長生きが必ずしもいい人生につながらないこと。人間の肉体や精神へ技術的に介入する能力が、いらだたしいジレンマ、不安にみちた恐怖、嘆かわしい帰結を運んでくること——たとえば中絶、遺伝子操作、臓器移植、安楽死、薬物使用や乱用——などについて。

そして何よりも悪いのは、人間の財産の解放（四五ページ参照）を目的とした自然の征服が、深刻な非人間化をもたらしうることだ——C・S・ルイスの言葉によれば「人間の廃止」（一六六—一六七ページ参照）（1）を。私たちはすべての遺伝性疾患の予防ができるようになるかもしれないが、それには

「生殖」を「製造」に変えなければならない。安全でも卑しいフリー・セックスは手に入るかもしれないが、ロマンスも、長続きする親密さも望めない。うつを治し、不安を解消する完璧な薬「ソーマ」（八ページ参照）を見つけるかもしれないが、その流行によって、化学物質のもたらす満足しか知らない、求めない人々ができあがるだろう。寿命はもっと延びるかもしれないが、自分が何を望んでいたかさえ思い出せなくなるだろう。

こうしたジレンマのもとになりうる新しい生物学は、価値に対しては絶対的に中立という立場から、これらに対処する知識や指針を与えてくれない。もっと悪いことに、科学的な教育自体が、近代科学以前もしくは宗教的な既存の概念――善悪についての、より広い意味での人間の生命についての概念に挑戦したり、軽んじたりする。こうした概念の基礎となっているのは、私たちが作り上げてきた、そして今も作り続けている道徳的判断である。また、私たちが生きてきた、そして今も生き続けている人生である。自然を支配する企ては、たとえ無限の力をもたらすにせよ、当の「支配者」である人間を大海のなかに置き去りにする。結末と目標の知識を欠いたまま、善悪や正邪の基準を欠いたまま、私たちは自分が何者であるかも、どこへ行こうとしているのかもわからない。それでも好きなように足早に旅を続け、自分たちの共同体から、性質から、まさに自分自身であったものから、どんどん自分たちを切り離すことに成功している。

人間性に対するこうした現実の道徳的脅威にもかかわらず、科学者もその他の人々も、この危険を認めようとせず、さらには「非人間化」という言葉さえ否定しようとする。彼らは言う。科学やテクノロジーの活動が最高の人間性――好奇心や勇気、知性や器用さ、活力や産業、合理性や完全性――の発露であるなら、なぜ非人間化などということが起こりうるのか？　だが、人間から生じたものすべてが、「結果において」人間的だということにはならない。人間は合理性のみに生きるのではない。現に、私たちの人間性の基礎——感情、愛、態度、道徳観、性質、また同様に、それらによって育ち育てられてきた家族、社会、宗教、政治の制度を定めたのは、科学的な理由や合理的なテクニックではない。むしろ本当は、それらによって私たちの人間性は傷つけられているというのが正しいだろう。とりわけ次項で述べるように、私たち自慢の科学的合理主義が哲学的に腐敗し、最終的に不合理にまで堕すならば。

哲学的な限界——命のかよわない概念

私はこれまで、生物学のもつ実践面での限界への対処法については、あまり提案してこなかった。それらがよく知られているものだからであり、また、これまでの章でふれてきたからでもあるが、おもな理由は、むしろ生物学のもつ哲学的な限界に焦点を当てたかったからである。それはあまり気づかれてはいないが、より重大なものだと思う。おそらく私たちは、この「すばらしい新世界」的な生命医学テクノロジーに適応していけるだろう。よいか悪いかについてははっきりとした、優れた道徳概念に裏打ちされていなくても、なんとかやっていけるかもしれない。それでもやはり私たちは、肉体においても魂においても、二つの世界が乖離《かいり》する危険に直面している。一つは、私たちが人間として継承し享受してきた生気あふれる世界。もう一つは、現代生物学から学んだ、制限され、人工的な、生気のない、客観的に具象化された世界。

経験的な世界と科学的真実に基づいた世界との乖離は、もちろん、古くからいわれてきた。たとえば、実際の経験からすれば机は固くて密だが、原子物理学によれば、机の大部分は何もない空間である。大半の人間は次のように言うだろう。「だからどうした?」岩とか机の場合、この不一致はほとんど誰の心もわずらわせない。しかし、それが生命や「人間」の生命におよんだとき、著しく混乱をまねき、トラブルの種になり、自己分裂を引きおこす——必ずそうなるだろう。

なぜ生物学の概念やアプローチが現実の生命とこうもへだたってしまったのか、その理由を探すのに難しく考える必要はない。この乖離は、ある理由から、意図的に、意識的に行われた。客観的な自然観(および生命観)の採用は、新たな科学の実践目標と密接につながっているうえ、不可欠なことだったからだ。

つねに変化する自然を征服するため、人間は経験を超えた想像をとおして隠された自然の法則を見つけ、それに準じなければならなかった。普通、人々は、新しい科学が自然に関する真実を見つける方法を教えてくれるものだと信じている。その確固とした知識が役に立つだろうと強い期待を抱いている。知識を探せ、そうすれば知識は力を授けてくれるだろう。だが哲学者リチャード・ケニントンが強く主張しているように(2)、こう考えるほうが正しいといえる。すなわち、新しい科学は「まず」自然を支配する力を求め、「それから順々に」有力な知識を生み出すものとして自然をとらえ直すための方法を見つけようとする。力を求めよ。そうすれば力を使いこなす方法を考案できるだろう。その結果はどうなったかといえば、生物学的な出来事を予見し(ある程度まで)コントロールしうる知識は、私たち人間も含め、「生物」をまったく無視(あえて誤解とはいわない)する代価をはらって獲得されてきた。私が明らかにしようとしているのは、こうした現代に君臨する生物学に内在する、永遠の限界についてである。

皮肉なことだが、現代生物学のもつ第一の理論的限界は、自然に見られるさまざまな境界や区別の重要性に対する、現代生物学の無知である。このひずんだ傾向を「均質化」と呼ぶことにしよう。「生物学は〝生命〟に関する普遍的な科学である」という概念のなかに、すでにこの傾向は潜んでいる。〝生命〟を強調したのは、この言葉が抽象的な概念だからだ。生きているのは、個々の動植物なのである。さらに、生きている個体は、それぞれ異なる特定の個体なのである。生物の眼に見える「外観」の相違が、さまざまな種類の別を物語っている。実際、ある生物種では、外観によって「個々の」違いだけでなく、生命周期のどの「段階」に属しているか、社会集団内のどの「階級」に属しているか、そういった違いまでもが明らかになる。こうした異なる外観が、彼らがどのような状況で生きているのか、どのような生を経験してきたのか、それぞれの異なる道筋を反映しているのではなかろうか(3)。

だが、事実上、すべての現代生物学は、生物の明白な異質性を取り除き、かわりに、均質と考えられる生命過程を研究する。もちろん、研究に選ばれるのは特定の生物であるが、別にそれらのために調べているわけではなく、きわめて探究に適していて有用な存在だからである。たとえば、普遍的な遺伝子コードとその翻訳。自然淘汰と種の形成に関する同一のメカニズム。代謝とエネルギー転換に関する普遍的な生化学的過程。生命のあり方の相違にはまるっきり注意をはらわず、生物学はすべての存在を生存、適合、生殖という観点からひとくくりにしようとする。形態や活動の多様性はないものとされ、最終的には重要ではないとみなされる。だが、このような均質性が生命の真の姿なのか?

形態、個別性、ランクについてのこうした均質化は、現代生物学のもつ第二のひずんだ傾向、すなわち「分析と還元」に結びつく。あらゆる生物が一緒くたにされる。そのほうが、パーツの研究がやりやすいからだ。眼に見えるパーツさえ例外ではない。正確さを追求するため、細胞単位などのシステム単位で仕事を進める。分離され精製された分子であれば、理想的だ。生物は遺伝子の観点から説明される。生体機能は、生命をもたない分子の動きと相互作用で「説明」される。これはある程度までは、完璧に理にかなった戦略だ。しかし、私たちが部分的な（かたよっていると同時に不完全な）視点に固まりつつあることを忘れてはならない。分離して調べたパーツ（たとえば遺伝子やタンパク質）の機能はしばしば、通常の場合――それらが全体の一部として存在しているとき――とは異なっている。さらに、生物全体のもつ力と活動は、単独のパーツで調べたときにはわからない。「全体として見たとき」の明らかな全体の存在さえ、還元主義の立場からみると不可解なのだ。生物それぞれの特殊な単一性と活発な全体性、また、本能的に自分の統合性を保とうとする努力の理由は何なのだろう？　単なる分析では決して答えられないだろう。

　生化学的分析と分子遺伝学の成功に酔いしれ、予言を行う科学者もいる。たとえば、人間の愛を科学的に説明できる日も近いだろう。脳の視床下部に存在し、恋に落ちると濃度が一気に上昇すると考えられている分子を、生物学者は特定するだろう。あるいは、全ヒトゲノムの解読をする全国規模の運動が実質的に終了し、判明した科学的配列が生命の「秘密」を明らかにするだろう。そう、極端な還元主義者はさらに先へ進もうとする。彼らは、パーツから全体の存在と作用を説明するだけではない。全体はパーツに奉仕するためのみの存在だとさえ言い切る。たとえば、彼らはこう考える。生命の本当の秘密とは、生命が遺伝子に奉仕することだ、分化した生物の活動すべては、一個の遺伝子が二個になるためのものだというのが本質なのだ。ニワトリは卵に――もしくは遺伝子に――すぎず、もっとたくさんの卵や遺伝子を作るための手段にすぎないのだ。

だが、これは現実の生命の真の姿なのか？　これら還元主義者の話は粗雑なうえ、できが悪い。彼らは、全体に関する本当の部分の知識を誤解している。あるペプチドが発見されたとしよう。それを脳内に注入すると、恋に落ちたような感覚が刺激される。だからといって、それで確実に愛を「説明」したことになるのだろうか？　誰か愛を感じている人が、その現象は血中のたとえば「エロトゲニン」なる物質の濃度が上昇したせいだ（それ以外の何ものでもない）という説を、まさにそのとおりだと受け入れるだろうか？

現代生物学の還元主義に見られる第三のひずんだ傾向、「物質主義」によって、方向性の誤りはますますひどくなる。この偏見は、単に物質の点から生物体の構造と活動を説明しようとするものだ。たとえば、細胞から細胞へ何かを輸送する活動は、細胞表面にある特定の輸送タンパク質で説明される。あるいは、また、視覚は網膜にある光吸収色素で説明される。たしかに、そのタンパク質も色素も必要不可欠なものだ。しかし、それらの生理学的機能は、より大きな組織単位（細胞膜や、眼球と視覚神経系など）における位置など、統合的な作用にも依存している。物質そのものではなく、「組織された」物質が効果を発揮するのである――そして組織や形態は、その定義からいって「物質」ではない。さらに、個々の物質を組織したものは、単独の物質には認められなかった性質や力を生む可能性がある。光を吸収する化学物質は、それらが吸収した光を「見る」ことはないのだ。また、力（活動能力）そのものは物質ではない。たとえ、それが物質内に「存在し」、不可分であるにしても。

アリストテレスは、大昔にその点を明らかにしていた。彼によれば、臓器（たとえば眼球）には大きさがあり、広がりがあり、空間を占有する。人間は眼球（もしくは脳）を手のなかにおさめることができる。しかし「視力」（つまり「見るという活動」）には大きさも広がりもない。人間は、〝視覚〟

に触れることも握ることも指さすこともできない（4）。眼の見えない神経科学者は、光刺激によって眼球に生じる放電について、正確な定量的数値を述べられるだろう。眼の見えない造形家は指示にしたがって眼球そっくりの模型を作れるだろう。しかし、視覚によって得た光景は見た人にしかわからない。単に物質的な基盤のみで決定することが、生命の真の姿といえるだろうか？

現代生物学はまた、物質的であるにとどまらず「機械的」でもある。とはいえ、無数にある生命現象の「活動のメカニズム」を追究することには何の価値もおいていない。「それは何か」でもなければ「何のために」でもなく、「それはどのように働くか」が基本的な疑問だからである。現代生物学の機械的モデルは、少なくともデカルトにさかのぼれるだろう。『方法序説』でデカルトは、動物の活動すべてと、言語表現と意思を除いた人間の活動すべてを、熱と局所運動の点から説明した。心臓や血液など生命をつかさどる運動だけでなく、覚醒、睡眠、感覚、記憶、想像、苦しみをともなう激情、さまざまな肉体的運動——これらすべては、根本的に、形態の異なる局所運動にすぎないとした。そして、生命活動をはじめとするすべての運動は、機械論的に、時計や自動機械の運動のように理解された。

デカルトは、実際に生物は機械だと述べたわけではない。しかし、生物は確実で有用な知識（ノウハウ）を得るための機械だと納得させてしまうような書き方をしている。だがたとえこうした限定的な目的のためであっても、このような機械論的な説明で——いや、いかなる機械論的な説明であれ——人は満足できるのか？　生命現象が秩序にのっとって動いていることは認めよう。だからといって、それらが基本的に機械的だといえるのか？　機械論的説明に、自発性や意思による行動の余地はない。行為者の内面はことごとく無視されている。たとえば好奇心、欠乏感、欲望、意図、そこからくる血のかよった目的意識はすべて無視される。実用的な概念としてはどれほど有用であっても、機械論的説明は生命の真の姿を映していない。

メカニズムの強調は、現代生物学の非目的論的な特質の表れである。これが、生命の真の姿を映していない第五の理由である。私はつねづね主張してきたが(5)、生物は目的をもった存在とみなされるべきだ。目的論的な概念なしには、その存在を眺めることも、ましてや正しく説明することも、完全に理解することもできない。生物は、あらかじめ内部に組みこまれた終点、つまり完結に向かう「分化」の秩序だった自立的な過程をとおして「存在」となる。それぞれの段階で――もちろん成熟したときにもっとも完全な姿になるのだが――いずれも有機的で命のかよった完全形であり、構造と機能の単位であり、各パーツが完全形の維持と作用に貢献している。その完全性は、驚くべき自己治癒力によって守られる。どの生物も、無意識のうちに、その統合性を回復しようとする内部の力を作動させている――なぜか「知って」いて、そうしたいと「欲する」のだ。さらに、生物のそのほかの特徴は、単なる自己保全性を超えて発揮される。生物は、方向性、目標に向けての内的な「努力」、今この瞬間の限界を超越しようとする活動を示す。

> 大きな岩の下に芽吹いた若木は、光を慕って岩の周囲を這い、育つだろう。若鳥は、ついに飛び方を覚えるそのときまで、羽と尾を協調させて動かそうとがんばるだろう。ビーバーはダムを作ろうと、鳥は巣をかけようと、蜘蛛は巣を張りめぐらそうと、たくさんの旅をするだろう(……)多くの動物には、つがいにいたるまでの入念な行動パターンがある。このうちのどれをとっても、計画的だったり、意識的だったり、意図的だったりする行動はない。だが、それはまさに同じ方

向に進み、内部で決定された行動にしたがって、目的を完成させようとしている（6）。

たしかに、人間はこうした活動のメカニズムが「どうなっているか」を研究できる。しかし、そこから目的意識などは幻想だという結論を導いてはならない。

生物学における目的論を強く主張する生物学者もいるが、それは人間の場合にかぎってである。なぜなら、意識的な意思や選択なくして目的をもった行動はありえないと信じているからで、該当するのは自分たち人間のみであるとし、動物のもつ目的性は肯定していない（別に悪いことではない。さもなければ、彼らの生物学者としての目的性や目標指向性の行動が、彼ら自身に異議を唱えるだろうから）。現代生物学の機械的外観はこうした科学者たちに、人間への〔精神と肉体を別個にとらえる〕二元論的な見方をもたらす。こうした視点は神経生理学者の第一人者たちのあいだにも見られる。彼らは、意識や自由意思の存在を認めているが、それを脳の生理学的構造に還元することもできなければ、説明することもできない。したがって、彼らはデカルトの基本的な二元論のようなものに立ち返るのだ。すなわち、人間は生物のなかで、唯一「魂」もしくは「理性—意思—意識」の原則をもつものであるが、それ以外の点では、ほかの動植物と同じく機械的に理解されうる、と。

この「精神—魂」と、魂のない肉体機械との関係——いわゆる精神と肉体の問題——は、いまだに唯物論者や機械論者の恥部となっている。未来の生物学的な発見によってこの議論の形がどう変わっていくか、それを推測するのは時期尚早だろう。だがそこには、二つの重要な問題があるのではないか。

第一に、精神—肉体の二元論は、肉体的生活から意識を不合理に分離してしまう。しかし私たちも気づいているように、その大部分は「上」から「下」まで染みこんでいるのだ。活動状態にある生体の、何ものにも妨害されない無意識の行動——たとえばダンス——は、喜びの感情で魂を輝かす。逆に、別の方向からくる心身の相互作用——たとえば恥の意識で思わず赤面すること——もまた、厳格な二元論のいかなる主張にも疑問を投げかける。

第二に、人間とその他の動物界を結びつける進化論は、人間についての二元論的な説明、また、その他の生命を理解するための機械論の妥当性、そのどちらにも疑問を投げかける。人間のほうは（精神性、自由、心、意識、目的などを感じているにもかかわらず）機械論の真っ暗で愚かな世界に吸収されてしまうだろうし、残りの生物界のほうはこれまで以上に、常識からすれば当然、人間にしかあてはまらないような視点から眺められることになるだろう。デカルト以来、主要な哲学者で動植物に魂が宿るとした人はいないが、これらの考察は「魂」（と精神性と目的性）が、本当は、生命のあるところすべてに認められるという可能性をよみがえらせるだろう(7)。

進化論のテーマは、一つか二つの簡単な、それもうわべだけの観察結果をもたらすだけである。なぜなら、進化生物学自体に限界があるからだ。今日、進化論のメカニズムについて活発な議論が巻きおこっているが、主流の正統派は、いまだに突然変異と自然淘汰が進化をもたらす主因だと考えている。しかし、変化に関するこの非目的論的な説明が、単なる仮定であるばかりか、生命をもつあらゆる有機体に内在する目的論的特質なしでは成りたたないことに、ほとんど誰も気づいていない。生き続けようとする生物の欲求や傾向も、生殖のための努力も、ダーウィン説では些細な条件にしか勘定されず、当然のこととみなされており、何の説明もされていない。説明らしきものといえば、自分自身を保持したり生殖を行ったりする傾向のない生物は死に絶えてきた、という一節だけだ。ではいったい、そのほかのもの、つまり自己保全して生殖をする生物は、なぜここにいるのだろう？　それらは目的をもたない、なぜなら、ただ生存してきただけだから、というわけだ。だが反対に、彼らは生存してきた、なぜなら（一つには）目的をもっているから、ともいえる。進化生物学は、「目的をもたない」自然が、目的をもつ生物を発生させ存続させてきた理由を教えてくれるだろうか？　もしくは、時間の経過とともに、より高度な生物、より広い範囲の意識、欲望、行動をカバーする力をもった生物を生み出した理由を？　心をもたない宇宙が心を生んだという視点を受け入れた場合、私たちは自分たちがどんなことを主張しているのか、本当にわかっているのだろうか？　永続性、安定性、不変性が、生物の目標を疲弊させるのかどうか、人は疑いを抱きはじめている。アルフレッド・ノース・ホワイトヘッド〔訳註・イギリスとアメリカで活躍した数学者、哲学者（一八六一―一九四七）〕が述べたように。

事実、生存価〔訳註・生物の生存や繁殖を助けるような行動的・生物的特性〕の点からみれば、どちらかというと生命それ自体に欠陥がある。永続性の技能もやがては失われるためだ（……）岩が存続するのは八億年だが、それに対して樹木の生存限界は約千年、人間や象は約五〇年か一〇〇年、犬は約一二年、昆虫は約一年。進化論が作り出した問題は、どうしてこのような不完全な生存力しかない複雑な生物がずっと発達してきたのかを説明しなければならないということだ(8)。

現在の正統的な進化論では、実際のところ、生命の本当の起源や究極の原因については、ほとんど説明されてきていない。生命についてばかりか、主要な新種の生物すべてについてもそうである。進化論は高等生物の出現を説明できない。それらはしばしば、生存や生殖の必然性以外の絆を保つ行動と、ずっと強く結びついているように思えるのに。たとえば、子猫や猿の遊び。カワウソやアシカの戯れ。正統派の人々は、これらの自由で楽しげな行動は「有用」に違いないと、生存競争やより多くの子孫を残す競争に「有利」に働いてきたのだと、信じさせようとする。自然淘汰説は、変化に関するそのほかの説すべてを高飛車に斥けながら、自然淘汰をあてはめるには無理のある現象（たとえば、哺乳類において睾丸が下降することなど）の存在を、私たちから覆い隠してきた。私たちは正統派が説明できる視点ばかりを身につけてきた。その高説でものの見方ができあがっているなら、どうして現代生物学に生命をあますところなく説明することができよう？

だが、現代生物学にはもう一つの重要な特徴がある。それは現代科学ともども主要な基盤としているもので、生物学関連の新しい知識を生むには最強の武器であると同時に、もっとも生命に反するものだといえる。それは「客観化」の原理だ。これは求心力のある概念だけに、これから多少なりともくわしく述べていかねばならないだろう。

「客観的」という用語には、普通の日常表現的な意味と非常に哲学的な意味、その両方がある。前者は後者から派生したものだが、その過程において意味の歪曲をうのみにしてきたことに、私たちは気づいていない。日常会話では、私たちは「客観的」を「真実」や「現実」の同義語として使う傾向がある。科学者だけでなく、公平な人は誰しも、「客観的であること」を心がける。偏見をもたず、利害関係をもたず、合理的で、自分だけの（すなわち主観的な）偏見や観点にとらわれなければ、いわゆる「客観的事実」を得ることができる。「客観的事実」は、とりわけ科学の領分である。なぜなら、再現可能かつ共有可能な発見を秩序だてて追究することは、それらの客観的価値を保証するからだ。

しかし実際には、この共通認識には、どこか誤解をまねくところがある。というのも、「客観的に見たこと」を、「それの真実」や「それの現実」と同義語として使うのはまちがっているからだ。この誤用を追及していくと、驚くべきことに、科学と現実の越えがたいギャップがあらわになる。私たちの場合なら、「生物という科学」と「それが研究の対象とする実際の自然界」の差といえよう。いわゆる客観的な自然観とは、本物の自然ではなく、自然に対して押しつけられたもの、対象に関心を抱いた人間の主観によって押しつけられたものにほかならないのだ。

どうしてこうなるかを見てみよう。〔客観的 objectiveの名詞形である〕「客体」もしくは「対象」(objection) という言葉の意味は、私たちの「前や正面に投げ出されたもの」である——誰によって投げ出されたにせよ、誰の前や正面に投げ出されたにせよ、それは「投げ出した」人間という主体の主観のせいで存在しているものであり、それに関連しているものである。自然界ではなく、「自ら考える人間という主体」が客観性の源なのだ。

明快、明瞭、確実な「知識」を要求する「関心を抱いた主体」は、心の「前面」に仮定の世界を再現してみせる。意図的な投影によって、また最大限の(通常は定量化が可能な)正確さをもつ世界で知的に操作できる(その目的で考案された)概念をとおして。そうした概念的な再現によって把握できないことは、視点から排除される。「客観化」(もしくは定量化)されうる世界の局面のみが、科学的研究の対象となる。私たちが経験するあたりまえの、眼に見える、具体的な世界は、陰のほうへ追いやられる。一方、「概念」の暗闇は脚光を浴び、眼に見えるすべてを再構成し、「客観性」のお墨付きを与える。せいぜいのところ、「真実の姿」の一部しか反映していないにもかかわらず。

以下に紹介するこの「世界の客観化」の古典的な例は、世界を眼に見える形にすること、また、暗に私たち自身を見物人にすることと関係がある。『知能指導の規則』の革命的な一節のなかで、デカルトは、色の研究にどうアプローチすべきかという方法を過激に推し進めることによって、現代科学全般のためのプログラムを示した。

かくして、色をどのようなものだと考えるにせよ、色が広がりをもっており、結果として図形が現れることは、否定できない。色についての無用な本質を新たに認めたり、もしくはあわてて新しく考え出したりしないように気をつけながら（……）ただ、色が形をもっているという本質だけを取り出し、それ以外はすべて無視をする。そして白、青、赤などに存在する相違を考えてみたとしても、何か不都合があるだろうか？　それはたとえば、次に示す類似した形の相違のようなものだといえるのではないか？

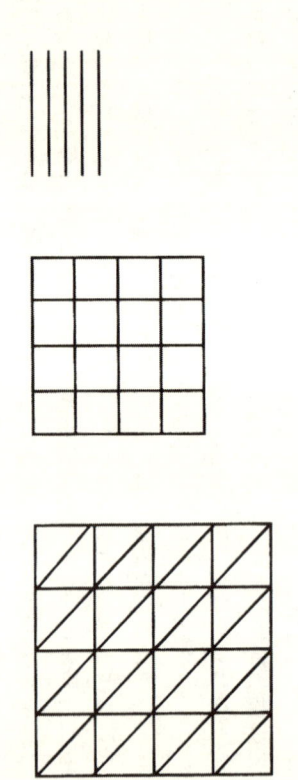

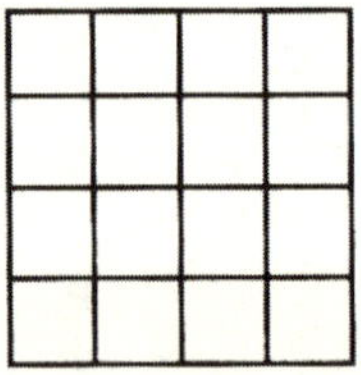

同じ議論がすべての場合にあてはまる。なぜなら、物の形は無限にあるから、知覚できる事物のあらゆる相違を表現するのに、数が足りなくなるということはないだろう（9）。［強調は引用者］

「客観化」ではどのようなことが行われているのか、「理解」にいたる過程で本当の現象がどのように歪曲されているのか、もっと明らかにするために、順番に重要な点を追いながら、デカルトの文章をじっくりと検討してみよう。

1・私たちは、色の「存在や本質」を無視せよ、かわりに「事実」のみに集中せよ、と求められている。なぜなら、色をもった「事物」には広がりがある（つまり空間を占有している）ので、あらゆる「色」は形や輪郭をもっているからだ。（デカルトは言う、「色とは本当は何なのかということに留意する必要はない。それ〔色〕が形をもっていることを誰も否定できない」。）（原註1）。

2・次に、私たちは、色がもっている図形としての性質以外のあらゆる特徴を取り去ってしまわなければならない。なぜか？　そのほうが理解する際に有利だから。だが、そのような理解は、存在そのもの、実際に「存在している何か」とは異なる。客観化によって得られた理解は、「存在自体」や「ものの実体」には無関心であるか、せいぜい中立かである。

3・このような概念化のやり直しは、精神による意思的な行動である。デカルトは、図形の概念にしたがって色についての真実を把握することを「決定もしくは選択」する。私たちは探求者たちのように、「目に映るものの自然な外観」をとらえようとしてはいけない。かわりに、自らの決定によって、「把握すること」(conceive「一緒につかむこと」の意)を選ぶか、自分らの傲慢な精神の前に、世界の「ある側面」だけを再現する。

4・どの側面か？　それは色の本質ではなく、色の存在でもなく、それらの「違い」である(白、青、赤などに存在する「相違」のこと)。私たちは「対象」の何たるかを掘り下げて知ろうとしてはいけない。それらの外側――かつ測定可能な――関係のみに注目しなければならない。

5・ありのままの相違は、「数学的」なものに「置き換えられる」――いや、「象徴化される」のほうが正しいだろう。色の相違は、類似した図形の相違で再現される。なぜか？　なぜなら、物事を図形だけで表せば、数学的な計算ができるからだ。デカルトがその目的のために考案した、革命的に新しい定量計算(数列と解析幾何学を特徴とする)を用いればいい。算術(伝統的には別々の数を調べる学問)を幾何学(連続する大きさを調べる学問)へ導いた数学である。デカルト空間の解析幾何学は、何かを精密に測定するにはもってこいの手段である――たとえば空間、時間、質量、密度、体積、粘度、エネルギー、温度、血圧、酩酊度、知性、学問的業績など、大きさや、量や、次元であつかえるものならば。

6・デカルトの幾何学的図形は、白、青、赤などの相違を際立たせるには適当でなく、時代遅れかもしれないが、彼が提案した原理はそうではない。たとえば今日の私たちも、やはり色を「波長」に置き換えてあつかっている。あらゆる色を吸い取り、純粋に数学的に再現しているのである。このことがすべてを物語っている。すなわち、客観的なものは完全に定量化でき、質はことごとく消失するのだ。

7・客観化は普遍化でもありうる。デカルトによれば、知覚できる物事、つまり自然界のあらゆる存在におけるすべての相違（つまり変化や関係）は、数学的に表現しうる。世界（より正確には、世界における変化）は、図形同士の相違のように、（結果的には等価値にしたうえで）客観的に再現しうる。物事の多面的で奥深い世界は、数式化された関係の非現実的なネットワークに置き換えられる。結局のところ、客観的な知識とはいうなれば幽霊のようなものなのである。

この古典的な例は、いわゆる客観的知識すべての原点といえる。客観化された世界は、意図的なデザインにより、理論的で、純粋に量的で、同質で、実在もしくは存在についての疑問には関心がない。「物事」は外面や関係に基づいてのみ「理解される」。さらに、客観化された世界を操作するために使う象徴的再現は、再現された当のものとはまったく無関係である。波長や数学的等式は、色そのものに似てもいなければ、それを暗示してもいない。

色の客観化には誰もそれほど動揺しないが、科学が色の見え方や、さらに悪いことには「見る人」までをも客観化しようとしたとき、私たちは疑いをもちはじめる。その理由はもうわかるだろう。視覚と見ることの「客観的な知識」は、まさに原理そのもののせいで実際の経験を伝えられない――なぜなら、できるはずがないから。実際の経験は、つねに質的で、強固で、異質であり、生きた魂の向ける注目や、興味や、直接的な関心であふれているからだ。

実際に見えるものは、波長、網膜細胞が吸収する光のスペクトル、客観化された脳神経の電気的脱分極や放電では、決してとらえることができない。生命のもつ内面性もまた同様である。たとえば、意識性、食欲、感情、また、友であれ敵であれ、ある生物とそのほかの生物の真摯で興味深い交流。

あるいは、生物の積極的で、前向きな、外交的な傾向。あるいは、生まれたときから死ぬときまで、それぞれの時期を生きるそれぞれの個体のユニークさ。(意識的にせよそうでないにせよ)自らの健康、完全性、幸福に対するそれぞれの動物の関心。生きた自然のもつこうした本質的側面は、どれ一つとして、客観化された自然の窮屈で歪んだ境界内におさまるものではない。

そろそろこの批判をやめよ、との心の声がする。最後に一つだけ、この話の驚くべき一面を話そう。おそらく、すでにわかっていることだろうが。そう、客観化は「役に立つ」のだ! なんらかの理由で、多くの輝きに満ちた自然界は、甘んじて客観的科学の貧相な概念にくくられる。それが部分的であろうと、歪んでいようと、非現実であろうと、抽象的であろうと、まったく気にしない。定量的アプローチは人間を月に着陸させ、天井に電気をともし、心臓ペースメーカーを可能にした。どういうわけか、少なくとも存在の一側面は非常によく把握しているに違いない。非科学的にいえば、それは奇跡だ!

これまでの議論の主要部分をまとめてみよう。現代生物学は、もともと現実の生命を(人間だけでなく、いかなる生物のものであっても)理解しえないような方法を用いて、その概念的かつ整然とした境界を入念に定めてきた。だから生物が秩序だった生気あふれる一つの全体であること、特定の種の特定の個体であることを(そしてなぜそうなのかを)、本来的に理解できない。それぞれの個体がユニークで、時間とつながっていて、生まれてから死ぬまでのあいだ、独自の旅をすることを。また、壊れやすく弱々しく、それゆえに欲求をもち、熱心に自分の世話をすることを。生物が自分で発達をし、自分で維持をし、自分で動く存在であることを(そしてなぜそうなのかを)、理解できない。それぞれが独自の世界とつながりをもち、いつも「内面」に影響され、未熟であるにしろ、自分の境界を越えて事物を認識したり、欲したりすることを。また、生物が目的をもち、自分自身と子孫の両方に尽くしていくことを（そしてなぜそうなのかを）、理解できない。生物のパターン化された表面が、しばしば（部分的にせよ）コミュニケート可能なさまざまな方法で内なる魂の状態をのぞかせながら、映し出していることを（そしてなぜそうなのかを）。自らが授かった生命のなかに、同種の社会集団内に、あらゆる生物界のなかに、能力と力の階層があることを（そして、どのようにしてそうなるのか、なぜそうなるのかを）理解できないのだ。

たしかに生物学は、自ら定めた境界内でなら、多種多様な生命現象について、無限に連なる興味深く有用な発見を約束するし、届けることができる。だが、生物と生物全体の本質と意味は、永遠に手の届かないところにあるだろう。現代生物学は、生命とは何なのか、何によって出現したのか、何のために存在するのかを、決して教えられないだろう。たとえもっとも単純な植物や動物についてであれ、それが何なのか、その生命は本当はどのようなものなのか、その繁栄や幸福はどのようなものなのか、決して語りえないだろう。

新たな生物学——究極の限界

公正を期すために、現代生物学のすべてが、これまで述べてきた旧弊な視点に固くしがみついているわけではないこと、私が示そうとしたような限界をもっているわけではないことを、ここで認めなければなるまい。最近、還元主義を否定する機運が高まりを見せている。それと同時に、生物のそれぞれの「組成のレベル」——すなわち、分子、細胞小器官、細胞、組織、臓器、有機体、社会集団など――に応じた考え方をするべきだという提案が生まれている。これらは少なくとも物質主義への満足に対して、人間の精神や意識を説明することに関しての挑戦である。進化論においては、進化で獲得した新しさすべてを偶発的に起こった些細で無作為な突然変異の結果とみなす旧弊な視点に、疑問の声があがっており、なかには個体の経験が遺伝子型に影響を与えうるという（ラマルク主義者のような）提案をする人々もいる。喜ばしい動きとはいえ、現代生物学の概念のバリアを突破できそうな挑戦は一つもない。その理由は、いずれの主張も、現代生物学が立脚している「客観化された」世界観を受け入れているところにある。

だが、正統に属さない生物学者もいる。現代の彼らの一部が示す生命へのアプローチは、まさに新たな手段となるものだ。たとえば、故アドルフ・ポルトマン〔訳註・スイスの動物学者、人類学者（一八九七―一九八二）〕は、動物の形態が意思の疎通に果たしている役割や、外的な美観の意義や、それらと動物が営む社会的生活とはどのような関係があるのかについて、すばらしい研究をした(10)。故アーウィン・シュトラウス〔訳註・ドイツ生まれの神経学者、精神科医、哲学者（一八九一―一九七五）〕は、すぐれた現象論的心理学を発達させ、感覚についての非客観的な理解を推し進めた(11)。オリバー・サックス〔訳註・イギリス生まれのアメリカの精神科医（一九三三―）〕は、それぞれの「神経システム」の後天的な個体性を力説してきた(12)。故E・S・ラッセル〔訳註・動物形態学者（一八八七―一九五四）〕は、生命活動の目的志向性を探究した(13)。そして故ハンス・ヨナス（哲学者）は、絶滅の危機に直面して消えかけている「必要とされる自由」の概念を中心に、生命についての明晰で階層的な説明を行った(14)。最近、自然哲学の学生のあいだでふたたび読まれはじめたゲーテは、形態学に精通していた。ダーウィンよりもずっと早く、生命の内的な創造力を探求し、たぶんほかの誰にも到達しえないほどに、目的をもちながらも革新的な人間精神が、自然そのものの目的性と創造性を映す鏡であり、それらを具現する存在なのだと考えていた(15)。

また、陰に隠れていながら、今なお私たちと通じるものをもつあの最初の生物学者、つねに変化する自然を見つめたアリストテレスがいる。彼は、生成の向こう側にある存在、物質の向こう側にある形、動因の向こう側にある目的、部分の向こう側にある全体にかかわる疑問に光をあてた。また、魂は宇宙に満ちる精気でも機械のなかの幽霊(二九ページ参照)でもなく、あらゆる生命活動の内的原理の現れなのだと説いた。また、科学とは、日常の経験のなかで私たちが実際に出会う存在の性質や原因について、純粋な形でひたすら掘り下げていく学問なのだと説いた。そのために人間らしい視点を放棄する必要もなければ、世界を人工的に概念化し直す必要も、理論で説明できない現象を捨て去る必要もないのだと(16)。これらすべてのものは、私たちの注意を引きつける。少なくとも、疑問や関心に眼を向けさせる。もし、私たちが境界を押し広げ、豊かな生物学の限界を少しでもなくし、生物学と生きている対象との距離を縮めたいと考えているならば。

だがそれでも、生命の研究には永遠の限界があるのではないか、と私は主張したい。たとえ、もっとも自然な形式の生物学であっても、生物の形や「究極の目的」や魂についてふたたび語るための生物学であっても。そこには決して克服しえないと考えられる限界が、少なくとも四つある。二つは言葉と理性にかかわるもの、残りの二つは私たちの対象の謎にかかわるものだ。

第一に、研究というものは、個体特有の単一性を消滅させてしまう。「魂と肉体」もしくは「形状と物体」は、現実に存在し、密接にからまりあって育っていき、凹凸同様に分けられないものだが、言葉はそれらを分離してしまい、それらの真の単一性を示すことができない。すでにアリストテレスがその点を指摘していた。彼は問う、「怒りとは何か?」弁証家は言う、「それは復讐の願望であり、侮辱に対して思い知らせてやりたいがためだ」と。生理学者はいう、「それは心臓周囲の血液が熱くなっているのだ」と。誰が正しい? 答えていわく、どちらも共に(17)。だが、ロゴスの大家であったアリストテレスでさえも、それらを本当に一緒に述べることはできない。順番に述べていくしかない。質料形相論〔訳註・存在する事物は質料と形相からなるという論。質料とは事物を形作る素材であり、形相とは事物の本質であるとした〕と心身の唯一性を根幹にすえたため、彼もまた、私たちと同じように、いったん論証的言説の吟味がはじまると唯一性を回復させるのに非常な苦労をしている。

第二に、科学というものは、抽象化と均質化を行うものである。科学は普遍性を求めるが、個々の生物は特殊な存在だ。科学が(その定義からして)必要性と普遍性をあつかうものであり、それに対して生物の個体性が、実在するものではあっても、偶然性と特殊性をもつものだとすれば、いかに自然な生物学であろうと、どうして個体の独自性を正当にあつかえるだろう? 原因を究明する科学は、個体だけでなく種のなかに存在する相違まで取り去ってしまおうと試みる。

この疑問もまた、アリストテレスを悩ませた。彼は、それぞれの種に固有の本質的特徴、すなわち形相《エイドス》——ライオンからはライオンのみが生まれ、ヤマアラシからはヤマアラシのみが生まれる原因となるもの——があることに気づいていた。この事実は、事物の個々別々の本質についての知識をあつかう科学は、種別に探究を行うべきだということを示唆している。だが、動物の部分別の機能を説明するうちに、類似の高等生物すべてについて、同じことを繰り返し述べなければならなくなり、アリストテレスは(しぶしぶながらであろうが)、多少なりとも総合的なアプローチをするようになった(18)。そして、著作『霊魂論』で魂の力について論ずるにあたり、実際のところ魂の基本型は三ないし四つしかないという結論にいたる――植物的魂〔訳註・生殖と栄養にかかわるもの〕、（原始的な）感覚的魂、（それよりも高度な形態の）欲求的魂、理性的魂である。「魂の活動」（すなわち栄養を摂取し、感じ、欲求する活動）という視点に立てば、ヒョウもチーターもトラもライオンも、大筋において変わりはない。生命の「科学」は、生命の実際の特殊性をつねに冒瀆する。

第三に、生命と魂はミステリアスで単純化しきれないものである。客観的であれ自然的であれ（現代であれ近代以前であれ）、科学は人間が疑問に思うことや不思議に思うことを説明しようとするものだ。今日の科学は、その能力に絶大な自信をもっており、「不思議」を単に「今のところ」理解できていないものとしてあつかう。

今日、自然には本物の謎がある――理解不能な事物や事象がある――と主張することは、普通、科学的な異端派だと自ら認めることにつながる。そして、神秘主義者と呼ばれ、神学科へ移籍するほうがよいと勧められる。だが、偉大な科学者たちも、理屈では完全に説明しきれない現象にぶつかったとき、不思議の念と同時に畏敬の念を感じたことを、折々にはっきりと口にしてきた。時代や場所にかかわらず、命ある存在に取り組んだ生物学者は、真に畏敬すべきもの神秘なるものにふれる特権をもつ。これまで存在していなかった、新たな生命の出現。永遠に失われ、二度と戻らない、死による生命の終焉。最初の生命はどのように出現したか、なぜ出現したのかという疑問。生物界のあらゆるところで自然の豊穣さを示す、人間と異なる存在が無数にいる可能性。

そして謎のなかの謎、人間の魂の本質――いついかなるときも肉体と深く結びつき、壊れやすい生命がもつ統合された力。それでいて、生物学の思いのままに研究できる肉体、場所、時間の制約からかぎりなく自由で、いかなる事柄をも考え、どのようなイデアをも受け取り、精神のなかで自在に時間と場所を行き来しながら、真に永劫不変の真実を熟考するもの。自分自身の大切な人生に不思議を感じたなら、本当に偏見をもたない生物学者であれば、不可知の岸辺に連れて行かれるだろう――すなわち生命や変化の原因である「もの」が、同時に認識の原因にもなりうるのだろうか？　実際のところ、魂が（私たちを）動かす源であるものならば、どうしてそれ自身が「知る」ものにもなれるのだろう？（原註2）

最後に、倫理学というものには本質的に不十分なところがある。この最後の意見は、私たちが生物学に――いや、より生命の真実を伝えるより自然な科学であっても――頼ることの難しさを示している。「私たちはいかに生きるべきか」という疑問の答えには、それほとんど役立たないのだ。はっきりいって、この疑問は追い求める価値があるし、私自身、三〇年近く探究してきた。

私の希望をひとことでいえば、次のようになろう――私たちが人間の本質と人間の全体像を本当に理解できれば、人間にとっての繁栄と、人間にとっての善とは何なのかをもっと見極められるようになるだろう。気高い願望ではあろうが、絶対に実りが得られないわけではない(19)。しかし、さまざまな困難があるのは明らかだ。とくに、人間が単純なものではないとわかったなら――すなわち、各人のもつ善性や究極の目的がただ一つしかないのではないとわかったなら（そして人間とは明らかにそういうものであるらしい）。

動物にさえ、自己愛（もしくは自己保存）と生殖の衝動のあいだには対立がある。生殖するということは、自分自身の消滅をもいとわないという意思表示なのだ。性的な存在であるということは、自分は半分だけの不完全な存在だということだ――アダムとイヴの物語から学べるように。人間の自我が目覚めたとき、二人が最初に気づいたことは、自らの裸であった。悲しいかな、考える動物たる人間にとっては、知識への欲求そのものが、原則的に、生命の要求と対立するものなのである。事実、生命が抱くさまざまな愛情は、とりわけ人間の生命の場合、一人として同じ歌を歌わない。たしかに、生物学がもっと発達すれば、人間のさまざまな欲求が本当に求めているものを明らかにするだろうし、健全な魂とは何かについて、より深く理解する助けになるだろう。しかし、互いに拮抗する「善」を調和させる仕事は、いかなる個人にとっても、また、さまざまな方法で善を追求していく個人の集団にとってはとくに、自律的な倫理学と政治学の手に今後もゆだねられるだろう。それを可能なかぎり助けるのが、人間の過剰な管理のもとにおかれることのない、さまざまな源から得られる神秘的洞察である。

　生物学は、魂の不思議、そして生命、真実、善性の不可思議な源について認め、同意するにいたったとき、この崇高な仕事の一端を担えるようになるだろう。

＊原註1（三九五ページ）――プラトンの『メノン』でソクラテスが指摘した色と形（スキーマ）の関係と比較してみよう。「形とは、すべての事物のなかでつねに独自のものであり、つねに色をともなっているものである」（75B6）。眼に見える世界で私たちが最初に経験することへの注意を促しつつ、この説明は、眼に見えるいかなる事物であっても、形と色はもっとも明らかで、つねに関連している二つの側面だと結論づけている。その「形」が私たちに見えるのは、ひとえにそれとその周囲のあいだに「色」の違いがあるからなのだ。それを率直に述べているため、ソクラテスの哲学的思索は、実際の経験を深めるものであり、反対にデカルトの思索は、実際の経験に背を向けている。

＊原註2（四〇四ページ）――これは魂に関する古代の難問である。プラトンの『パイドン』の魂についての議論で述べられており、魂の不滅に関する議論において、避けがたく決着のつけがたい点といえるであろう。ソクラテスの有名な「それは何か」という質問（訳註・ソクラテスはソフィストたち（四一一ページ参照）の意見に対し、つねに「あなたの言う××とは何か」という質問を投げかける形式で論争を挑んだ）は、魂に関しては一度も発せられていないが、なぜかソクラテスのすべての対話は魂に結びついていると、ジェイコブ・クラインが指摘している。クラインによれば、プラトンにとって魂は本質（エイドス）ではなく、単純もしくは単一のイデアや事物でもないということを、この事実が示唆しているという。

謝辞

本書を出版するにあたり、多くの人々の助力を得たことに感謝したい。アーヴィング・クリストル、アダム・ウルフソン、ニール・コゾドイ、レオン・ウィーセルティア、ジム・ニュークターラインは、いずれもすばらしい編集者であり、草稿に磨きをかけてくれた。友人のアーヴィングとビーのクリストル夫妻は、一年半前、私のさまざまな論文を一冊にまとめたらどうかと勧めてくれた。私の教え子であり、今は同僚となったユーヴァル・レヴィンは、すべての論文に目をとおし、さまざまな編集上の助言だけでなく、本書の論理的な構成について提案を行い、書き直す際の指針を与えてくれた。私の義理の息子ロバート・ホークマンは、「死ぬ権利」に関する最高裁の決定の分析を助けてくれた。編集者、出版者、そしてすばらしい導き手であるピーター・コリアは、エンカウンター・ブックスから本書を出版する計画を快諾してくれたほか、まったく非の打ちどころのない、鋭い編集上の提案をしてくれた。また、アメリカン・エンタープライズ研究所に私のポジションを用意してくれたクリストファー・ダムース、ロジャーとスーザンのヘルトーグ夫妻にも深く感謝している。そのおかげでこの仕事を完遂することができた。

本書を友人であり恩師である三人に捧げたい。アナポリス市のセント・ジョンズ・カレッジの学部長ハーヴィー・フローメンハフトとは、もっとも親しい友として、半世紀近く語り合ってきた。彼がいたからこそ、私は青年期のユートピア的理想主義を脱し、そのかわりとなる探究の道に続く基本的な書物や概念に出会えた。故ハンス・ヨナスは、その道徳への情熱と哲学的勇気によって私を触発し、その友情によって私を力づけてくれた。故ポール・ラムジーは、生命医学倫理における私の最初の恩師である。道徳的明晰さに対する彼の固い信念としっかりした論法は、生命倫理学が脚光を浴びる今の時代であっても、つねに私の道標となっている。

また、いつものように、言葉ではいい尽せぬ感謝をエイミーに。

訳者あとがき

本書は、アメリカのジョージ・ブッシュ大統領が設置した大統領生命倫理委員会の委員長レオン・カス博士の著作、*"Life, Liberty and the Defense of Dignity"* の全訳です。近年大きな議論を巻き起こしている胚性幹細胞研究、クローニング、脳死、臓器移植、安楽死などの問題について、医学的観点のみならず、哲学・道徳・宗教の観点からも論じつつ、「人間の生命の倫理を護るためにはどうすればよいのか、その基盤とするべき思想とは何なのか」という主題を探究する内容となっています。そして、バイオテクノロジーが隆盛を極める現代社会と今後の人間の未来に対し、大きな警鐘を鳴らしています。

著者のカス（キャスと表記されることもあります）は、一九三九年にイリノイ州シカゴ市で生まれました。衣料品店を営む両親は社会主義に共鳴しており、イディッシュ語（欧米のユダヤ人社会で広く用いられた言葉で、表記はヘブライ文字）の使用やユダヤの伝統を守ることには熱心であったものの、宗教的な雰囲気の強い家庭ではなかったようです。彼の弱者への優しい視点は、両親の思想的信条によって育まれたものとも言われています。彼はやがて伝統的なさまざまな宗教を深く研究するようになり、敬虔なユダヤ教徒となりました。

生命倫理については早くから関心を抱いていたようです。シカゴ大学に一五歳で入学して生物学をおさめたのち、同大学の医学部を卒業、ベス・イスラエル病院でインターンの研修を経てからハーバード大学に移り、生化学の博士号を取得してまもない一九六八年に、最初の生命倫理学の論文を発表しています。一九六九年にニューヨーク市マンハッタンに設立された世界初の生命倫理学研究所、ヘイスティングス・センターの創立メンバーにも加わり、以後ずっとこの分野の研究に携わっています。一九八四年から現在に至るまでシカゴ大学教授として哲学・文学を教えていますが、二〇〇一年のブッシュ第一期政権の発足に伴い、大統領生命倫理委員会の委員長に任命されました。また、一九九〇年代からアメリカン・エンタープライズ研究所の特別研究員を不定期につとめています。

科学が飛躍的な発展を遂げるにつれ、さまざまな問題が表面化すると同時に、以前は空想科学小説の世界だったことが、にわかに現実味をおびて語られるようになってきました。遺伝子操作によって実現できる可能性——親の好みどおりに作るデザイナー・ベビー、健常人の能力増強、寿命の延長、その先にある不死などを、熱烈に支持する層もいます。

「よい子供が欲しいから」「役に立つから」「いつまでも生きていたいから」「何をしようと自分の自由だから」などの理由で人間の生命を操作し、生死のあり方を決定することに対して著者は深い懸念を表明します。バイオテクノロジーがいつかもたらすであろう未来を、フランシス・フクヤマが『人間の終わり』（鈴木淑美訳、ダイヤモンド社）で説いたように人間性を喪失した「人間後（posthuman）」の世界と位置づけ、「人間であり続けるため、人間の尊厳を守るためには科学やテクノロジーに依存してはならない」と、ときには激しい調子で説き、日常生活における道徳、神への畏れなどを再び取り戻すべきだと主張します（「人間後」に対抗する意見や、遺伝子工学の現況については、グレゴリー・ストック『それでもヒトは人体を改変する——遺伝子工学の最前線から』（垂水雄二訳、早川書房）

に詳しく述べられています)。

現在、アメリカ政府と科学界は対立を深め、様相は混沌としています。

政府と科学界のあいだで、もっとも大きな争点となっている胚性幹細胞(ES細胞)の研究では、現政府は助成金を制限していますが、民間機関の研究は禁止していません。制限政策がかえって民間企業の暴走を招くという批判もあります。また、ヒト・クローニング禁止法案は、生殖目的・医療目的のいずれの場合も禁止となるため、いまだに上院を通過していませんが、昨年二〇〇四年の一一月に、カリフォルニア州が医療目的のES細胞研究を助成する決定をくだしています。また、生殖目的のヒト・クローニング(すなわちクローン人間作り)については、すべての国家が禁止で意見の一致をみていますが、医療目的を容認するかどうかで各国の対応は異なり、激しい論争が続いています(アメリカは全面禁止派、イギリス・日本は医療目的容認派です)。そうしたなか、今年の三月八日に国連で投票が行われ、全面禁止賛成八四カ国、反対三四カ国、棄権三七カ国で、法的拘束力はないものの全面禁止を求める宣言が採択されました。

一方、一般社会でも、進化論と創造論をめぐっての学校教育の対立が再燃しています。聖書の創世記の記述が唯一の真実であるとして進化論を否定し、学校で進化論を教えることを法的に禁じたり、神による創造論を併行して教えるように求めたりする動きは根強く、各地で長年論争が続き、たびたび裁判に発展してきました。最近の動きとしては、一九八七年に連邦最高裁がルイジアナ州の「それぞれの論を教えるための授業時間を均等化する」という州法を違憲としました。しかし、その後も創世記には科学的証拠があるとする創造科学論、世界は知的な創造者によって設計されたという論(インテリジェント・デザイン）は支持され、ジョージア州では教科書に「進化論は事実ではない」とする内容のステッカーが貼られていましたが、今年一月に地方裁判所はそれを違憲とする判決をだしています。

現在のアメリカの状況は、さまざまなことを考えさせます。こうした対立は、あたかも「善と悪」もしくは「頑迷固陋《ころう》と進歩」の図式のように伝えられがちですが、実際はそれほど単純に二分できるものではないでしょう。生命科学にしろ、大きな危険ははらんでいるにしても「悪の学問」ではありません。著者に対する評価もさまざまで、支持する層がいる一方、「二一世紀に一六世紀の感覚をもちこもうとしている」という手厳しい意見もあります。たしかに、多種多様な世界や現実であることを考えれば、著者の求める道徳観や規制だけで、さまざまな困難の解決策を得るのは無理なようにも感じられます。

ですが、すべてを結果オーライで進ませてはならないという著者の主張には、やはり耳を傾ける点が多々あります。たとえば生殖補助技術では、提供卵子や精子から生まれた子供たちが、自分たちのアイデンティティを確立し、生物学的ルーツの空白部分を埋めるために連携する動きを取りはじめています。これまでは「子供をもつ権利」の面から語られてきた分野ですが、その結果誕生してきた子供たちのことをもっと考えていかなければならないのは、まぎれもない事実にちがいありません。また、やはり心の問題を抜きにしては、いかなる問題も解決していかないでしょう。

何かに賛成するにせよ、反対するにせよ、そのすべてを認めるべきなのか、却下すべきなのか。その背景にあるものは何なのか。私たちは両極のあいだに存在するものにこそ目を向けなければならないのではないか、ということを本書は改めて教えてくれているように思います。

本書は読者の読みやすさを考慮し、あまりに長大な段落は適宜複数にわけております。引用については、日本語版のあるものは可能なかぎり参照いたしましたが、全体の流れを整えるため、すべて訳出し直しました。なお、聖書の引用は日本聖書協会の新共同訳を用いております。参考とさせていただいた書籍の翻訳者の皆様に、心から感謝を申し上げます。著者の考察は生命倫理、哲学、宗教、文学と多岐にわたり、正確を期したつもりですが、理解の足らない点も多いかと思います。読者の諸兄諸姉から厳しいご指摘をいただければ幸いに存じます。

訳出にあたっては、大勢の方々のお世話になりました。ここにすべてのお名前をあげることはできませんが、お忙しい日程にもかかわらず快く協力してくださった翻訳家の大沢満里子さん、竹迫仁子さん、濱田伊佐子さん、真喜志順子さんをはじめとする皆さんの友情に、この場を借りて厚くお礼を申し上げます。また、日本教文社の田中晴夫さんは、原稿を細部にわたって入念にチェックし、多くの貴重なアドヴァイスをくださいました。バベル・トランスメディアセンターの鈴木由紀子さんは、今回もさまざまな形で訳者を支えてくださいました。皆さんのお力添えがなければ、本書は完成しなかったでしょう。本当にありがとうございました。

二〇〇五年三月

堤　理華

◎訳者紹介――堤　理華（つつみ・りか）＝神奈川県生まれ。金沢医科大学卒業。麻酔科医、翻訳家。訳書に『真昼の悪魔――うつの解剖学』『闘癌記』『デザイナー・ベビー』（以上、原書房）、『S・フィッツジェラルド短編集』（共訳、響文社）などがある。ほかに「ダンスマガジン誌」（新書館）等で舞踊関係の翻訳・評論も手がけている。

参考文献

はじめに

1. "Babies by Means of in vitro Fertilization: Unethical Experiments on the Unborn?" *New England Journal of Medicine* 285 (1971): 1174—79; "Making Babies-the New Biology and the 'Old' Morality," *Public Interest*, Winter 1972; and " 'Making Babies' Revisited," *Public Interest*, Winter 1979. 生命倫理の問題についての私の初期の考察についての概要は、以下を参照されたい。*Toward a More Natural Science: Biology and Human Affairs* (New York: The Free Press, 1985; paperback, 1988).

第一章　テクノロジーの問題点とリベラル民主主義

1. たとえば以下の文献を参照。Plato's *Gorgias* 450C. （プラトン『ゴルギアス』加来彰俊訳、岩波書店、1967年）
2. Aristotle, *Nicomachean Ethics* 1140a20. （アリストテレス『ニコマコス倫理学』高田三郎訳、岩波書店、1971年）
3. Martin Heidegger, "The Question Concerning Technology," in *The Question Concerning Technology and Other Essays*, trans. William Lovitt (New York: Harper & Row, 1977), esp. pp. 14-17. （ハイデッガー、M.「技術論」『ハイデッガー選集 第18巻』小島威彦、アルムブルスター共訳、理想社、1965年）
4. Jacques Ellul, *The Technological Society*, trans. John Wilkinson (New York: Vintage Books, 1964), p. 21. （エリュール、J.「技術社会（上）」『エリュール著作集 1』島尾永康、竹岡敬温訳、すぐ書房、1975年、「技術社会（下）」『エリュール著作集 2』鳥巣美知郎、倉橋重史訳、すぐ書房、1976年）
5. Aeschylus, *Prometheus Bound*, trans. David Grene, in *Aeschylus II*, The Complete Greek Tragedies, ed. David Grene and Richmond Lattimore (Chicago: University of Chicago Press, 1956), lines 250, 437 ff. （アイスキュロス「縛られたプロメテウス」『ギリシア悲劇 Ｉ』呉茂一訳、筑摩書房、1985年）
6. 創世記第3章7節。
7. 創世記第11章1—9節。以下の拙論を参照されたい。"What's Wrong with Babel?" in *American Scholar*, vol. 58, no. 1 (Winter 1988-89), pp. 41-60.
8. Francis Bacon, *The Advancement of Learning*, Book I, and *The Interpretation of Nature*, Proem, in *Selected Writings of Francis Bacon*, ed. Hugh G. Dick (New York: Random House, 1955), p. 193 and pp. 150-54. （フランシス、B.

「学問の進歩」服部英次郎、多田英次訳、「ノヴム・オルガヌム」服部英次郎訳、いずれも『世界の大思想 6』河出書房新社、1966年）
9. Robert Smith Woodbury, "History of Technology," *Encyclopaedia Britannica*, 14h ed. (1973), vol. 21, p. 750.
10. René Descartes, *Discourse on Method*, in *The Philosophical Works of Descartes*, vol. 1, ed. Elizabeth S. Haldane and G. R. T. Ross (Cambridge, England: Cambridge University Press, 1981), p. 119.（デカルト、R.『方法序説』谷川多佳子訳、岩波書店、2001年）
11. Hans Jonas, *Philosophical Essays: From Ancient Creed to Technological Man* (Englewood Cliffs, New Jersey: Prentice Hall, 1974), p. 48.
12. Plato, *Republic* VII, 514A ff.（プラトン『国家』藤沢令夫訳、岩波書店、2002年）
13. Descartes, *Discourse on Method*, p. 120.（デカルト、R.『方法序説』谷川多佳子訳、岩波書店、2001年）
14. Hans Jonas, *The Imperative of Responsibility: In Search of an Ethics for the Technological Age* (Chicago: University of Chicago Press, 1984), p. 11.（ヨナス、H.『責任という原理――科学技術文明のための倫理学の試み』加藤尚武監訳、東信堂、2000年）
15. C. S. Lewis, *The Abolition of Man* (New York: Macmillan, 1965), pp. 69-71.
16. Ellul, *The Technological Society*, ch. 2, "A Characterology of Technique," pp. 61-147, at p. 99.（エリュール、J.「技術社会（上）」『エリュール著作集 1』島尾永康、竹岡敬温訳、すぐ書房、1975年、「技術社会（下）」『エリュール著作集 2』鳥巣美知郎、倉橋重史訳、すぐ書房、1976年）
17. "The Twentieth Century—Its Promise and Its Realization," 以下における講演。Massachusetts Institute of Technology, 31 March 1949, in *Winston Churchill: His Complete Speeches*, 1897-1963, ed. Robert Rhodes James (New York: Chelsea House, 1983), vol. 7, pp. 341-50, at p. 344.
18. Lewis, *The Abolition of Man*, pp. 77-80.
19. Jean-Jacques Rousseau, "Discourse on the Origin and Foundations of Inequality among Men," in *The First and Second Discourses*, ed. Roger Masters (New York: St. Martin's Press, 1964), p. 147.（ルソー、J.「人間不平等起源論」『ルソー選集 6』原好男訳、白水社、1986年）

第二章　倫理学の実践――どのように行動すればよいか

1. 以下を参照. Michael Oakeshott, *Rationalism in Politics* (New York: Basic Books, 1962), pp. 59-79.（オークショット、M.『政治における合理主義』島津格ほか訳、勁草書房、1988年）
2. 前掲書, pp. 61-62.
3. 前掲書, pp. 62-63.

第四章　遺伝子テクノロジー時代の到来

1. たとえば以下を参照。LeRoy Walters, "Human Gene Therapy: Ethics and Public Policy," *Human Gene Therapy* 2 (1991): 115-22.
2. Hans Jonas, "Biological Engineering—A Preview," in his *Philosophical Essays: From Ancient Creed to Technological Man* (Englewood Cliffs, New Jersey: Prentice Hall, 1974), pp. 141-67, at p. 163.
3. 前掲書、p. 161.
4. Aeschylus, *Prometheus Bound*, lines 250ff.（アイスキュロス「縛られたプロメテウス」『ギリシア悲劇 I』呉茂一訳、筑摩書房、1985年）
5. C. S. Lewis, *The Abolition of Man* (New York: Macmillan, 1965), pp. 69-71.
6. Bentley Glass, "Science: Endless Horizons or Golden Age?" *Science* 171 (1971): 23-29, at p. 28.
7. Howard Kaye, "Anxiety and Genetic Manipulation: A Sociological View," *Perspectives in Biology and Medicine* 41, no. 4 (Summer 1998): 483-90, at p. 488. ケイの以下の著書も参照されたい。*The Social Meaning of Modern Biology*, 2nd ed. (New Brunswick, New Jersey: Transaction Publishers, 1997).
8. International Academy of Humanism, "Statement in Defense of Cloning and the Integrity of Scientific Research," 16 May 1997.
9. Steven Pinker, "A Matter of Soul," Correspondence Section, *Weekly Standard*, 2 February 1998, p. 6.

第五章　クローニングと人間後《ポスト・ヒューマン》の未来

1. "Making Babies—the New Biology and the 'Old' Morality," *Public Interest*, Winter 1972.

第六章　臓器売買は許されるのか——その是非、所有権、進歩の代償

1. Lloyd R. Cohen, "Increasing the Supply of Transplant Organs: The Virtues of a Futures Market," *George Washington Law Review* 58, no. 1 (November 1989): 1-51. See also Henry Hansmann, "The Economics and Ethics of Markets for Human Organs," *Journal of Health Politics, Policy and Law* 14, no. 1 (1989): 57-86.
2. Leon. R. Kass, M.D., *Toward a More Natural Science: Biology and Human Affairs* (New York: The Free Press, 1985).
3. Erwin Straus, *Phenomenological Psychology* (New York: Basic Books, 1966), pp. 137-65.
4. Kass, *Toward a More Natural Science*, pp. 280-81, 295-98.

5. Immanuel Kant, *The Metaphysical Principles of Virtue*, trans. James Ellington (Indianapolis: Bobbs-Merrill, 1964), p. 84.（カント、I.『道徳形而上学原論』篠田英雄訳、岩波書店、1976年）
6. 前掲書。
7. John Locke, *Second Treatise on Civil Government*, Chapter 5, "Of Property."（ロック、J.「所有権について」『市民政府論』鵜飼信成訳、岩波書店、2003年）
8. たとえば、公正な交換における貨幣とその中心的な役割についてのアリストテレスの議論を参照. *Nicomachean Ethics* 1133a19-1133b28.（アリストテレス『ニコマコス倫理学』高田三郎訳、岩波書店、1971年）
9. Paul Ramsey, "Giving or Taking Cadaver Organs for Transplant," in *The Patient As Person* (New Haven: Yale University Press, 1970), p. 213.
10. Willard Gaylin, "Harvesting the Dead," *Harper's* 249 (1492), September 1974. 現代技術計画に関する第一級の思索家のひとり故ハンス・ヨナスも、数年前に、ゲイリンが示した恐ろしい構想を取り上げていた（ヨナスの以下の論文を参照のこと）。"Against the Stream: Comments on the Definition and Redefinition of Death,"［以下に再録］Hans Jonas, *Philosophical Essays* (Chicago: University of Chicago Press, 1980).

第七章　死ぬ権利はあるか

1. John Keown, "Some Reflections on Euthanasia in The Netherlands," in *Euthanasia, Clinical Practice, and the Law*, ed. Luke Gormally (London: Linacre Centre for Health Care Ethics, 1994), pp. 193-218, at p. 209. 以下の文献からの引用あり。F. C. B. van Wijmen, *Artsen en het Zelfgekozen Levenseinde* (Doctors and the self-chosen termination of life) (Maastricht: Vaakgroep Gezondheidrecht Rijksuniversiteit Limburg, 1989), p. 24, table 18.
2. データは以下の文献から引用した。Paul J. van der Maas, et al., *Euthanasia and Other Medical Decisions Concerning the End of Life* (New York: Elsevier Science Inc., 1992), 以下の報告書による。John Keown, "Further Reflections on Euthanasia in The Netherlands in the Light of the Remmelink Report and the Van Der Maas Survey," in *Euthanasia, Clinical Practice, and the Law*, ed. Gormally, pp. 219-40, at p. 224.
3. Gerrit van der Wal, et al., "Evaluation of the Notification Procedure for Physician-Assisted Death in The Netherlands," *New England Journal of Medicine* 335 (1996): 1706-11.
4. Herbert Hendin, et al., "Physician-Assisted Suicide and Euthanasia in The Netherlands," *JAMA* 277 (1997): 1720-22. For a fuller and chilling account of the Dutch practice, see Herbert Hendin, *Seduced by Death: Doctors, Patients, and the Dutch Cure* (New York: Norton, 1996).

5. Harvey C. Mansfield Jr., "The Old Rights and the New: Responsibility vs. Self-Expression," in *Old Rights and New*, ed. Robert A. Licht (Washington: AEI, 1992), pp. 97-98.
6. Hans Jonas, "The Right to Die," *Hastings Center Report*, August 1978, pp. 31-36, at p. 31.
7. John Locke, *Second Treatise on Civil Government*, Chapter 2, "Of the State of Nature," par. 6. （ロック、J.「自然状態について」『市民政府論』鵜飼信成訳、岩波書店、2003年）
8. 前掲書、「所有権について」。
9. たとえば以下を参照（とくに注9、第4－5段落）。Rousseau, *Discourse on the Origin and Foundations of Inequality Among Men*（ルソー、J.「人間不平等起源論」『ルソー選集6』原好男訳、白水社、1986年）
10. Immanuel Kant, *The Metaphysical Principles of Virtue*, trans. James Ellington (Indianapolis: Bobbs-Merrill, 1964), pp. 83-84.（カント、I.『道徳形而上学原論』篠田英雄訳、岩波書店、1976年）
11. Mansfield, "The Old Rights and the New," p. 104.
12. 497 U.S. 261 (1990).
13. 521 U.S. 702 (1997) (*Glucksberg*); 521 U.S. 793 (1997) (*Quill*).
14. Yale Kamisar, "The Rise and Fall of the 'Right' to Assisted Suicide," in *The Case against Assisted Suicide*, ed. Kathleen Foley, M.D., and Herbert Hendin, M.D. (Baltimore: Johns Hopkins University Press, 2002), pp. 69-93, at p. 85. カミサーの論文は、「死ぬ権利」に関する法の判断が現在どのようになっているか、また、今後どのようになっていくかについて、きわめて明快な分析を加えたものといえる。

第八章　尊厳死と生命の神聖性

1. "Neither for Love nor Money: Why Doctors Must Not Kill," *Public Interest*, Winter 1989, pp. 25-46. この文献の改訂版は以下におさめられている。*The Case against Assisted Suicide*, ed. Kathleen Foley, M.D., and Herbert Hendin, M.D. (Baltimore: Johns Hopkins University Press, 2002).

第一〇章　生物学の永遠の限界

1. C. S. Lewis, *The Abolition of Man* (New York: Macmillan, 1965)。とくに第3章を参照されたい。
2. Richard Kennington, 以下で行われたフランシス・ベーコンに関する講義（未出版）より。The Committee on Social Thought, The University of Chicago, 1986.
3. 以下を参照。Adolf Portmann, *Animal Forms and Patterns*, trans. Hella Czech

(London: Faber and Faber, 1964; paperback, New York: Schocken Books, 1967). また、私の以下の拙論も参照されたい。"Looking Good: Nature and Nobility," in Leon R. Kass, M.D., *Toward a More Natural Science: Biology and Human Affairs* (New York: The Free Press, 1984).
4. Aristotle, *De Anima* II, 12, 424a25-29. （アリストテレス「霊魂論」『アリストテレス全集 第6巻』山本光雄訳、岩波書店、1988年）
5. Leon R. Kass, M.D., "Teleology, Darwinism and the Place of Man: Beyond Chance and Necessity?" in *Toward a More Natural Science*, Chapter 10.
6. 前掲書、 p. 256.
7. 以下を参照。 Leon R. Kass, M.D., *The Hungry Soul: Eating and the Perfecting of Our Nature* (New York: The Free Press, 1994; paperback, with a new forward, Chicago: University of Chicago Press, 1999). （カス、L.『飢えたる魂z――食の哲学』工藤政司、小澤喬訳、法政大学出版局、2002年）
8. Alfred North Whitehead, *The Function of Reason* (Boston: Beacon Press, 1962), pp. 4-5. （ホワイトヘッド、A.「理性の機能・象徴作用」『ホワイトヘッド著作集 第8巻』藤川吉美、市井三郎訳、松籟社、1981年）
9. René Descartes, *Rules for the Direction of the Mind*, in *The Philosophical Works of Descartes*, ed. Elizabeth S. Haldane and G. R. T. Ross (Cambridge, England: Cambridge University Press, 1981), p. 37. （デカルト、R.「知能指導の規則」『世界の大思想 7』山本信訳、河出書房新社、1965年）
10. Portmann, *Animal Forms and Patterns*. （ポルトマン、A.『動物の形態――動物の外観の意味について』島崎三郎訳、うぶすな書院、1990年）以下も参照。*Animals As Social Beings*, trans. Oliver Coburn (New York: Viking Press, 1961).
11. Erwin Straus, *Phenomenological Psychology* (New York: Basic Books, 1966) and *The Primary World of Senses*, trans. J. Needleman (New York: Free Press of Glencoe, 1968).
12. Oliver Sacks, *Awakenings* (New York: Dutton, 1987). （サックス、O.『レナードの朝』石館康平、石館宇夫訳、晶文社、1993年）
13. E. S. Russell, *The Directiveness of Organic Activities* (Cambridge, England: Cambridge University Press, 1945).
14. Hans Jonas, *The Phenomenon of Life: Toward a Philosophical Biology* (Chicago: University of Chicago Press, 1982).
15. J. W. Goethe, *Metamorphosis of Plants* and other essays, in *Goethe's Botanical Writings*, trans. Bertha Mueller (Woodbridge, Connecticut: Ox Bow Press, 1989). （ゲーテ、J.「植物の変態」『ゲーテ全集 第16巻』島地威雄訳、大村書店、1929年）
16. Aristotle, *History of Animals*, *Parts of Animals*, *Generation of Animals*, *Locomotion of Animals*, *Physics B*, *De Anima*. （アリストテレス「動物誌」「動物部分論」「動物発生論」「動物運動論」『アリストテレス全集 第7、8、9

巻』島崎三郎訳、岩波書店、1968-69年「自然学」『アリストテレス全集 第3巻』出隆、岩崎允胤訳、岩波書店、1968年「霊魂論」『アリストテレス全集 第6巻』山本光雄訳、岩波書店、1968年）
17. Aristotle, *De Anima* I, 1, 403a25-b17.（アリストテレス「霊魂論」『アリストテレス全集 第6巻』山本光雄訳、岩波書店、1968年）
18. Aristotle, *Parts of Animals* I, 1 & 5, 639a16-b5, 645b1-14. （アリストテレス「動物部分論」『アリストテレス全集 第８巻』島崎三郎訳、岩波書店、1969年）
19. Kass, *Toward a More Natural Science*, Chapter 13.

——その他の参考文献——

【はじめに】

『すばらしい新世界』オルダス・ハックスリー著、松村達雄訳、講談社、1974年
『１９８４年』ジョージ・オーウェル著、新庄哲夫訳、早川書房、1972年

【第四章】

『心の仕組み』スティーブン・ピンカー著、椋田直子訳、日本放送出版協会、2003年

【第六章】

『イリアス』ホメロス著、松平千秋訳、岩波書店、1992年
『罪と罰』ドストエフスキー著、工藤精一郎訳、新潮社、1987年

生命《せいめい》操作《そうさ》は人《ひと》を幸《しあわ》せにするのか
——蝕《むしば》まれる人間《にんげん》の未来《みらい》

初版発行——平成一七年四月一五日
再版発行——平成一七年七月一五日
著者——レオン・R・カス
訳者——堤 理華（つつみ・りか）

発行者——岸 重人
発行所——株式会社日本教文社
東京都港区赤坂九—六—四四 〒一〇七—八六七四
電話 〇三（三四〇一）九一一一（代表）
〇三（三四〇一）九一一四（編集）
FAX 〇三（三四〇一）九一一八（編集）
〇三（三四〇一）九一三九（営業）
振替＝〇〇一四〇—四—五五五一九
印刷・製本——凸版印刷
装幀——清水良洋（Push-up）
●日本教文社のホームページ http://www.kyobunsha.co.jp/

LIFE, LIBERTY AND THE DEFENSE OF DIGNITY:
THE CHALLENGE FOR BIOETHICS
by Leon R. Kass

ISBN4-531-08145-5 Printed in Japan